21世纪应用型本科土木建筑系列实用规划教材

土木工程概预算与投标报价
(第2版)

编　著　刘　薇　叶　良　孙平平
主　审　夏建中

内 容 简 介

本书根据全国和浙江省土木工程最新基础定额、工程量清单计价规范的要求编写，详细介绍了土木工程概预算及定额的基本原理、基础知识和招标投标的方法。主要内容包括概论、土木工程定额、土木工程预算定额、土木工程造价的费用组成、土木工程设计概算、土木工程施工图预算、工程量清单计价、土木工程招标与投标报价、相关计算机软件界面简介、课程设计。为了更好地培养学习者的动手能力，本书特意增加了第10章课程设计，其内容包括实例及设计内容。

本书可作为高等院校土木工程专业、工程管理专业和相关专业的教材，也可作为规划设计和投资决策以及咨询部门专业人员、工程技术人员的参考用书，还可以作为工程造价人员的培训教材。

图书在版编目(CIP)数据

土木工程概预算与投标报价/刘薇，叶良，孙平平编著. —2版. —北京：北京大学出版社，2012. 7

(21世纪应用型本科土木建筑系列实用规划教材)

ISBN 978-7-301-20947-9

Ⅰ. ①土… Ⅱ. ①刘… ②叶… ③孙… Ⅲ. ①土木工程—建筑概算定额—高等学校—教材②土木工程—建筑预算定额—高等学校—教材③土木工程—投标—高等学校—教材 Ⅳ. ①TU723

中国版本图书馆CIP数据核字(2012)第154657号

书　　名：土木工程概预算与投标报价(第2版)

著作责任者：刘　薇　叶　良　孙平平　编著

策 划 编 辑：吴　迪

责 任 编 辑：伍大维

标 准 书 号：ISBN 978-7-301-20947-9/TU・0248

出　版　者：北京大学出版社

地　　址：北京市海淀区成府路205号　100871

网　　址：http://www.pup.cn　http://www.pup6.cn

电　　话：邮购部 010-62752015　发行部 010-62750672　编辑部 010-62750667

电 子 邮 箱：pup_6@163.com

印　刷　者：北京虎彩文化传播有限公司

发　行　者：北京大学出版社

经　销　者：新华书店

787毫米×1092毫米　16开本　19.5印张　456千字

2008年1月第1版

2012年7月第2版　2022年8月第7次印刷

定　　价：46.00元

第 2 版前言

编写本书的目的是使学生掌握土木工程概预算与投标报价的基本原理和分析方法，培养学生土木工程识图和计算工程造价的能力，为土木工程项目投资决策、工程项目评估提供科学的依据，为审核工程造价和工程招投标提供科学的数据。

本书从出版到再版经历了 3 年多的教学和培训应用。随着社会经济的蓬勃发展，物价在迅速上涨，材料费和人工费也大幅度上涨，因此浙江省在 2010 年出版了新的建筑工程定额。根据社会实践需要，我们根据浙江省 2010 版建筑工程定额重新编写了本书。

本书在原来注重理论与实践相结合的基础上，修订了每个章节的教学目标、教学要求和引例，还增加了每章节的小结，并在每章节后配有类型丰富的习题，有单选题、判断题和思考题。这些习题多是注册造价师、建造师的模拟题，这不仅有助于学生掌握和巩固每章节的内容，还有助于学生毕业后报考注册造价师和建造师。

本书第 5 章和第 7 章参考 2011 年注册造价师和建造师的执业资格考试用书重新编写，更能让学生学以致用，让他们在学校所学的知识达到这个领域的前沿，也为应用型大学培养更多的“卓越工程师”。

我国加入 WTO 已经十多年了，越来越多的企业走出国门，参加国外的项目投标。这就需要我们的学生有国际招投标的知识，因此本书在第 8 章增加了国际工程投标报价的内容。

为了培养学生的动手能力，在第 10 章我们继续配有课程设计，该章中以工程实例为案例，用浙江省 2010 版建筑工程定额，按照定额法重新编写了工程量计算书、定额法工程预算书、工程组价的总造价、工程量清单。同时配有学生一周练习的图样，要求学生用定额法编制该工程造价，让学生既学习了理论，又能把理论应用到实际工程中。

本书内容丰富，取材广泛，知识面广。编者在有选择地保留传统教材内容的基础上，根据现行的国家标准《建设工程工程量清单计价规范》(GB 50500—2008)、2010 年《浙江省建筑工程预算定额》及国家有关工程造价的最新规章、政策文件，结合编著者多年预算工作的经验、做法及教学科研的新成果，对教材中的内容做了必要的充实和调整，使其更具有针对性、实用性和选择性。

本书由浙江科技学院刘薇、叶良、浙江水利水电高等专科学校孙平平编著，夏建中主审，滕一峰校对，并由刘薇负责统稿。本书具体章节编写分工为：第 1、2 章由孙平平编著，第 3、4、6 章由叶良编著，第 5、7、8、9、10 章由刘薇编著。

由于编者水平有限，书中疏漏和不妥之处仍在所难免，还望读者不吝指正。

编　者
2012 年 3 月

第 1 版前言

土木工程概预算与投标报价是从事土木工程造价、设计、施工的工程技术及项目管理人员必备的基础知识，也是土木工程专业的一门基础课。该课程一般在培养方案中作为土木工程专业的学科平台课程，既具有相对的独立性，又与相关基础课和后续专业课程有密切联系。

编写本书的目的是，使学生掌握土木工程概、预算与投标报价的基本原理和分析方法，培养学生的土木工程识图和计算工程造价的能力，为土木工程项目投资决策、工程项目评估提供科学的依据；为审核工程造价和工程招投标提供科学的数据。

本书结合我国工程项目造价管理和招投标实例，按照教育部学科调整后大土木的课程设置要求而编写，在学时分配和内容选取方面充分考虑了相关知识的系统性和合理性。各章内容在编写时注重理论联系实际，同时配有大量例题和思考题。为了满足社会对工程造价专业人员的需要，本书还安排了一定量的课程设计内容，以便提高学生的动手能力。

本书内容丰富，素材广泛，知识面广。编写时，编者在有选择地保留传统教材内容的同时，根据现行的国家标准《建设工程工程量清单计价规范》(GB 50500—2003)、2003 年《浙江省建筑工程预算定额》及国家有关工程造价的最新规章、政策文件，结合编者多年预算工作的经验、做法及教学科研的新成果，对教材中的内容做了必要的充实和调整，使其更具有针对性、实用性和选择性。

本书共分 10 章：第 1 章概论，第 2 章土木工程定额，第 3 章土木工程预算定额，第 4 章土木工程造价的费用组成，第 5 章土木工程设计概算，第 6 章土木工程施工图预算，第 7 章工程量清单计价，第 8 章土木工程招标与投标报价，第 9 章应用计算机编制预算和投标报价，第 10 章课程设计。

全书由浙江科技学院建工学院副教授叶良、刘薇担任主编并统稿，孙平平担任副主编。其中，第 1 章由周宏凯编写，第 2、3 章由孙平平编写，第 4 章由李颖编写，第 5 章由王孝心编写，第 6、7 章由叶良编写，第 8、10 章由刘薇编写，第 9 章由滕一峰编写。全书由浙江科技学院夏建中教授主审。

本书在第 2 次印刷时，更正了部分章节的例题中公式计算存在的错误及其他不妥之处。由于编者水平有限，书中疏漏和不妥之处仍然在所难免，望读者不吝指正。

编　者

2010 年 7 月

目　录

第1章 概论

教学目标

通过本章教学，让学习者了解基本建设的含义、基本建设的项目分类，掌握基本建设程序和土木工程概预算的分类、土木工程建设项目阶段的划分以及建筑工程概(预)算文件的组成内容。

教学要求

知识要点	能力要求	相关知识
基本建设及基本建设项目的分类	(1) 熟悉基本建设的含义 (2) 熟悉基本建设的项目分类	(1) 国民经济指标 (2) 项目可行性研究 (3) 资金市场含义
土木工程概预算的分类	(1) 熟悉设计概算 (2) 掌握施工图预算 (3) 掌握施工预算	(1) 概预算7种分类的概念 (2) 施工图预算的作用 (3) 施工预算的作用
概(预)算文件的组成	(1) 掌握单位工程概(预)算书 (2) 掌握单项工程综合概(预)算书 (3) 熟悉建筑项目总概算书	(1) 什么是工程量 (2) 什么是预算书

基本概念

基本建设；施工图预算；施工预算；设计概算；国民经济；预算书；建设项目

引例

基本建设项目按其组成内容的不同，从大到小可以划分为建设项目、单项工程、单位工程、分部工程和分项工程五种。分项工程是概、预算分项中最小的分项，能够用最简单的施工过程去完成；每一分项工程都能用一定的计量单位计算，并能计算出某一定量分项工程所必须消耗的人工、材料、机械台班的数量单位。如混凝土结构可划分为钢筋工程、模板工程、混凝土工程、预应力工程等。那么，如何计算工程造价呢？

我们带着这个问题来学习本书的知识。首先，本书介绍的是微观经济知识，具体到一个项目甚至一栋楼的造价；其次，学生还要了解宏观经济，因为工程造价与市场经济是分不开的。为了学好本书，下面将介绍一些基本概念。

1.1 基本建设概述

1.1.1 基本建设的含义

1. 固定资产

固定资产是指使用期限在一年以上、单位价值在规定数额以上的主要生产资料和生产用与非生产用的房屋建筑。

2. 固定资产投资

固定资产投资是以货币形式表现的计划期内建造、购置、安装或更新生产性和非生产性固定资产的工作量。1967年以前，所有固定资产投资统称为基本建设投资；1967年以后，国家计划、统计系统将其进行划分。根据投资性质和资金来源的不同，固定资产投资分为基本建设投资和扩大再生产。其中，基本建设投资的资金来源可分为国家预算内基本建设拨款、自筹资金、国外基本建设贷款和专项基金；扩大再生产的资金来源可分为企业折旧基金、国家更新改造措施拨款、企业自筹资金和国内外技术改造贷款。

3. 基本建设的含义

基本建设是实现社会主义扩大再生产的重要手段，它为国民经济各部门的发展和人民物质文化生活水平的提高奠定了物质基础。

1) 含义

基本建设是指为实现固定资产扩大再生产而新建、扩建、改建、恢复的工程建设及其与工程建设相关的工作。

2) 实质

基本建设的实质就是形成新的固定资产的经济活动的过程。

3) 表现

基本建设最终成果表现为固定资产的增加。

4) 注意问题

固定资产的再生产并不都是基本建设。例如，对于利用更新改造资金和各种专项基金进行挖潜、革新、改造项目，均视为固定资产更新改造，而不列入基本建设范围之内。

5) 实现和内容

基本建设是一种宏观的经济活动，它是通过建筑业的勘察设计和施工等活动，以及其他有关部门的经济活动来实现的。具体内容包括以下几点。

(1) 资源开发规划工作。用以确定基本建设投资规模结构、建筑布局、技术政策和技术结构、环境保护、项目决策等。

(2) 建筑安装、生产准备、竣工验收、联动试车。具体涉及建筑工程、安装工程、设备工器具的购置以及其他基本建设工作。

1.1.2 基本建设项目的分类

基本建设项目由各项基本建设工程项目组成。根据基本建设工程项目的性质、用途和资金来源等，可将基本建设项目作如下分类。

1. 按性质划分

1) 新建项目

新建项目是指新开始建设的项目或对原有建设项目重新进行总体设计，经扩大规模后，其新增固定资产价值超过原有固定资产价值三倍以上的建设项目。

2) 扩建项目

扩建项目是指为扩大原有主要产品的生产能力或提高经济效益，在原有固定资产的基础上，兴建一些主要车间或其他固定资产的项目。

3) 改建项目

改建项目是指为了提高生产效益，改进产品质量或改变产品方向，对原有设备、工艺流程进行技术改造的项目，或为提高综合生产能力增加一些附属和辅助车间或非生产性工程项目。

4) 恢复项目

恢复项目又称为重建项目，是指因重大自然灾害或战争而遭受破坏的固定资产，按原来的规模重新建设或在恢复的同时进行扩建的工程项目。

5) 迁建项目

迁建项目是指原有企业或事业单位，由于各种原因迁到另外地方建设的项目。

2. 按其在国民经济中的作用划分

1) 生产性建设项目

生产性建设项目是指直接用于物质生产或满足物质生产需要的建设项目。其具体包括工业、建筑业、农业、林业、水利、气象、运输、邮电、商业或物质供应、地质资源勘探等建设。

2) 非生产性建设项目

非生产性建设项目是指为满足人民物质文化需求的建设项目，如住宅、文教卫生、科学实验研究、公用事业和其他建设项目。

3. 按建设项目的资金来源划分

1) 国家投资的建设项目

国家投资的建设项目是指国家预算直接安排的基本建设投资的建设项目，其中包括由各级财政统借统还的利用外资投资的项目。

2) 银行信用筹资的建设项目

银行信用筹资的建设项目是指通过银行信用方式供应的基本建设项目。资金来源包括银行自有资金、流通货币各项存款、金融债券等。

3) 自筹资金的建设项目

自筹资金的建设项目是指各地区、各部门按照财政制度提留的管理和自行分配于基本建设投资的项目，资金来源包括地方自筹、部门自筹和企业事业单位自筹。

4) 引进外资的建设项目

引进外资的资金来源有以下两个。

(1) 借用国外资金。

① 向国外银行、国际金融机构、政府借入资金。

② 在外国金融市场发行债券。

③ 吸引外国银行、企业和私人存款。

(2) 吸引外资直接投资，主要有合资经营、合作经营、外资企业直接投资、合作开发、补偿贸易、设备租赁等。

5) 利用长期资金市场的建设项目

利用长期资金市场的建设项目的资产来源如图1-1所示。

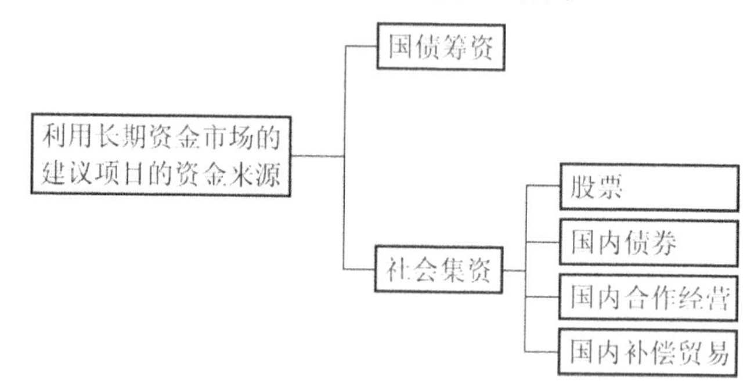

图1-1 利用长期资金市场的建设项目的资金来源

4. 按建设阶段划分

1) 筹建项目

筹建项目是指只做准备，尚不能开工的项目。

2) 施工(在建)项目

施工(在建)项目是指正在建设中的项目。

3) 竣工项目

竣工项目是指工程施工已经全部结束并通过验收的项目。

4) 建成投产项目

建成投产项目是指工程已经全部竣工，并通过验收，已交付使用的项目。

5. 按建设总规模和投资额划分

根据建设总规模和投资额，建设项目一般可分为大、中、小型项目，其具体划分标准各行业不尽相同。一般情况下，生产单一产品的企业按产品的设计能力划分；生产多种产品的企业按照主要产品的设计能力划分；难以按生产能力划分的，按照全部投资额划分。

6. 按隶属关系划分

按隶属关系，建设项目可划分为部直属建设项目、地方部门建设项目和企业自筹建设项目。

1.1.3 基本建设程序与项目投资的关系

1. 基本建设程序的含义

1) 含义

基本建设程序是指建设项目从酝酿、提出、决策、设计、施工到竣工验收整个过程中各项工作的先后次序。它是基本建设经验的科学总结，是对客观存在的经济规律的正确反映。

2) 实质

基本建设程序的实质是把投资转换为固定资产的经济活动。

3) 特点

基本建设程序的特点主要有以下两点。

(1) 多行业、多部门密切配合。

(2) 综合性强、涉及面广、环节多。

4) 要求

只有按照一定的先后顺序进行基本建设、妥善处理基本建设各个环节之间的技术、经济关系，才能保证工程建设的顺利进行。

2. 基本建设程序的各阶段与项目投资的关系

我国基本建设程序包括以下七个阶段：项目建议书阶段、可行性研究报告阶段、设计阶段、建设准备阶段、建设实施阶段、竣工验收阶段和项目后评价阶段。

1) 项目建议书阶段

项目建议书阶段对应的项目投资是“估算指标”。项目建议书是建设单位向国家提出要求建设某一具体项目的建议性文件。

1984年原国家计划委员会明确规定，所有建设项目都要有提出和审批项目建议书这一道程序。项目建议书是国家选择建设项目和有计划地进行可行性研究的依据。项目建议书被批准后，并不表明项目正式成立，只是反映国家同意该项目进行下一步工作。

项目建议书具有推荐作用，是基本建设最初阶段的工作，是投资决策前对拟建项目轮廓的设想在此阶段，建设单位主要是从拟建项目的必要性和可能性进行考虑。

项目建议书的内容主要包括以下几点。

(1) 建设项目提出的必要性和依据；进口设备情况，包括现有国有设备与进口设备的差距、现有设备的使用概况、进口设备的必然性与可行性。

(2) 对产品方案、拟建规模和建设地点的初步设想。

(3) 企业现有资源情况，基本建设条件与协作条件；对引进设备的国别、厂商作出的初步分析和比较说明。

(4) 投资估算和资金筹措的设想，对于利用外资的建设项目还要说明利用外资的理由、可能性及偿还贷款的大体测算。

(5) 项目进度安排。

(6) 经济效益和社会效益的初步估计。

2) 可行性研究报告阶段

(1) 含义。可行性研究报告阶段对应的项目投资是“投资估算”。可行性研究是指采用技术、经济理论对建设项目进行论证。其具体内容包括技术上是否先进、实用、可靠；经济上是否合理；财务上是否有支付能力。

(2) 目的。可行性研究的目的包括以下两点。

① 为建设项目能否成立和审批提供依据。

② 减少项目决策的盲目性，使建设项目的确定具有科学依据。

(3) 内容。建设项目可行性研究报告的内容可概括为三大部分。第一部分是市场研究；第二部分是技术研究，即技术方案和建设条件研究，这是项目可行性研究的技术基础，它要解决项目在技术上的“可行性”问题；第三部分是效益研究，主要解决项目在经济上的“合理性”问题。市场研究、技术研究和效益研究共同构成项目可行性研究的三大支柱。

① 总论：总论部分包括项目背景、项目概况和问题与建议三部分。

项目背景：包括项目名称、承办单位情况、可行性研究报告编制依据、项目提出的理由与过程等。

项目概况：包括项目拟建地点、拟建规模与目标、主要建设条件、项目投入总资金及效益情况和主要技术经济指标等。

问题与建议：主要指存在的可能对拟建项目造成影响的问题及相关解决建议。

② 市场预测，资源条件评价。

③ 建设规模与产品方案，地址选择。

④ 技术方案、设备方案和工程方案。

⑤ 总图运输与公用辅助工程。

⑥ 环境影响评价，劳动安全卫生与消防。

⑦ 组织机构与人力资源配置，项目实施进度。

⑧ 项目经济评价，风险分析。

⑨ 社会评价。

⑩ 结论与建议。

3) 设计阶段

设计阶段对应的项目投资是“设计概算”。设计是对建设项目实施的计划与安排，可以决定建设项目的轮廓与功能。设计是根据可行性研究报告进行的。

建设单位持被批准的《设计任务书》和规划部门核发的《建筑设计条件通知单》即可进行设计招标或委托设计单位进行设计。

根据不同的建设项目，设计采用不同的阶段。一般项目采用两阶段设计，即初步设计和施工图设计。对于技术复杂又缺乏经验的建设项目采用三阶段设计，即初步设计、技术设计和施工图设计。

(1) 初步设计阶段对应的项目投资是“设计概算”。初步设计就是对已经批准的可行性研究报告所提的内容进行初步的概括计算，并作出初步决定，它由文字说明、图样和总概算三部分组成。

初步设计的作用是作为主要设备订货、施工准备工作、土地征用、控制基本建设投资、施工图设计或技术设计、编制施工组织总设计和施工图预算的依据。

初步设计和总概算按其规模大小和规定的审批程序，报相应的主管部门批准，经批准后方可进行技术设计或施工图设计。

(2) 施工图设计阶段对应的项目投资是“施工图预算”。施工图设计是根据已批准的初步设计文件对工程建设方案进一步具体化、明确化。其主要内容有以下几个方面。

① 建筑平面立体剖面图。

② 建筑详图。

③ 结构布置图和结构详图。

④ 各种设备的标准型号、规格以及非标准设备的施工图。

施工图设计的作用包括以下几点。

① 作为建设项目进行材料、设备安排以及各种非标准设备制作的依据。

② 作为预算编制的依据。

③ 作为土建与安装工程施工的依据。

如果采用三阶段设计，就必须在初步设计和施工图设计之间增加技术设计阶段，以便进一步确定初步设计中所采用的工艺过程、建筑和结构的重大技术问题、设备的选型和数量，并编制“设计修正概算”。

4) 建设准备阶段

建设准备阶段对应的项目投资是“工程合同价”。建设准备是工程开工前对建设项目所需要的主要设备和材料申请订货，并组织大型专业预安排和施工准备，提交开工报告。

建设准备的内容主要有以下几点。

(1) 做好技术准备。

(2) 做好整地拆迁。

(3) “三通一平”(“五通一平”或“七通一平”)。

① “三通一平”是指通水、通电、通路、平整场地。

② “五通一平”是指通水、通电、通路、通暖气、通信、平整场地。

③ “七通一平”是指通水、通电、通路、通邮、通信、通暖气、通天然气或煤气、平整场地。

(4) 修建临时生产和生活设施。

(5) 协调图样和技术资料的供应。

(6) 落实地方材料和设备、制品的供应及施工力量等。

开工报告的主要内容有以下两点。

(1) 建设项目已经落实的投资、施工图设计、市政配套设施、“三材”、施工单位现场“三(五、七)通一平”等情况。其中“三材”是指在施工中常用的耗量最大的钢材、水泥、木材。

(2) 具有已批准的年度计划和市规划局签发的建设工程许可证。

5) 建设实施阶段

建设实施阶段对应的项目投资是“工程结算价”。建设实施是按照计划、设计文件来编制施工组织设计并进行施工，将建设项目的设计变成可供人们进行生产和生活的建筑物、构筑物等固定资产。

工程实施过程中，要按照合理的施工顺序组织施工，确保工程质量。

6) 竣工验收阶段

竣工验收阶段对应的项目投资是“竣工决算价”。竣工验收是把列入固定资产投资计划的建设项目或单项工程按照已批准的设计文件所规定的内容和要求全部建成，使之具备投产和使用条件，不论新建、改建、扩建还是迁建性质的项目，都要及时组织验收，并办理固定资产交付使用的转账手续。

建设项目的竣工验收、交付使用应达到下列标准。

(1) 生产性工程、辅助性工程已按设计要求建完并能满足生产要求。

(2) 主要工艺设备已经安装配套，经负荷联动试车合格，构成生产线，形成生产能力，能够生产出符合技术文件规定的产品。

(3) 职工宿舍和其他必要的生产福利设施能够适应投产初期的需要。

(4) 生产准备工作能够适应投产初期的需要。

竣工验收程序如下。

(1) 一般分两步进行，即单项工程验收和全部验收。

(2) 一般在验收前，先由建设单位将设计、施工等单位组织起来进行初步验收，然后向主管部门提出验收报告。

验收报告的内容有以下几个方面。

(1) 竣工决算和工程竣工图。

(2) 隐蔽工程自检记录。

(3) 工程定位测量记录。

(4) 建筑物、构筑物的各种检验、实验记录。

(5) 设计变更资料。

(6) 质量事故处理报告等技术资料。

(7) 财务清理工作。

对于工业建设项目的竣工验收，一般分为单体试车、无负荷联动试车、负荷联动试车三个步骤进行，合格后，双方签订交工验收证书。

7) 项目后评价阶段

项目后评价阶段对应的项目总评估是“财务评价”和“国民经济评价”。

(1) 项目总评估的任务：项目总评估是整个评估工作的最后一个环节。通过对各分项评估内容的系统整理，保证项目评估内容的完整性和系统性。通盘衡量整体项目，作出全面、准确的判断和总评估，提出明确结论。

(2) 项目总评估的内容：综述项目研究评估过程中重大方案的选择和推荐意见；综述项目投入物供应能否保证等方面的分析论证工作；综述项目实施方案的企业财务效果；综述项目实施方案的国民经济效果；综述不确定因素对项目经济效益的影响以及项目投资的风险程度。综述项目社会效果；提出项目评估中存在的问题和有关建议，主要是对各种技术方案，如总体建设方案、投资方案等进行多方案优选和论证，并推荐最终可行方案，或者对原方案提出改进建议，甚至作出项目不可行的建议。

(3) 建设项目后评估的程序：首先提出问题，然后制订后评估计划；其次调查收集、整理资料和分析研究；最后撰写后评估报告。

1.2 土木工程项目

根据建设阶段的不同，土木工程建设投资可以分为以下七个阶段。

(1) 投资估算。

(2) 设计概算。

(3) 修正概算。

(4) 施工图预算。

(5) 施工预算。

(6) 工程结算。

(7) 竣工决算。

1.2.1 投资估算

1. 投资估算的定义

投资估算是建设单位向国家申请拟立项目或国家对拟立项目进行决策时，为确定建设项目在规划、项目建议书、设计任务书等不同阶段的相应投资总额而编制的经济性文件。

2. 投资估算的编制单位及所处阶段

投资估算的编制单位为项目建设单位，投资估算在基本建设前期的工作阶段进行。

3. 投资估算的作用

(1) 投资估算是国家决定拟建项目是否继续进行可行性研究的依据。以此依据作为拟建项目是否继续进行的经济文件，它为建设项目提供了一项参考性的经济指标，对下阶段工作的开展具有约束力，同时也是决定该项目能否开展下一步工作的依据。

(2) 投资估算是国家审批项目建议书的依据。投资估算是国家决策部门领导审批项目建议书的依据之一，用来判定建设项目在经济上是否列为经济建设的长远规划或基本建设的前期工作计划。

(3) 投资估算是国家批准设计任务书的依据。可行性研究的投资估算是研究分析拟建项目经济效果和各级主管部门决定是否立项的重要依据。它是决策性的经济文件，可行性研究报告被批准后，投资估算作为控制设计任务书下达的投资限额，对初步设计概预算的编制起控制作用。投资估算是资金筹措及建设资金贷款的依据。

(4) 投资估算是编制国家中长期规划，保持合理比例和投资结构的依据。各拟建项目的投资估算是编制固定资产长远投资规划和制定国民经济中长期发展规划的主要依据。

根据各个拟建项目的投资估算就可以准确地核算国民经济的固定资产投资数量，确定国民经济积累的合理比例，保持适度的投资规模和合理的投资结构。

4. 投资估算的内容

投资估算的内容是指应列入建设项目从筹建至竣工验收、交付使用全过程中所需要的全部投资额，包括以下几项。

(1) 建筑安装工程费用。

(2) 设备、工器具购置费。

(3) 建设工程其他费用。

5. 投资估算的依据

(1) 估算指标。

(2) 概算指标。

(3) 类似工程预(决)算等资料。

6. 投资估算的计算方法

(1) 指数估算法。

(2) 系数法。

(3) 单位产品投资指标法。

(4) 平方米造价法。

(5) 单位体积估算法。

1.2.2 设计概算

1. 设计概算的定义

设计概算是设计单位根据初步设计或扩大初步设计图样、概算定额或概算指标、各类费用定额或取费标准、建设地区自然、技术经济条件和设备预算价格等资料，预先计算和确定建设项目从筹建到竣工验收、交付使用的全部建设费用的文件。

2. 设计概算的编制单位及所处阶段

设计概算的编制单位为设计单位，编制阶段为设计阶段。

3. 设计概算的编制依据

(1) 初步设计或扩大初步设计图样。

(2) 概算定额或概算指标。

(3) 设备预算价格。

(4) 费用定额或取费依据。

(5) 建设地区自然、技术经济条件等资料。

4. 设计概算的作用

(1) 设计概算是国家确定和控制基本建设投资额的依据。根据设计概算确定的投资数额，经主管部门批准后，就成为该项目的基本建设项目的最高限额。这一限额未经规定的程序批准，不得突破。

(2) 设计概算是编制基本建设计划的依据。国家规定每个建设项目只有当它的初步设计和概算文件被批准后，才能列入基本建设年度计划。因此基本建设年度计划以及基本建设物资供应、劳动力和建筑安装施工等计划，都是以批准的建设项目概算文件所确定的投资额和其中的建筑安装与设备购置等费用数额以及工程实物量指标为依据编制的。此外，列入国家五年或十年计划的建设项目的投资指标，也是根据竣工或在建的类似项目的预算和综合经济指标来确定的。

(3) 设计概算是选择最优设计方案的重要依据。

(4) 设计概算是实行建设项目投资大包干的依据。

(5) 设计概算是实行投资包干责任制和招标承包制的依据。

(6) 设计概算是建设银行办理工程拨款、贷款和结算、实行财政监督的重要依据。

(7) 设计概算是基本建设投资核算的重要依据。

(8) 设计概算是基本建设进行“三算”(基本建设工程投资估算、设计概算和施工图预算)对比的依据。

1.2.3 修正概算

1. 修正概算的定义

修正概算是设计单位在技术设计阶段，随着对初步内容的深化，对建设规模结构性质、设备类型等方面进行必需的修正和变动。

2. 修正概算的编制单位及所处阶段

修正概算的编制单位为设计单位，编制阶段为设计阶段(三阶段设计时)。

3. 修正概算的作用

修正概算的作用与设计概算相同。

1.2.4 施工图预算

1. 施工图预算的定义

施工图预算是施工单位根据施工图样计算的工程量、施工组织设计(又称为施工方案)和国家现行预算定额、单位估价表以及各项费用的取费标准、建筑材料预算价格和设备预算价格等资料、建设地区的自然和技术经济条件等进行计算和确定单位工程和单项工程建设费用的经济文件。

2. 施工图预算的编制单位及所处阶段

施工图预算的编制单位为项目施工单位，施工图预算在施工图设计完成后项目工程施工前进行。

3. 施工图预算的编制依据

(1) 施工图样。
(2) 施工组织设计(又称为施工方案)。
(3) 预算定额。
(4) 各项取费标准。
(5) 建设地区的自然及技术经济条件等资料。

4. 施工图预算的作用

(1) 施工图预算是确定单位工程和单项工程预算造价的依据。
(2) 施工图预算是签发施工合同，实行预算包干，进行竣工结算的依据。
(3) 施工图预算是建设银行拨付工程价款的依据。
(4) 施工图预算是施工企业加强经营管理，搞好经济核算的基础。

1.2.5 施工预算

1. 施工预算的定义

施工预算是在施工图预算的控制下，施工队根据施工图样计算的分项工程量、施工定额(包括劳动定额、材料消耗定额、机械台班定额)、单位工程施工组织设计或分部(项)工程设计和降低工程成本、技术组织措施等资料，通过工料分析计算和确定完成一个单位工程或其中的分部(项)工程所需要的人工、材料、机械台班消耗量及其相应费用的经济文件。

2. 施工预算的编制单位及所处阶段

施工预算的编制单位为工程项目施工单位，在施工阶段开始前作出。

3. 施工预算的编制依据

(1) 施工图样计算的分项工程量。
(2) 施工组织设计(又称为施工方案)。
(3) 施工定额。
(4) 现场施工条件。

4. 施工预算的作用

(1) 施工预算是施工企业对单位工程实行计划管理，编制施工作业计划的依据。
(2) 施工预算是实行班组经济核算、考核单位用工、限额领料的依据。
(3) 施工预算是施工队向班组下达施工任务书和施工过程中检查和督促的依据。
(4) 施工预算是“两算”(施工图预算与施工预算)对比的依据。

1.2.6 工程结算

1. 工程结算的定义

工程结算是指一个单项工程、单位工程、分部工程或分项工程完工，并经建设单位及有关部门验收后，施工企业依据施工过程中现场实际情况的记录、设计变更通知书、现场工程更改签证、预算定额、材料预算价格和各项费用的取费标准等资料，在概算范围内和施工图样预算的基础上，按规定编制的向建设单位办理结算工程价款、取得收入，用以补偿施工过程中的资金耗费，确定施工企业盈亏的经济文件。

2. 工程结算的编制单位及所处阶段

工程结算由项目施工单位在所属工程完工并通过验收后编制。

3. 工程结算的编制依据

(1) 预算定额。
(2) 现场记录、设计变更通知单(书)、现场工程更改签证。
(3) 材料预算价格。
(4) 有关取费标准。
(5) 承包合同书。

4. 工程结算的作用

(1) 工程结算是使企业获得收入、补偿消耗，进行分项核算的依据。
(2) 工程结算是建设银行办理工程款结算的依据。

1.2.7 竣工决算

1. 竣工决算的定义

竣工决算是建设项目全部完成并通过验收，由建设单位编制的从项目筹建到竣工验收、交付使用全过程中实际支付的全部建设费用的经济文件。

2. 竣工决算的编制单位及所处阶段

竣工决算由项目建设单位在建设项目全部完成并通过验收后作出。

3. 竣工决算的作用

(1) 竣工决算反映实际基本建设投资额及其投资效果。
(2) 竣工决算是作为核算新增固定资产和流动资金价值的依据。
(3) 竣工决算是国家或主管部门验收小组验收工程项目和使之交付使用的重要财务成本依据。

1.3 土木工程建设项目

基本建设项目按照它的组成内容不同，从大到小可以划分为建设项目、单项工程、单位工程、分部工程和分项工程五种。

1. 建设项目

建设项目是指有一个设计任务书，按照一个总体设计进行施工，经济上实行独立核算，行政上有独立组织建设管理单位，并且是由一个或一个以上的单项工程组成的新增固定资产投资项目，如一所学校、一座工厂等。

2. 单项工程

单项工程是指能够独立设计、独立施工、建成后能够独立发挥生产能力或工程效益的工程项目，它是建设项目的组成部分，如一所学校的教学楼、办公楼、食堂等。

3. 单位工程

单位工程是指可以独立设计，也可以独立施工，但不能独立形成生产能力与发挥效益的工程，它是单项工程的组成部分，如车间的厂房建筑(土建部分)、电器照明工程、工业管道工程等。

4. 分部工程

分部工程是单位工程的组成部分，它是建筑物或构筑物的结构部位或主要工种工程划分的工程分项，如土(石)方工程、桩与地基基础工程、砌筑工程、混凝土及钢筋混凝土工程等。

5. 分项工程

分项工程是分部工程的细分，是建设项目最基本的组成单元，也是最简单的施工过程。其划分依据是：按照所选用的施工方法，所使用的材料、结构构件规格等不同因素划分施工分项。

分项工程是概、预算分项中最小的分项，能够用最简单的施工过程去完成；每一分项工程都能用一定的计量单位计算，并能计算出某一定量分项工程所必须消耗的人工、材料、机械台班的数量单位，如混凝土结构可划分钢筋工程、模板工程、混凝土工程、预应力工程等。

1.4 建筑工程概(预)算文件的组成

建筑工程概(预)算文件主要由下列概(预)算书组成。

1.4.1 单位工程概(预)算书

单位工程概算或预算书是确定某个生产车间、独立建筑物或构筑物中的一般土建工程、给水与排水工程、采暖工程、通风工程、煤气工程、工业管道工程、特殊构筑物工程、电气照明工程、机械设备及安装工程、电气设备及安装工程等各单位工程建设费用的文件。

单位工程概算或预算书是根据设计图样和核算指标、概算定额、预算定额、费用定额、税率和国家有关规定等资料编制的。

1.4.2 其他工程和费用概(预)算书

其他工程和费用概(预)算书，是确定建筑工程与设备及其安装工程以外与整个建设工程有关的，应在基本建设投资中支付的，并列入建设项目总概算或单项工程综合概预算的其他工程和费用文件。它是根据设计文件和国家、各省市自治区主管部门规定的取费定额或标准以及相应的计算方法进行编制的。

其他工程和费用，在初步设计阶段编制总概算时，均需编制概算书。在施工图设计阶段，大部分费用项目仍需编制概算书；少部分由建筑安装企业施工的项目，如原有地上和地下障碍物的拆迁、“三通一平”(通水、通电、通路和平整场地)、场地疏干等项目，也需要编制预算书。

工程建设其他费用包括以下内容。

(1) 土地使用费。

(2) 建设单位管理费。

(3) 研究试验费。

(4) 生产准备费。

(5) 办公和生活家具购置费。

(6) 设备联合试运转费。

(7) 勘察设计费。

(8) 引进技术和设备进口项目的其他费用。

(9) 供电补贴费。

(10) 施工机构迁移费。

(11) 临时设施费。

(12) 工程监理费。

(13) 工程保险费。

(14) 财务费用。

(15) 经营项目铺底流动资金。

1.4.3 单项工程综合概(预)算书

单项工程综合概(预)算书，是确定单项工程建设费用的综合性经济文件，是由建设项目的各单位工程概预算汇编而成。

单项工程综合概预算分为以下两种情况。

1. 整个项目由一个单项工程构成

整个项目由一个单项工程构成的情况如图 1-2 所示。

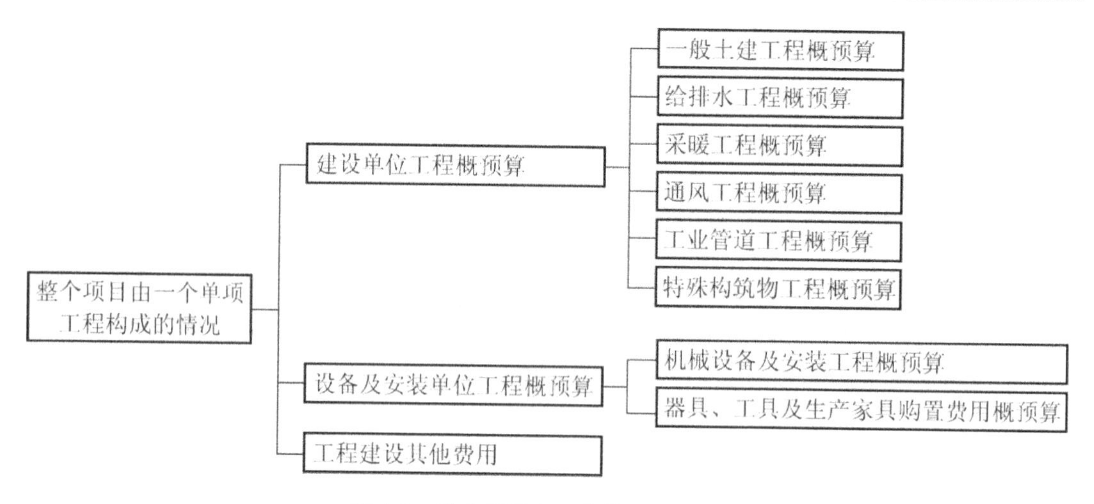

图 1-2　整个项目由一个单项工程构成

2. 整个项目由若干个单项工程构成

整个项目由若干个单项工程构成的情况如图 1-3 所示。

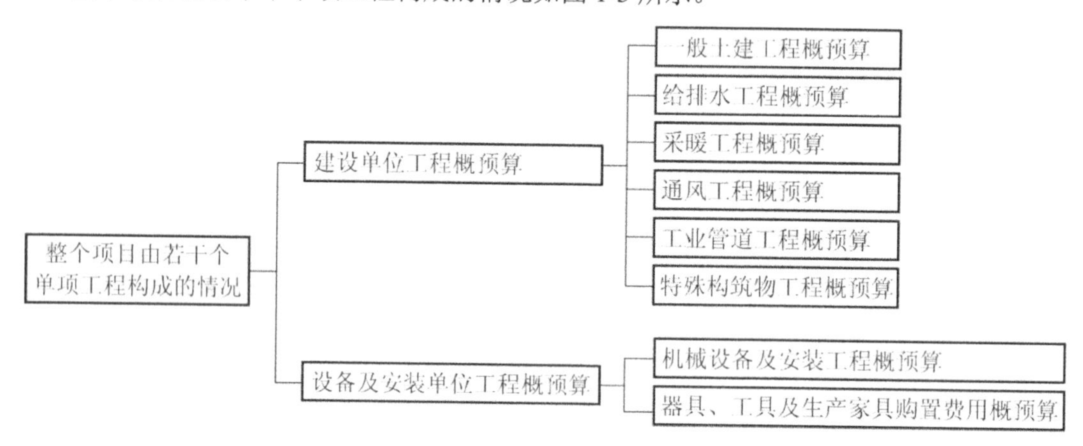

图 1-3　整个项目由若干个单项工程构成

1.4.4　建筑项目总概算书

建筑项目总概算书是确定一个建筑项目从筹建到竣工验收全过程的全部建筑费用的总件。它由该建筑项目的各生产车间、特种建筑物、构筑物等单项工程的综合概算书及其他工程费用概算综合汇总而成。它包括建成一项建设项目所需要的全部投资。

建筑项目总概算书一般包括编制说明和总概算表。

1. 编制说明

编制说明主要包括工程概况、编制依据、编制方法、投资分析、主要材料与设备数量和其他有关问题等六项内容。

2. 总概算表

建筑项目总概算表如图 1-4 所示。

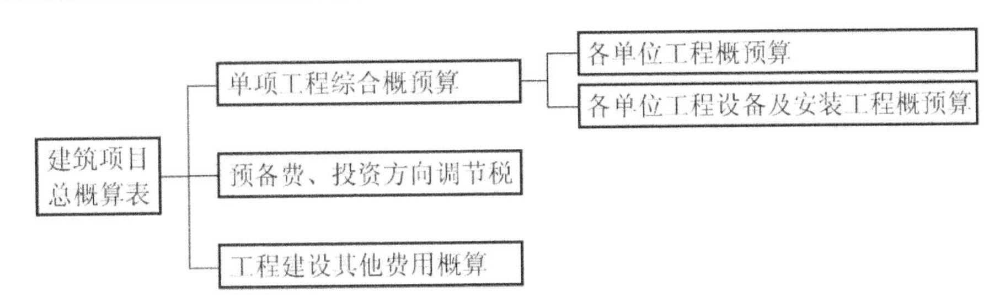

图 1-4　建筑项目总概算表

从上图可知，一个建筑项目的全部建筑费用由总概算书确定和反映，由一个或几个单项工程的综合概(预)算及其他工程和费用概算书所组成；一个单项工程的全部建筑费用由综合概(预)算书确定和反映，由该单项工程内的几个单位工程概(预)算书所组成；一个单位工程的全部建筑费用由单位工程概(预)算书确定和反映，由各个单位工程内的各分项工程的定额直接费总额及综合费、利润、其他费用和税金所组成。

在编制建设预算时，应首先编制单位工程的概(预)算书，然后编制单项工程综合概(预)算书，最后编制建筑项目的总概算书。

本章小结

通过本章学习，可以了解基本建设程序的含义，熟悉基本建设项目分类，掌握基本建设程序和土木工程概预算的分类、土木工程建设项目阶段的划分以及建筑工程概(预)算文件的组成内容。还可以了解设计概算、施工图预算、施工预算的作用，为后面章节的学习打好基础。

习　题

一、单选题

1. 下列不属于建筑安装工程“三算”的是(　　)。
   A. 施工预算　　B. 设计概算
   C. 施工图预算　　D. 竣工结算
2. (　　)是编制施工图预算及确定和控制建筑安装工程造价的依据。
   A. 施工定额　　B. 预算定额
   C. 概算指标　　D. 概算定额
3. (　　)是施工单位编制施工预算的依据。
   A. 施工定额　　B. 预算定额
   C. 概算指标　　D. 概算定额
4. (　　)是编制预算定额的基础。

A．施工定额　　B．预算定额
C．概算指标　　D．概算定额

5．(　　)是编制概算定额的基础。

A．施工定额　　B．预算定额
C．概算指标　　D．概算定额

6．(　　)是工程结算的依据。

A．施工定额　　B．预算定额
C．概算指标　　D．概算定额

7．一座教学楼是(　　)。

A．单项工程　　B．单位工程
C．分部工程　　D．分项工程

8．一座教学楼的土建工程是(　　)。

A．单项工程　　B．单位工程
C．分部工程　　D．分项工程

9．教学楼主体部分中混凝土工程是(　　)。

A．单项工程　　B．单位工程
C．分部工程　　D．分项工程

二、判断题

1．预算定额和施工定额的编制水平是社会平均水平。(　　)

2．投资估算是可作为项目实施阶段工程造价的控制目标限额。(　　)

3．当施工图设计的工程项目内容与选套的相应定额项目规定的内容不一致时，若定额规定有换算，则应在定额规定的范围内进行换算。(　　)

4．基本建设程序是指工程建设项目从策划、决策、设计、施工到竣工验收、投入生产(交付使用)、评估的整个建设过程中各项工作必须遵循的先后次序，是建设项目科学决策和顺利进行的重要保证。(　　)

三、思考题

1．什么是基本建设程序？它包括哪些内容？

2．建筑工程(概)预算如何分类？

3．基本建设项目如何分类？

第2章 土木工程定额

教学目标

本章主要介绍土木工程定额的定义、特点、分类和作用；重点介绍劳动消耗定额、材料消耗定额和机械台班消耗定额三大基础定额。通过本章教学，让学习者了解土木工程定额的分类，掌握劳动、机械台班和材料消耗定额的概念及其表示形式、作用、组成与应用，区分概算定额与预算定额，理解企业定额的作用。

教学要求

知识要点	能力要求	相关知识
土木工程定额及分类	(1) 熟悉土木工程定额的含义 (2) 掌握土木工程定额的分类	土木工程定额的特点
土木工程基础定额	(1) 掌握劳动定额 (2) 掌握材料消耗定额 (3) 掌握机械台班定额	(1) 劳动定额的两种表达形式 (2) 材料定额的损耗公式 (3) 机械台班定额的两种表达形式
概算定额和企业定额	(1) 掌握概算定额的概念及编制原则 (2) 掌握企业定额的概念及编制原则	(1) 概算定额与预算定额的区别 (2) 企业定额的作用

基本概念

土木工程定额；概算定额；预算定额；企业定额；劳动定额；材料消耗定额；机械台班定额

引例

如何计算工程造价呢？我们首先还是要从掌握定额开始入手。按照定额的方法计算造价，先要了解分部分项工程量的计算，然后套用定额的基价，用“量”乘以“价”得到直接工程费。例如，某基坑土方工程三类土，按照图样计算挖基坑的工程量为 900m^3，每天有20名工人负责施工，查定额得到：时间定额为0.205工日/m^3，人工单价为40元/m^3。试计算完成该分项工程的施工天数及挖土方的直接工程费。

解：(1) 计算完成该分项工程所需总工作时间。

总工作时间=900 × 0.205=184.5(工日)

(2) 计算施工天数。

施工天数=184.5/20=9.225(取9.5天)

即完成该分项工程需9.5天。

(3) 计算直接工程费。

184.5 × 40=7380(元)

2.1 土木工程定额概述

土木工程定额是指在工程建设中单位产品消耗人工、材料、机械、资金的规定额度。它属于生产消费定额的性质。这种规定的量的额度所反映的是，在一定的社会生产力发展水平的条件下，完成工程建设中的某项产品与各种生产消费之间指定的数量关系，体现在正常施工条件下人工、材料、机械等消耗的社会平均合理水平。

土木工程定额是一个综合概念，是多种类、多层次单位产品生产消耗数量标准的综合。

土木工程定额是根据国家一定时期的管理体制和管理制度以及不同定额的用途和适用范围，由指定的机构按照一定的程序制定，并按照规定的程序审批和颁发执行的定额。土木工程定额是主观的产物，但是它应正确地反映工程建设和各种资源消耗之间的客观规律。

2.1.1 土木工程定额的分类

土木工程定额是一个综合概念，是工程建设中各类定额的总称，它包括许多种类定额。为了对土木工程定额有一个全面的了解，可以按照不同的原则、方法和用途对它进行科学的分类。

1. 按定额反映的生产要素消耗内容分类

按定额反映的生产要素消耗内容分类，可以把土木工程定额划分为劳动消耗定额、机械消耗定额和材料消耗定额三种。

1) 劳动消耗定额

劳动消耗定额简称劳动定额(又称为人工定额)，是指完成一定的合格产品(工程实体或劳务)所消耗规定活劳动的数量标准。为了便于综合和核算，劳动定额大多采用工作时间消耗量来计算劳动消耗的数量，所以劳动定额的主要表现形式是时间定额，但同时也表现为产量定额。时间定额与产量定额互为倒数。

2) 机械消耗定额

机械消耗定额是以一台机械一个工作班为计量单位，所以又称为机械台班定额。机械消耗定额是指为完成一定合格产品(工程实体或劳务)所消耗规定的施工机械的数量标准。机械消耗定额的主要表现形式是机械时间定额，但同时也以产量定额表现。

3) 材料消耗定额

材料消耗定额简称材料定额，是指完成一定合格产品所需消耗材料的数量标准。材料是工程建设中使用的原材料、成品、半成品、构配件、燃料以及水、电等的统称。材料作为劳动对象构成工程的实体，需用数量很大，种类很多，所以材料消耗量的多少，消耗是否合理，不仅关系到资源的有效利用，影响市场供求状况，而且对建设工程的项目投资、建筑产品的成本控制都产生决定性的影响。

材料消耗定额在很大程度上可以影响材料的合理调配和使用。在产品生产数量和材料质量一定的情况下，材料的供应计划和需求都会受到材料定额的影响。重视和加强材料定额管理，制定合理的材料消耗定额，是组织材料的正常供应，保证生产顺利进行，以及合理利用资源、减少积压、浪费的必要前提。

2. 按定额的编制程序和用途分类

按定额的编制程序和用途分类，可以把土木工程定额分为施工定额、预算定额、概算定额、概算指标、投资估算指标、工期定额六种。

1) 施工定额

施工定额是以同一性质的施工过程(工序)作为研究对象，表示由生产产品数量与时间消耗综合关系编制的定额。施工定额是施工企业组织生产和加强管理，在企业内部使用的一种定额，属于企业定额的性质。为了适应组织生产和管理的需要，施工定额的项目划分很细，是土木工程定额中分项最细、定额子目最多的一种定额，也是土木工程定额中的基础性定额。

施工定额本身由劳动定额、机械定额和材料定额三个相对独立的部分组成，主要直接用于工程的施工管理，作为编制工程施工设计、施工预算、施工作业计划、签发施工任务单、限额领料单及结算计件工资或计量奖励工资等用，同时也是编制预算定额的基础。

2) 预算定额

预算定额是以建筑物或构筑物各个分部分项工程为对象编制的定额。其内容包括劳动定额、机械台班定额、材料消耗定额三个基本部分，是一种计价的定额。从编制程序上看，预算定额是以施工定额为基础综合扩大编制的，同时它也是编制概算定额的基础。

预算定额是在编制施工图预算阶段，计算工程造价和计算工程中的劳动、机械台班、材料需要量时使用的。它是调整工程预算和工程造价的重要基础，同时它也可以作为编制施工组织设计、施工技术财务计划的参考。

3) 概算定额

概算定额是以扩大的分部分项工程为对象编制的定额，用以计算和确定该工程项目的劳动、机械台班、材料消耗量所使用的定额，也是一种计价性定额。概算定额是编制扩大初步设计概算、确定建设项目投资额的依据。概算定额的项目划分粗细与扩大初步设计的深度相适应，一般是在预算定额的基础上综合扩大而成的，每一综合分项概算定额都包含了数项预算定额。

4) 概算指标

概算指标是概算定额的扩大与合并。它是以整个建筑物和构筑物为对象，以更为扩大的计量单位来编制的。概算指标的内容包括劳动定额、机械台班定额、材料消耗定额三个基本部分，同时还列出各结构分部的工程量及单位工程(以体积计或面积计)的造价，是一种计价定额。例如，每 1000m^2 房屋或构筑物、每 1000m 管道或道路、每座小型独立构筑物所需要的劳动力、材料和机械台班的数量等。为了增加概算指标的适用性，也以房屋或构筑物的扩大的分部工程或结构构件为对象编制，称为扩大结构定额。

由于各种性质建设定额所需要的劳动力、材料和机械台班的数量不一样，概算指标通常按工业建筑和民用建筑分别编制。工业建筑中又按各工业部门类别、企业大小、车间结构编制；民用建筑按照用途性质、建筑层高、结构类别编制。

概算指标的设定和初步设计的深度相适应，一般是在概算定额和预算定额的基础上编制的，比概算定额更加综合扩大。它是设计单位编制工程概算或建设单位编制年度任务计划、施工准备期间编制材料和机械设备供应计划的依据，也可供国家编制年度建设计划参考。

5) 投资估算指标

投资估算指标是在项目建议书和可行性研究阶段编制投资估算、计算投资需要量时使用的一种定额。它非常概略，往往以独立的单项工程或完整的工程项目为计算对象，编制内容是所有项目费用之和。它的概略程度与可行性研究阶段相适应。投资估算指标往往根据历史的预、决算资料和价格变动等资料编制，但其编制基础仍然离不开预算定额、概算定额。

6) 工期定额

工期定额是为各类工程规定的施工期限的定额天数。它包括建设工期定额和施工工期定额两个层次。

建设工期是指建设项目或独立的单项工程在建设过程中所耗用的时间总量，一般以月数或天数表示。它是从开工建设时起到全部建成投产或交付使用时止所经历的时间，但不包括由于计划调整而停缓建所延误的时间。施工工期一般是指单项工程或单位工程从开工到完工所经历的时间。施工工期是建设工期中的一部分。如单位工程施工工期，是指从正式开工起至完成承包工程全部设计内容并达到国家验收标准为止的全部有效天数。

建设工期是评价投资效果的重要指标，直接标志着建设速度的快慢。缩短工期、提前投产不仅能节约投资，也能更快地发挥设计效益，创造出更多的物质财富和精神财富。工期也是施工企业在履行承包合同、安排施工计划、减少成本开支、提高经营成果等方面必须考虑的指标。

3. 按专业性质分类

土木工程定额分为全国通用定额、行业通用定额和专业专用定额三种。全国通用定额是指在部门和地区间都可以使用的定额；行业通用定额是指具有专业特点，在行业部门内可以通用的定额；专业专用定额是特殊专业的定额，只能在指定的范围内使用。

4. 按主编单位和管理权限分类

土木工程定额可以分为全国统一定额、行业统一定额、地区统一定额、企业定额、补充定额五种。

(1) 全国统一定额是指由国家建设行政主管部门，综合全国工程建设中技术和施工组织管理的情况编制，并在全国范围内执行的定额。

(2) 行业统一定额是指考虑到各行业部门专业工程技术特点，以及施工生产和管理水平编制的定额。一般是只在本行业和相同专业性质的范围内使用。

(3) 地区统一定额包括省、自治区、直辖市定额。地区统一定额主要是考虑地区性特点和全国统一定额水平作适当调整和补充编制的定额。

(4) 企业定额是指由施工企业考虑本企业具体情况，参照国家、部门或地区定额的水平制定的定额。企业定额只在企业内部使用，是企业素质的一个标志。企业定额的水平一般应高于国家现行定额，只有这样才能满足生产技术发展、企业管理和市场竞争的需要。

(5) 补充定额是指在随着设计、施工技术的发展，现行定额不能满足需要的情况下，为了补充缺陷而编制的定额。补充定额只能在制定的范围内使用，可以作为以后修订定额的基础。

上述各种定额虽然适用于不同的情况和用途，但是它们是一个互相联系的、有机的整体，在实际工作中要配合使用。

2.1.2 土木工程定额的特点

1. 科学性

土木工程定额的科学性包括两重含义：一重含义是指土木工程定额和生产力发展水平相适应，反映出工程建设中生产消费的客观规律；另一重含义是指土木工程定额管理在理论、方法和手段上应满足现代科学技术和信息社会发展的需要。

土木工程定额的科学性首先表现在用科学的态度制定定额，尊重客观实际，力求定额水平合理；其次表现在制定定额的技术方法上，利用现代科学管理的成就，形成一套系统的、完整的、在实践上行之有效的方法；第三表现在定额制定和贯彻的一体化。制定是为了提供贯彻的依据，贯彻是为了实现管理的目标，也是对定额的信息反馈。

土木工程定额科学性的约束条件主要是生产资料的公有制和社会主义市场经济。前者使定额超出在资本主义条件下资本家赚取最大剩余价值的局限；后者则使定额受到宏观和微观的两重检验。只有科学的定额才能使宏观调控得以顺利实现，才能适应市场运行机制的需要。

2. 系统性

土木工程定额是相对独立的系统，它是由多种定额结合而成的有机整体。它的结构复杂，有自身的层次，有明确的目标。

土木工程定额的系统性是工程建设的特点决定的。按照系统论的观点，工程建设就是庞大的实体系统。土木工程定额是为这个实体系统服务的。因而工程建设本身的多种类、多层次就决定了为它服务的土木工程定额的多种类、多层次。从整个国民经济来看，进行固定资产生产和再生产的工程建设，是一个有多项工程集合体的整体。其中包括农林水利、轻纺、机械、煤炭、电力、石油、冶金、化工、建材工业、交通运输、邮电工程，以及商业物资、科学教育文化、卫生体育、社会福利和住宅工程等。这些工程的建设都有严格的项目划分，如建设项目、单项工程、单位工程、分部分项工程等；在计划和实施过程中有严密的逻辑阶段，如规划、可行性研究、设计、施工、竣工交付使用以及投入使用后的维修等。与此相适应必然形成土木工程定额的多种类、多层次。

3. 统一性

土木工程定额的统一性主要是由国家对经济发展有计划的宏观调控职能决定的。为了使国民经济按照既定的目标发展，就需要借助于某些标准、定额、参数等，对工程建设进行规划、组织、调节、控制。而这些标准、定额、参数必须在一定的范围内是一种统一的尺度，才能实现上述职能，才能利用它对项目的决策、设计方案、投标报价、成本控制进行比较选择和评价。

土木工程定额的统一性按照其影响力和执行范围区分，有全国统一定额、地区统一定额和行业统一定额等；按照定额的制定、颁布和贯彻使用内容区分，有统一的程序、统一的原则、统一的要求和统一的用途。

在生产资料私有制的条件下，定额的统一性是很难想象的，充其量也只是工程量计算规则的统一和信息提供。我国土木工程定额的统一性和工程建设本身的巨大投入及巨大产出对国民经济的影响不仅表现在投资的总规模和全部建设项目的投资效益等方面，而且往往还表现在具体建设项目的投资数额及其投资效益方面，因而需要借助统一的土木工程定额进行社会监督。这一点和工业生产、农业生产中的工时定额、原材料定额是不同的。

4. 权威性

土木工程定额具有很高的权威性，这种权威性在一些情况下具有经济法规的性质。权威性反映统一的意志和统一的要求，也反映信誉和信赖程度以及反映定额的严肃性。

土木工程定额权威性的客观基础是定额的科学性。只有科学的定额才具有权威。但是在社会主义市场经济条件下，它必然涉及各有关方面的经济关系和利益关系。赋予土木工程定额以一定的权威性，就意味着在规定的范围内，对于定额的使用者和执行者来说，不论主观上是否愿意，都必须按定额的规定执行。在当前市场不规范的情况下，赋予土木工程定额以权威性是十分必要的。但是在竞争机制引入工程建设的情况下，定额的水平必然会受市场供求状况的影响，从而在执行中可能产生定额水平的浮动。

应该指出的是，在社会主义市场经济条件下，对定额的权威性不应该绝对化。定额毕竟是主观对客观的反映，定额的科学性会受到人们认识能力的局限。更为重要的是，随着投资体制的改革和投资主体多元化格局的形成，随着经营机制的转换，企业都可以根据市场的变化和自身的情况，自主地调整自己的决策行为。此时，一些与经营决策有关的土木工程定额的权威性特征就弱化了。

5. 稳定性与时效性

土木工程定额中的任何一种定额都是一定时期技术发展和管理水平的反映，因而在一段时间内都表现出稳定的状态。稳定的时间有长有短，一般在 5～10 年。保持定额的稳定性是维护定额的权威性所必需的，更是有效地贯彻定额所必要的。如果某种定额处于经常修改变动之中，那么必然造成执行中的困难和混乱，使人们感到没有必要去认真对待它，容易导致定额权威性的丧失。土木工程定额的不稳定也会给定额的编制工作带来极大的困难。

但是土木工程定额的稳定性是相对的。当生产力向前发展了，定额就会与已经发展了的生产力不相适应，这样，它原有的作用就会逐渐减弱以至消失，需要重新编制或修订定额。

2.1.3 土木工程定额的地位和作用

1. 土木工程定额在现代经济生活中的地位

定额是管理科学的基础，也是现代管理科学中的重要内容和基本环节。我国要实现工业化和生产的社会化、现代化，就必须积极地吸收和借鉴世界上各发达国家的先进管理方法，必须充分认识定额在社会主义经济管理中的地位。

(1) 定额是节约社会劳动、提高劳动生产率的重要手段。降低劳动消耗，提高劳动生产率，是人类社会发展的普遍要求和基本条件。节约劳动时间是最大的节约。定额为生产者和经营管理人员树立了评价劳动成果和经营效益的标准尺度，同时也使广大职工明确了自己在工作中应该达到的具体目标，从而增加他们的责任感和自我完善意识，自觉地节约社会劳动和消耗，努力提高劳动生产率和经济效益。

(2) 定额是组织和协调社会化大生产的工具。随着生产力的发展，分工越来越细，生产社会化程度不断提高，任何一件产品都可以说是由许多企业、许多劳动者共同完成的社会产品。因此必须借助定额实现生产要素的合理配置，以定额作为组织、指挥和协调社会生产的科学依据和有效手段，从而保证社会生产持续、顺利地发展。

(3) 定额是宏观调控的依据。我国社会主义经济是以公有制为主体的，它既要充分发展和完善自身的体制，又要有计划地调节市场经济。这就需要利用一系列定额为预测、计划、调节和控制经济发展提供科学的数据参数，提供可靠的计量标准。

(4) 定额在实现分配、兼顾效率与社会公平方面有着巨大的作用。定额作为评价劳动成果和经营效益的尺度，也自然成为资源分配中个人消费品分配的依据。

2. 土木工程定额在工程价格形成中的作用

土木工程定额是经济生活中诸多定额的一类。它的研究对象是依据工程建设范围内的生产消费规律，研究固定资产再生产过程中的生产消费定额。定额作为科学管理的产物，它既不是计划经济的产物，也不是与市场经济相悖的体制改革对象。土木工程定额是一种计价依据，也是投资决策依据和价格决策依据，它能够从这两方面规范市场主体的经济行为，对完善我国固定资产投资市场和建筑市场都能起到重要的作用。

在市场经济中，信息是不可或缺的要素，它的可靠性、完备性和灵敏性是市场成熟和市场效率的标志。土木工程定额就是把处理过的工程造价数据积累转化成一种工程造价信息，这种信息主要是指资源要素消耗量的数据，包括人工、材料、机械的消耗量。定额管理是对大量市场信息的加工，也是对大量市场信息进行市场传递，同时也是对市场信息的反馈。

工程造价信息在建筑产品价格形成中具有重要的作用。在充分竞争的市场条件下，投标人的行为主要取决于私人信息。目前，我国正处在经济转型时期，工程招、投标价格仍处于政府指导价和市场形成价相结合的状态。因此，投标人的报价不仅仅依赖于它的实际生产成本(私人信息)，而且与统一的概预算定额(甲、乙双方的共同信息)有很大关系。当然，随着市场化水平的提高，私人信息影响的加大，共同信息的影响将逐渐弱化和消失。

在工程发包过程中招、投标双方存在着信息不对称的问题。即投标者知道自己的实力，而招标者不知道，根据信息传递原理，投标者可以采取一定的行动来显示自己的实力，然而，为了使这种行动起到信号传递的功能，投标者必须为此付出足够的代价。也就是说，只有付出成本的行动才是可信的。根据这一原理，可以根据招、投标双方的共同信息和投标企业的私人信息设计出某种市场进入壁垒机制，把不合格的竞争者排除在市场之外，这样形成的市场进入壁垒不同于地方保护主义所形成的进入壁垒，可以有效保护市场的有序竞争。

2.2 土木工程基础定额

2.2.1 劳动定额

1. 定义

劳动定额也称为人工定额。它是建筑安装工程统一劳动定额的简称，是反映建筑产品生产中活劳动消耗数量的标准。劳动定额是指在正常的施工(生产)技术组织条件下，为完成一定数量的合格产品或完成一定量的工作所预先付出的必要的活劳动消耗量。

2. 表现形式

劳动定额按其表现形式的不同，可分为时间定额和产量定额两种。

1) 时间定额

(1) 定义。时间定额又称为工时定额，是指某种专业、某个技术等级的工人或班组，在合理的劳动组织、合理地使用材料和施工机械同时配合的条件下，完成单位(如m、m^2、m^3、t、根、块等)合格产品所必需消耗的工作时间。该时间包括准备与结束时间、作业时间、个人生理需要的休息放宽时间。作业时间的计算公式如下：

$$作业时间=基本作业时间+作业放宽时间$$

(2) 表示方式。计量单位：工日(按8小时计算)。

一般可按下面两个公式进行计算。

个人：

$$单位产品时间定额=\frac{1}{每工日产量}$$

班组：

$$单位产品时间定额=\frac{小组成员数工日数总和}{小组台班产量}$$

2) 产量定额

(1) 定义。产量定额是指在合理的劳动组织，合理地使用材料以及施工机械同时配合的条件下，某种专业、技术等级的工人或班组，在单位时间内所完成的质量合格产品的数量。

(2) 表示方式。计量单位：m、m^2、m^3、t、块、件等。

一般可按下面两个公式进行计算。

个人：

$$每工产量=\frac{1}{单位产品时间定额}$$

班组：

$$小组台班产量=\frac{小组成员数工日数总和}{单位产品时间定额}$$

3) 时间定额与产量定额的关系

(1) 个人完成的时间定额和产量定额互为倒数。

(2) 对小组完成的时间定额和产量定额，两者就不是通常所说的倒数关系。时间定额与产量定额之积，在数值上恰好等于小组成员数总和。

《全国建筑安装工程统一劳动定额》中规定：人工挖二类土方时间定额为每立方米耗工0.192工日。

记为：时间定额　0.192 工日/m^3

产量定额　5.2m^3/工日

3. 时间定额与产量定额的作用

(1) 时间定额和产量定额是同一定额的不同表现形式，但其作用却不相同。

(2) 时间定额是以单位产品工日数表示，便于计算完成某一分部(项)工程的工日数，核算工资，编制施工进度计划和计算分项工期。

(3) 产量定额是单位时间内完成的产品数量，便于小组分配任务，考核工人的劳动效率和签发施工任务单。

【例 2-1】 某土方工程二类土，挖基槽的工程量为 450m^3，每天有 24 名工人负责施工，时间定额为 0.205 工日/m^3，试计算完成该分项工程的施工天数。

解： (1) 计算完成该分项工程所需总工作时间。

总工作时间=450×0.205=92.25(工日)

(2) 计算施工天数。

施工天数=92.25/24≈3.84(取 4 天)

即完成该分项工程需 4 天。

【例 2-2】 有 140 m^3 标准砖外墙，由 11 人的砌筑小组负责施工，产量定额为 0.862m^3/工日，试计算其施工天数。

解：(1) 计算小组每工日完成的工程量。

$$小组每工日完成的工程量=11\times0.862\approx9.48(m^3)$$

(2) 计算施工天数。

$$施工天数=140/9.48\approx14.77(取 15 天)$$

即该标准砖外墙需 15 天完成。

2.2.2 材料消耗定额

1. 定义

材料消耗定额是指在合理使用和节约材料的前提下，生产单位合格建筑产品所必须消耗的一定品种和规格的建筑材料、半成品、构件、配件、燃料、周转性材料以及不可避免的材料自然损耗等的数量标准。

2. 建筑材料的分类

1) 非周转性材料

(1) 定义。非周转性材料也称为直接性材料，是指在建筑工程施工中，一次性消耗并直接构成工程实体的材料，如砖、瓦、砂、石、钢筋、水泥等。

(2) 组成。非周转性材料的消耗量(简称材料消耗量)由材料消耗净用量、材料损耗量两部分组成。

材料消耗净用量是指在正常施工、合理与节约使用材料的前提下，完成单位合格产品，直接构成工程实体所必须消耗的材料数量，也称材料消耗净定额(简称材料净耗量)。

材料损耗量是指在施工过程中，出现的不可避免的废料和损耗(包括工艺、运输、储存、加工制作和施工操作等的损耗)，不能直接构成工程实体的材料消耗量，也称材料损耗量定额(简称材料损耗量)。

材料的损耗一般以损耗率表示，材料损耗率一般有两种不同的定义，因此，材料损耗量计算也有两个不同的公式。

(1) $损耗率=\dfrac{损耗量}{消耗量}\times100\%$，$消耗量=净用量+损耗量=\dfrac{净用量}{1-消耗率}$。

(2) $损耗率=\dfrac{损耗量}{净用量}\times100\%$，$消耗量=净用量+损耗量=净用量\times(1+损耗率)$。

2) 周转性材料

(1) 定义。周转性材料是指在工程施工过程中，能多次使用，反复周转的工具性材料、配件和用具等，如挡土板、模板和脚手架等。

(2) 周转性材料的摊销计算。这类材料在施工中每次使用都有损耗，但不是一次消耗完，而是在多次周转使用中，经过修补逐渐消耗的。周转性材料在材料消耗定额中，往往以摊销量表示。

下面以现浇钢筋混凝土结构木模板为例，说明周转性材料摊销量计算的方法。

① 确定一次使用量。一次使用量是指完成定额计量单位产品的生产，在不重复使用的前提下的一次用量。可按照施工图样算出：

一次使用量=每计量单位混凝土构件的模板接触面积×
每平方米接触面积模板量×(1+制作和安装损耗率)

② 确定损耗量。损耗量是指每次加工修补所消耗的木材量。其计算公式如下：

损耗量= [一次使用量×(周转次数-1)×损耗率]/周转次数

损耗率=平均每次损耗量/周转次数

③ 周转次数。周转次数是指周转性材料在补损条件下可以重复使用的次数。

④ 周转使用量。周转使用量是指周转性材料在周转使用和补损的前提下，每周转一次平均所需要的木材量。其计算公式如下：

$$周转使用量=\frac{一次使用量}{周转次数}+损耗量$$

$$周转使用量=\frac{一次使用量}{周转次数}+\frac{一次使用量\times(周转次数-1)\times损耗率}{周转次数}$$

$$周转使用量=\frac{一次使用量}{周转次数}\times[1+(周转次数-1)\times损耗率]$$

⑤ 回收量。回收量是指周转材料每周转一次后，可以平均回收的数量。其计算公式如下：

$$回收量=\frac{一次使用量\times(1-损耗率)}{周转次数}$$

⑥ 摊销量。摊销量是指完成一定计量单位建筑产品，一次所需要摊销的周转性材料的数量。其计算公式如下：

摊销量=周转使用量-回收量

(3) 影响周转性材料周转次数的因素。

① 周转材料的结构及其坚固程度。

② 工程结构规格变化及相同规格的工程数量。

③ 工程进度的快慢与使用条件。

④ 周转材料的保管、维修程度。

2.2.3 机械台班使用定额

1. 定义

机械台班使用定额是指在正常的施工(生产)技术组织条件及合理的劳动组合和合理地使用施工机械的前提下，生产单位合格产品所必须消耗的一定品种、规格施工机械的作业时间。

机械台班定额的内容包括准备与结束时间、基本作业时间、辅助作业时间、工人休息时间，其计量单位为台班(每一台班按照 8 小时计算)。

2. 表现形式

机械台班定额按其表现形式的不同，可分为机械台班时间定额和机械台班产量定额两种。

1) 机械台班时间定额

(1) 定义。机械台班时间定额是指某种机械，在正常的施工条件下，完成单位合格产品(单位如 m、m^2、m^3、t、根、块等)所必须消耗的台班数量。

(2) 表示方式。机械台班时间定额分为个人和班组两种情况且按下面公式进行计算。

个人：

$$机械台班时间定额=\frac{1}{台班产量}$$

班组：

$$机械台班时间定额=\frac{小组成员数工日数总和}{小组台班产量}$$

2) 机械台班产量定额

(1) 定义。机械台班产量定额是指某种机械在合理施工组织和正常施工前提下，单位时间内完成的合格产品的数量。

(2) 表示方式。机械台班产量定额分为个人和班组两种情况且按下面公式进行计算。

个人：

$$机械台班产量定额=\frac{1}{时间定额}$$

班组：

$$机械台班产量定额=\frac{小组成员数工日数总和}{机械台班时间定额}$$

3) 机械台班时间定额与产量定额的关系

(1) 个人完成的机械台班时间定额和产量定额互为倒数。

(2) 对小组完成的机械台班时间定额和产量定额，两者就不是通常所说的倒数关系。时间定额与产量定额之积，在数值上恰好等于小组成员数总和。

2.3 概算定额

2.3.1 概算定额的概念

概算定额又称作扩大结构定额，是指以预算定额为基础，根据通用设计或标准图等资料，以扩大的分部分项工程或单位扩大结构构件为对象，计算和确定完成合格的该工程项目所需消耗的人工、材料和机械台班的数量标准。

概算定额是预算定额的综合与扩大，每一综合分项概算定额都包含了数项预算定额。

2.3.2 概算定额的作用

(1) 概算定额是初步设计阶段编制概算、扩大初步设计阶段编制修正概算的主要依据。

(2) 概算定额是对设计项目进行技术经济分析比较的基础依据之一。

(3) 概算定额是建设工程主要材料计划编制的依据。

(4) 概算定额是编制概算指标的依据。

2.3.3 概算定额的编制原则和编制依据

1. 概算定额的编制原则

概算定额的编制应该贯彻社会平均水平和简明适用的原则。

2. 概算定额的编制依据

由于概算定额与预算定额的使用范围不同，编制依据也略有不同。其编制依据一般有以下几种。

(1) 现行的设计规范和建筑工程预算定额。

(2) 具有代表性的标准设计图样和其他设计资料。

(3) 现行的人工工资标准、材料预算价格、机械台班预算价格及其他的价格资料。

2.3.4 概算定额与预算定额的联系与区别

1. 概算定额与预算定额的联系

(1) 概算定额与预算定额都是以建(构)筑物各个结构部分和分部分项工程为单位表示的，内容都包括人工、材料、机械台班使用量定额三个基本部分，并列有基价，同时也列有工程费用，是一种计价性定额。概算定额表示的主要内容、主要方式及基本使用方法都与预算定额相似。

(2) 概算定额基价的编制依据与预算定额基价的编制依据相同。在概算定额表中一般应列出基价所依据的单价，并在附录中列出材料预算价格取定表。

(3) 概算定额的编制以预算定额为基础，是预算定额的综合与扩大。

2. 概算定额与预算定额的区别

(1) 项目划分和综合扩大程度上的不同。概算定额综合了若干分项工程的预算定额，因此概算工程项目划分、工程量计算和设计概算书的编制都比施工图预算的编制简化不少。

(2) 适用范围不同。概算定额主要用于编制设计概算，同时可以编制概算指标，而预算定额主要用于编制施工图预算。

2.3.5 概算定额的应用

1. 概算定额的内容

按专业特点和地区特点编制的概算定额手册，其内容基本上是由文字说明、定额项目表和附录三个部分组成。

1) 文字说明

文字说明有总说明和分部工程说明两种。总说明主要阐述概算定额的编制依据、使用范围、包括的内容及作用、应遵守的规则及建筑面积计算规则等。分部工程说明主要阐述本分部工程包括的综合工作内容及分部分项工程的工程量计算规则等。

2) 定额项目表

(1) 定额项目的划分。概算定额项目一般按以下两种方法划分。

① 按工程结构划分。一般是按土石方、基础、墙、梁板柱、门窗、楼地面、屋面、装饰、构筑物等工程结构划分。

② 按工程部位(分部)划分。一般是按基础、墙体、梁柱、楼地面、屋盖、其他工程部位等划分。

(2) 定额项目表。定额项目表是概算定额手册的主要内容，由若干分节定额组成。各分节定额由工程内容、定额表及附注说明组成。定额表中列有定额编号、计量单位、概算价格，人工、材料、机械台班消耗量指标，综合了预算定额的若干项目与数量。

附录部分这里不再介绍。

2. 概算定额的应用规则

(1) 符合概算定额规定的应用范围。

(2) 工程内容、计量单位及综合程度应与概算定额一致。

(3) 必要的调整和换算应严格按定额的文字说明和附录进行。

(4) 避免重复计算和漏项。

(5) 参考预算定额的应用规则。

2.4 企业定额

2.4.1 企业定额的概念

企业定额是指建筑安装企业根据本企业的技术水平和管理水平，编制完成单位合格产品所必需的人工、材料和机械台班的消耗量，以及其他生产经营要素消耗的数量标准。企业定额反映企业的施工生产与生产消费之间的数量关系，是施工企业生产力水平的体现，企业定额只适用于企业内部，是企业素质的一个标志。

企业定额水平一般应高于国家现行定额水平，只有这样才能满足生产技术发展、企业管理和市场竞争的需要。

2.4.2 企业定额的作用

企业定额是建筑安装企业管理工作的基础，也是土木工程定额体系中的基础。施工定额是建筑安装企业内部管理的定额，属于企业定额的性质，所以企业定额的作用与施工定额的作用是相同的。企业定额的作用主要表现在以下几个方面。

(1) 企业定额是企业计划管理的依据。

(2) 企业定额是组织和指挥施工生产的有效工具。

(3) 企业定额是计算工人劳动报酬的根据。

(4) 企业定额是企业激励工人的条件。

(5) 企业定额有利于推广先进技术。

(6) 企业定额是编制施工预算和加强企业成本管理的基础。

(7) 企业定额是施工企业进行工程投标、编制工程投标报价的基础和主要依据。

2.4.3 企业定额编制的原则

企业定额编制的原则有以下六个。

(1) 平均先进性原则。

(2) 简明适用性原则。贯彻定额的简明适用性原则，关键是要做到定额项目设置完全，项目划分粗细适当。

(3) 以专家为主编制定额的原则。

(4) 独立自主的原则。

(5) 时效性原则。

(6) 保密原则。

2.4.4 企业定额编制的方法

编制企业定额最关键的工作是确定人工、材料和机械台班的消耗量，计算分项工程单价或综合单价。

人工消耗量的确定，首先是根据企业环境，拟定正常的施工作业条件，分别计算测定基本用工和其他用工的工日数，进而拟定施工作业的定额时间。

材料消耗量的确定是通过企业历史数据的统计分析、理论计算、实验室试验、实地考察等方法，计算确定包括周转材料在内的净用量和损耗量，从而拟定材料消耗的定额指标。

机械台班消耗量的确定同样需要按照企业的环境，拟定机械工作的正常施工条件，确定机械工作效率和利用系数，据此拟定施工机械作业的定额台班与机械作业相关的人工和小组的定额时间。

本 章 小 结

通过本章学习，掌握什么是定额，什么是建设工程定额；掌握定额按生产要素、编制程序和用途的分类，熟悉它们之间的相互关系；了解土木工程定额的特点；掌握概算定额与预算定额的联系与区别；了解概算定额的作用；掌握人工消耗定额、材料消耗定额、机械台班使用定额；掌握企业定额的作用。

习　　题

一、单选题

1. (　　)是衡量工人劳动生产率的主要尺度。

A. 施工定额　　B. 劳动定额

C. 定额水平　　D. 概算定额

2. (　　)不是按照定额的用途来分的。

A. 施工定额　　B. 劳动定额

C. 预算水平　　D. 概算定额

3. 预算定额是用来确定生产合格产品所需要的数量，除了(　　)。

A. 劳动力　　B. 工期

C. 材料　　D. 机械

4. (　　)不是预算定额按照专业编制的。

A. 全国统一定额　　B. 建筑工程定额

C. 市政工程定额　　D. 安装工程定额

5. (　　)不是建设工程定额的特点。

A. 科学性特点　　B. 系统性特点

C. 统一性特点　　D. 定额的法令性

6. 工程建设定额具有权威性的客观基础是(　　)。

A. 定额的经济性　　B. 定额的科学性

C. 定额的统一性　　D. 定额的系统性

7. 下列定额不属于按生产要素分类的是(　　)。

A. 劳动消耗定额　　B. 材料消耗定额

C. 机械台班使用定额　　D. 预算定额

8. 下列定额不属于按定额的编制程序和用途分类的是(　　)。

A. 劳动消耗定额　　B. 施工定额

C. 概算定额　　D. 预算定额

9. 下列定额不属于按编制单位和管理权限分类的是(　　)。

A. 全国统一定额　　B. 行业统一定额

C. 企业定额　　D. 预算定额

二、判断题

1. 定额水平是指定额消耗标准的高低程度。定额水平高则单位产量降低，消耗提高，反映为造价高；反之指单位产量提高，消耗降低，反映为造价低。(　　)

2. 施工图预算是在施工图设计完成后、工程开工前，由建设单位(或施工单位)根据施工图及相关资料编制，用于确定单项或单位工程预算造价及工料的经济文件。(　　)

3. 预算定额中的人工包括基本用工和其他用工两个部分。(　　)

4. 建筑工程预算的编制说明一般包括工程概况、编制依据和其他有关说明。(　　)

三、思考题

1. 什么是定额？什么是建设工程定额？

2. 定额按生产要素、编制程序和用途可以分为哪几类？它们之间的相互关系如何？

3. 土木工程定额的特点有哪些？

4. 概算定额与预算定额的联系与区别有哪些？

5. 概算定额的作用有哪些？

6. 什么是人工消耗定额？其表现形式有哪些？各表现形式间的相互关系如何？

第3章

土木工程预算定额

教学目标

本章主要介绍了预算定额的概念和作用，预算定额的编制原则、依据和步骤，重点介绍了预算定额中人工、材料、机械台班消耗量指标的计算。通过本章教学，让学习者掌握预算定额的概念和作用，熟悉预算定额的编制原则、依据和步骤，掌握预算定额单价的编制方法。

教学要求

知识要点	能力要求	相关知识
预算定额	(1) 熟悉预算定额的含义 (2) 熟悉预算定额的用途	预算定额的基础作用
预算定额的编制原则、方法	(1) 熟悉预算定额的编制原则、依据 (2) 掌握预算定额的编制步骤 (3) 掌握预算定额的编制方法	(1) 预算定额的审批 (2) 预算定额的水平测定
预算定额中人工、材料、机械台班的单价	(1) 掌握预算定额人工单价的组成和确定 (2) 掌握预算定额材料价格的组成和确定 (3) 掌握预算定额机械台班价格的组成和确定	(1) 预算定额的计量单位 (2) 基本用工公式 (3) 机械台班价格组成和台班折旧公式

基本概念

预算定额；人工单价；材料价格；机械台班价格；人工用工；台班折旧；机械大修理费；安拆费；场外运输费

引例

针对学习土木工程的人，本章主要介绍土木工程定额的含义，具体到定额中，计价的内容包括人工、材料、机械费的含量及组成。例如，人工单价合计=工资总额+职工福利费+生产工人劳动保护费+社会保险基金+住房公积金。浙江省2010年版计价依据中，人工单价取定分别为：一类人工40元/工日；二类人工43元/工日；三类人工50元/工日。

例如：某钢筋工工人月工资为7500元/月，2011年10月请假2天。试问该工人10月份工资为多少？现有以下四种算法：

① $7500-2\times7500/30=7000$（元）

② $7500-10\times7500/30=5000$（元）

③ $7500-2\times7500/21\approx6785.71$（元）

④ $7500-10\times7500/21\approx3928.57$（元）

试问第几种算法最符合《中华人民共和国劳动合同法》的条文解释？让我们带着这个问题进入下面的学习。

3.1 预算定额的概念与用途

3.1.1 预算定额的概念

预算定额是规定消耗在质量合格的单位工程基本构造要素上的人工、材料和机械台班的数量标准，是计算建筑安装产品价格的基础。

所谓基本构造要素，即通常所说的分项工程和结构构件。预算定额按工程基本构造要素规定人工、材料和机械台班的消耗数量，以满足编制施工图预算、规划和控制工程造价的要求。

预算定额是工程建设中一项重要的技术经济文件，它的各项指标，反映了在完成规定的计量单位范围内，符合设计标准和施工及验收规范要求的分项工程消耗的人工劳动和物化劳动的数量限度。这种限度最终决定着单项工程和单位工程的成本和造价。

在编制施工图预算时，需要按照施工图样和工程量计算规则计算工程量，还需要借助于某些可靠的参数计算人工、材料、机械台班的耗用量，并在此基础上计算出资金的需要量，计算出建筑安装工程的价格。

在我国，现行的工程建设概、预算制度规定了通过编制概算和预算确定造价，概算定额、概算指标、预算定额等则为计算人工、材料、机械台班的耗用量提供了统一的可靠参数。同时，现行制度还赋予了概、预算定额相应的权威性，使之成为建设单位和施工企业之间建立经济关系的重要基础。

3.1.2 预算定额的作用

(1) 预算定额是编制施工图预算、确定建筑安装工程造价的基础。施工图设计一经确定，工程预算造价就取决于预算定额水平和人工、材料及机械台班的价格。预算定额起着控制人工消耗、材料消耗和机械台班的作用，进而起着控制建筑产品价格的作用。

(2) 预算定额是编制施工组织设计的依据。施工组织设计的重要任务之一是确定施工中所需人力、物力的供求量，并做出最佳安排。施工单位在缺乏本企业施工定额的情况下，根据预算定额也能够比较精确地计算出施工中各项资源的需要量，为有计划地组织材料采购和预制件加工、调配劳动力和施工机械提供了可靠的计算依据。

(3) 预算定额是工程结算的依据。工程结算是建设单位和施工单位按照工程进度，对已完成的分部分项工程实现货币支付的行为。按进度支付工程款，需要根据预算定额将已完成分项工程的造价算出。单位工程验收后再按竣工工程量、预算定额和施工合同规定进行结算，以保证建设单位建设资金的合理使用和施工单位的经济收入。

(4) 预算定额是施工单位进行经济活动分析的依据。预算定额规定的物化劳动和劳动消耗指标是施工单位在生产经营中允许消耗的最高标准。目前，预算定额决定着施工单位的收入，因此，施工单位就必须以预算定额作为评价企业工作的重要标准和努力实现的目标。施工单位可根据预算定额对施工中的人工、材料和机械台班的消耗情况进行具体的分析，以便找出并解决低功效、高消耗的薄弱环节，提高竞争能力。只有在施工中尽量降低劳动消耗，采用新技术，提高劳动者素质，提高劳动生产率，才能取得较好的经济效益。

(5) 预算定额是编制概算定额的基础。概算定额是在预算定额基础上综合扩大编制出来的。以预算定额作为编制依据，不但可以节省编制工作的大量人力、物力和时间，收到事半功倍的效果，还可以使概算定额在计算口径、计算方法、计算依据、计算水平上与预算定额保持一致，以免造成执行中的不一致。

(6) 预算定额是合理编制招标标底、投标报价的基础。在深化改革的过程中，预算定额的指令性作用日益削弱，而对施工单位按照工程个别成本报价的指导性作用仍然存在。因此，预算定额作为编制招标标底的依据和施工企业报出投标报价的基础性作用仍然存在，这是由预算定额本身的科学性和权威性决定的。

3.2 预算定额的编制原则、依据和步骤

3.2.1 预算定额的编制原则

为保证预算定额的编制质量，充分发挥预算定额的作用，保证编制的预算定额便于应用在实际使用中，在预算定额编制工作中应遵循以下原则。

1. 按社会平均水平确定预算定额的原则

预算定额是确定和控制建筑安装工程造价的主要依据，因此它必须遵照价值规律的客观要求，即按生产过程中所消耗的社会必要劳动时间确定定额水平，也就是按照“在现有社会正常的生产条件下，在社会平均的劳动熟练程度和劳动强度下制造某种使用价值所需

要的劳动时间”来确定定额水平。因此，预算定额的平均水平，是在正常的施工情况下，通过合理的施工组织和施工工艺，按照平均劳动熟练程度和平均劳动强度的要求，完成单位分项工程基本构造要素所需要的劳动时间。

预算定额的水平以大多数施工单位的施工定额水平为基础，但是，预算定额绝不是简单地套用施工定额的水平。首先，要考虑预算定额中包含了许多可变因素，需要保留合理的幅度差，如人工幅度差、机械幅度差，材料的超运距、辅助用工及材料堆放、运输、操作损耗和由细到粗综合后的量差等；其次，预算定额应当是平均水平，而施工定额是平均先进水平，两者相比，预算定额水平相对要低一些，但是应限制在一定范围之内。

2. 简明适用的原则

预算定额项目是在施工定额项目基础上的进一步综合，通常将建筑物分解为分部工程项目和分项工程项目。简明适用是指在编制预算定额时，将那些主要的、常用的、价值量大的分项工程进行细分，而次要的、不常用的、价值量相对较小的分项工程则进行粗分。

定额项目的多少与定额的步距有关。步距大，定额的子目就会减少，精确度就会降低；步距小，定额子目则会增加，精确度也会提高。因此，确定步距时，对主要工种、主要项目、常用项目，定额步距要小一些；对于次要工种、次要项目、不常用项目，定额步距可以适当大一些。

预算定额要项目齐全，要注意补充那些因采用新技术、新结构、新材料而出现的新的定额项目。如果项目不全，缺项多，就会使计价工作缺少充足可靠的依据。补充定额一般因资料所限、费时费力、可靠性较差，容易引起争执。

对定额的活口也要设置适当。所谓活口，即在定额中规定当符合一定条件时，允许该定额另行调整。在编制定额的过程中要尽量不留活口，对实际情况变化较大、影响定额水平幅度大的项目，确需留活口的，也应该从实际出发尽量少留；即使留有活口，也要注意尽量规定好换算方法，避免采取按实际发生的数额计算。

简明适用还要求统一确定预算定额的物理量单位，以简化工程量的计算。同时，尽可能避免同一种材料使用不同的物理量单位计算和一量多用，尽量减少定额附注和换算系数。

3. 坚持统一性和差别性相结合的原则

所谓统一性，就是从培育全国统一市场规范计价行为出发，计价定额的制定规划和组织实施由国务院建设行政主管部门归口管理，并负责全国统一定额制定或修订，颁发有关工程造价管理的规章制度办法等。这样有利于通过定额和工程造价的管理实现建筑安装工程价格的宏观调控。通过编制全国统一定额，使建筑安装工程具有一个统一的计价尺度，也使考核设计和施工的经济效果具有一个统一标准。

所谓差别性，就是在统一性的基础上，各省、自治区、直辖市主管部门可以在自己的管辖范围内，根据本部门和地区的具体情况，制定部门和地区性定额、补充性制度和管理办法，以适应我国幅员辽阔、地区间发展不平衡和差异性大的实际情况。

3.2.2 预算定额的编制依据

1) 现行劳动定额和施工定额

预算定额是在现行劳动定额和施工定额的基础上编制的。预算定额中人工、材料、机械台班的消耗水平，需要根据现行劳动定额或施工定额取定；预算定额的计量单位的选择，也要以施工定额为参考，从而保证两者的协调和可比性，减轻预算定额的编制工作量，缩短编制时间。

2) 现行设计规范、施工及验收规范、质量评定标准和安全操作规程

在确定人工、材料、机械台班的消耗数量时，必须考虑现行设计规范、施工及验收规范、质量评定标准和安全操作规程的要求和规定。

3) 具有代表性的典型工程施工图及有关标准图

对这些图样进行仔细分析研究，并计算出工程数量，作为编制定额时选择施工方法、确定定额数量的依据。

4) 新技术、新结构、新材料和先进的施工方法等技术文件

这类技术文件是调整定额水平和增加新的定额项目所必需的依据。

5) 有关科学实验、技术测定的统计、经验资料

这类资料是确定定额水平的重要依据。

6) 现行的预算定额、材料预算价格及有关文件规定等

过去定额编制过程中积累的预算定额、材料预算价格及有关文件规定等基础资料，是编制预算定额的依据和参考。

3.2.3 预算定额的编制步骤

预算定额的编制，大致可以分为准备工作、收集资料、定额编制、定额报批和修改定稿、整理资料五个阶段。各阶段工作相互有交叉，有些工作还要多次反复进行。

1. 准备工作阶段

准备工作阶段主要做以下两项工作。

(1) 拟定编制方案。

(2) 抽调人员根据专业需要划分编制小组和综合小组。

2. 收集资料阶段

收集资料阶段主要做以下几项工作。

(1) 普遍收集资料。在已确定的范围内，采用表格化方法收集预算定额编制所需的基础资料，该资料以统计资料为主，收集时要注明所需要资料的内容、填表要求和时间范围，以便于资料整理，并具有广泛性。

(2) 召开专题座谈会。邀请建设单位、设计单位、施工单位及其他有关单位有经验的专业人士开座谈会，就以往定额存在的问题提出意见和建议，以便在编制新定额时改进。

(3) 收集现行规定、规范和政策法规等相关资料。

(4) 收集定额管理部门积累的资料。其主要包括：日常定额解释资料，补充定额资料，新结构、新工艺、新材料、新机械、新技术用于工程实践的资料。

(5) 专项检查及实验资料。其主要是指混凝土配合比和砌筑砂浆实验资料。除收集实验试配资料外，还应收集一定数量的现场实际配合比资料。

3. 定额编制阶段

定额编制阶段主要做以下几项工作。

(1) 确定定额编制细则。其主要包括：统一编制表格及编制方法；统一计算口径、计量单位和小数点位数的要求；有关统一性规定，如名称统一、用字统一、专业术语统一、符号意义统一；简化字要规范，文字要简练明确。

(2) 确定定额的项目划分和工程量计算规则。

(3) 定额人工、材料、机械台班消耗量的计算、复核和测算方法。

4. 定额报批阶段

定额报批阶段主要做以下几项工作。

(1) 审核定稿。

(2) 预算定额水平测算。

新定额编制成稿后，必须与原定额进行对比测算，分析水平升降原因。一般新编定额的水平应该不低于历史上已经达到过的水平，并且略有提高。在测算定额水平前，必须编出同一人工工资、材料价格、机械台班费用的新旧两套定额的工程单价。定额水平的测算方法有以下两种。

① 按工程类别比重测算。在定额执行范围内，选择有代表性的各类工程，分别以新旧定额对比测算并按测算的年限，以工程所占比例加权重后进行计算，以考查宏观影响。

② 单项工程比较测算法。以典型工程为例分别用新旧定额对比测算，以考查定额水平升降及其原因。

5. 修改定稿、整理资料阶段

修改定稿、整理资料阶段主要做以下几项工作。

(1) 印发征求意见稿。定额编制初稿完成后，要征求各有关方面的意见并组织讨论，及时收集反馈意见。在归纳各种意见的基础上整理分类，制定修改方案。

(2) 修改整理报批。按修改方案的决定，将初稿按照定额的顺序进行修改，并经审核无误后形成报批稿，经批准后交付印刷。

(3) 撰写编制说明。为顺利地贯彻执行定额，需要撰写新定额编制说明。其内容包括项目、子目数量；人工、材料、机械台班的内容范围；资料的依据和综合取定情况；定额中允许换算和不允许换算规定的计算资料；人工、材料、机械台班单价的计算和资料；施工方法、工艺的选择及对材料运距的考虑；各种材料损耗率的取定资料；调整系数的使用；其他应该说明的事项与计算数据、资料等。

(4) 立卷、归档、成卷。定额编制资料是贯彻执行定额中需要经常查对的重要资料，也是以后修订和编写新的定额的历史资料数据，应作为技术档案永久保存。

3.3 预算定额编制的方法

3.3.1 预算定额编制中的主要工作

1. 确定预算定额的计量单位

预算定额与施工定额的计量单位往往不同。施工定额的计量单位一般按照工序或施工过程确定；而预算定额的计量单位根据分部分项工程和结构构件的形体特征及其变化确定。由于预算定额工作内容综合性强，因此，预算定额的计量单位也具有综合的性质。其工程量计算单位的规定内容应确切反映预算定额项目所包含的工作内容。

预算定额的计量单位关系到预算工作的繁简和准确性，因此，要正确地确定各分部分项工程的计量单位，一般依据以下建筑结构构件形体的特点确定预算定额的计量单位。

(1) 凡建筑结构构件的断面有一定形状和大小，但是长度不定时，可按长度以“延长米”作为计量单位，如楼梯栏杆、木质装饰条、管道线路的安装等。

(2) 凡建筑结构构件的厚度有一定规格，但是长度和宽度不定时，可按面积以平方米作为计量单位，如地面、楼面、墙面和天棚面抹灰等。

(3) 凡建筑结构构件的长度、厚(高)度和宽度都变化时，可按体积以立方米作为计量单位，如土方、钢筋混凝土构件等。

(4) 钢结构由于重量与价格差异很大，形状又不固定，可按重量以吨作为计量单位。

(5) 凡建筑结构没有一定规格，而其构造又较复杂时，可按个、台、座、组作为计量单位，如卫生洁具安装、铸铁水斗等。

预算定额的计量单位确定之后，往往出现人工、材料或机械台班量很小的现象，即小数点后有多位数字。为了减少小数位数和提高预算定额的准确性，采取扩大单位的办法，把 1 m^2、1 m^3、1 m 扩大 10、100、1000 倍。这样相应的消耗量也增大了倍数，取一定小数后四舍五入，可达到相对的准确性。

预算定额中各项人工、材料机械台班、计量单位的选择，相对比较固定。人工、机械按“工日”、“台班”计量，各种材料的计量单位与产品计量单位基本一致，精确度要求高、材料单价高，多取三位小数。例如，钢材吨以下取三位小数，木材立方米以下取三位小数，一般材料取两位小数。

2. 按典型设计图样和资料计算工程数量

计算工程数量，是为了通过计算出典型设计图样所包括的施工过程的工程量。在编制预算定额时，有可能利用施工定额的人工、机械台班和材料消耗指标确定预算定额所含工序的消耗量。

3. 确定预算定额各项目人工、材料和机械台班消耗量指标

确定预算定额各项目人工、材料、机械台班消耗量指标时，必须先按施工定额的分项逐项计算出消耗指标，然后再按预算定额的项目加以综合。但是，这种综合不是简单的合并和相加，而需要在综合过程中增加两种定额之间的适当的水平差，因为预算定额的水平首先取决于这些消耗量的合理确定。

人工、材料和机械台班消耗量指标，应根据定额编制原则和要求，采用理论与实际相结合、图样计算与施工现场测算相结合、编制人员与现场工作人员相结合等方法进行计算和确定，使预算定额既符合政策要求，又与客观情况相一致，以便于贯彻执行。

4. 编制定额项目表和拟定有关说明

定额项目表的一般格式是：横向排列为各分项工程的项目名称，竖向排列为各分项工

程的人工、材料和机械台班消耗量指标。有的定额项目表还有附注，以说明设计有特殊要求时应该怎样进行相关项目或数据的调整和换算。

3.3.2 人工工日消耗量的计算

人工工日数可以有两种确定方法：一种是以劳动定额为基础确定；一种是以现场观察测定资料为基础计算。遇到劳动定额缺项时，采用现场工日写实的测时方法确定，计算定额的人工工日消耗量。

预算定额中人工工日消耗量是指在正常施工条件下，生产单位合格产品所必须消耗的人工工日数量，是由分项工程所综合的各个工序劳动定额包括的基本用工、其他用工两部分组成的。

1. 基本用工

基本用工是指完成单位合格产品所必须消耗的技术工种用工。按技术工种相应劳动定额工时定额计算，以不同工种列出定额工日。基本用工包括以下三个方面。

(1) 完成定额计量单位的主要用工。按综合取定的工程量和相应劳动定额进行计算。其计算公式如下：

$$基本用工=\sum(综合取定的工程量\times劳动定额)$$

(2) 按劳动定额规定应增加计算的用工量。例如，砖基础埋深超过 1.50m 时，超过部分要增加用工，且预算定额中应按一定比例给予增加。

(3) 由于预算定额是以施工定额子目综合扩大的，包括的工作内容较多，施工的效果视具体部位不同其效果也不同，需要另外增加用工，并列入基本用工内。

2. 其他用工

其他用工通常包括以下三种。

1) 超运距用工

超运距用工是指劳动定额中已包括的材料、半成品场内水平搬运距离与预算定额所考虑的现场材料、半成品堆放地点到操作地点的水平运输距离之差。其计算公式如下：

$$超运距=预算定额取定运距-劳动定额已包括的运距$$

需要指出的是，实际工程现场运距超过预算定额取定运距时，可另行计算现场二次搬运费。

2) 辅助用工

辅助用工是指技术工种劳动定额内不包括而在预算定额内又必须考虑的用工。例如，机械土方工程配合用工、材料加工(筛砂、洗石、淋化石膏)、电焊点火用工等。其计算公式如下：

$$辅助用工=\sum(材料加工数量\times相应的加工劳动定额)$$

3) 人工幅度差

人工幅度差即预算定额与劳动定额的差额，主要是指在劳动定额中未包括而在正常施工情况下不可避免但又很难准确计量的用工和各种工时损失。其内容包括以下几个方面。

(1) 各工种间的工序搭接及交叉作业相互配合或影响所发生的停歇用工。

(2) 施工机械在单位工程之间转移及临时水电线路移动所造成的停工。

(3) 质量检查和隐蔽工程验收工作的影响用工。

(4) 班组操作地点转移用工。

(5) 工序交接时对前一工序不可避免的修整用工。

(6) 施工中不可避免的其他零星用工。

人工幅度差计算公式如下：

人工幅度差=(基本用工+辅助用工+超运距用工)×人工幅度差系数

人工幅度差系数一般为 10%～15%。在预算定额中，人工幅度差的用工量列入其他用工量当中。

3.3.3 材料消耗量的计算

1. 材料消耗量的划分

材料消耗量是指完成单位合格产品所必须消耗的材料数量，按用途划分为以下四种。

(1) 主要材料，指直接构成工程实体的材料，其中也包括成品、半成品的材料。

(2) 辅助材料，指构成工程实体除主要材料以外的其他材料，如垫木、钉子、铅丝等。

(3) 周转性材料，指脚手架、模板等多次周转使用的不构成工程实体的账目摊销性材料。

(4) 其他材料，指用量较少，难以计量的零星用料，如棉纱、编号用的油漆等。

2. 材料消耗量的计算方法

材料消耗量的计算方法主要有以下几种。

(1) 凡有标准规格的材料，按国家和行业或企业标准的规范要求计算定额计量单位的耗用量，如砖、防水卷材、块料面层等。

(2) 凡有设计图样标注尺寸及下料要求的按设计图样尺寸计算材料净用量，如制作门窗所用的材料、枋、板料等。

(3) 换算法。各种黏合剂、涂料等材料的配合比用料，可以按要求条件换算，得出材料用量。

(4) 测定法。测定法包括试验室试验法和现场观察法，指各种强度等级的混凝土及砌筑砂浆配合比的耗用原材料数量的计算，需按照规范要求试配经过试压合格以后并经过必要的调整后得出的水泥、砂子、石子、水的用量。对新材料、新结构不能用其他方法计算定额消耗用量时，需用现场测定的方法来确定。根据不同条件可以采用写实记录法和观察法，得出定额的消耗量。

材料损耗量是指在正常条件下不可避免的材料损耗，如现场内材料运输及施工操作过程中的损耗等。其关系式如下：

材料损耗率=材料损耗量÷材料净用量×100%

材料损耗量=材料净用量×材料损耗率

材料消耗量=材料净用量×(1+材料损耗率)

3. 其他材料消耗量的确定

其他材料一般按工艺测算并在定额项目材料计算表内列出名称、数量，并依据编制期价格以其他材料占主要材料的比率计算，列在定额材料栏之下。定额材料栏内可不列材料名称及消耗量。

3.3.4 机械台班消耗量的计算

预算定额中的机械台班消耗量是指在正常施工条件下，生产单位合格产品(分部分项工程或结构构件)必须消耗的某种型号施工机械的台班数量。

1. 根据施工定额确定机械台班消耗量

这种方法是指在施工定额或劳动定额中，用机械台班产量加机械台班幅度差计算预算定额中的机械台班消耗量。

机械台班幅度差一般包括正常施工组织条件下不可避免的机械空转时间，因施工技术原因的中断及合理停滞时间，因供电供水故障及水电线路移动检修而发生的运转中断时间，因气候变化或机械本身故障影响工时利用的时间，施工机械转移及配套机械相互影响损失的时间，配合机械施工的工人因与其他工种交叉造成的间歇时间，因检查工程质量造成的机械停歇的时间，工程收尾和工作量不饱满造成的机械停歇时间等。

大型机械台班幅度差系数为：土方机械 25%，打桩机械 33%，吊装机械 30%。砂浆、混凝土搅拌机由于按小组配用，因而以小组产量计算机械台班产量，不另增加机械台班幅度差。其他分部工程中如钢筋加工、木材、水磨石等各项专用机械台班的幅度差为 10%。

综上所述，预算定额中的机械台班消耗量的计算公式如下：

预算定额机械耗用台班=施工定额机械耗用台班×(1+机械台班幅度差系数)

占比重不大的零星小型机械按劳动定额小组成员计算出机械台班使用量，以“机械费”或“其他机械费”表示，不再列台班数量。

2. 以现场测定资料为基础确定机械台班消耗量

若遇到施工定额(劳动定额)缺项者，则需要依据单位时间完成的产量测定。

3.4 建筑安装工程人工、材料和机械台班单价的确定

3.4.1 人工单价的组成和确定方法(以浙江省为例)

1. 人工单价及其组成内容

人工单价是指一个建筑安装生产工人一个工作日在预算中应计入的全部人工费用。它基本上反映了建筑安装生产工人的工资水平和一个工人在一个工作日中可以得到的报酬。合理确定人工工日单价是正确计算人工费和工程造价的前提和基础。

具体地说，人工单价指建筑安装生产工人在基期(或测算期)，根据国家劳动、社会保障的有关规定，在单位工作日内所包括的工资(总额)、职工福利费、劳动保护费、社会保险基金、住房公积金等费用。

(1) 工资总额，指企业直接支付给生产工人的劳动报酬总额，包括基本工资、工资性补贴、生产工人辅助工资等内容。

(2) 职工福利费，指企业按照国家规定计提的生产工人的职工福利基金。

(3) 劳动保护费，指生产工人按照国家规定在施工过程中所需的劳动保护用品、保健用品、防暑降温费等。

(4) 社会保险基金，指根据浙江省社会保险有关法规和条例，按规定由个人缴纳的基本养老保险费、基本医疗保险费和失业保险费，企业缴纳的社会保险费在间接费中列支。

(5) 住房公积金，指根据浙江省住房公积金条例，按规定由个人缴纳的住房公积金，企业缴纳的住房公积金在间接费中列支。

2. 人工单价确定的依据

(1) 国家劳动和社会保障部《关于职工全年月平均工作时间和工资折算问题的通知》(2000年3月17日劳社部发[2000]8号)规定：职工全年月平均工作天数和工作时间分别调整为20. 92天和167.4小时，职工的日工资和小时工资按此进行折算。

(2)《浙江省职工基本养老保险条例》。

(3)《杭州市城镇基本医疗保险办法》。

(4)《浙江省失业保险条例》。

(5)《住房公积金管理条例》。

3. 人工单价的确定方法

1) 工资总额

工资总额包括基本工资、工资性补贴、生产工人辅助工资三部分。

(1) 基本工资。根据国务院办公厅国办发[1999]78号文件《国务院办公厅转发人事部财政部关于调整机关事业单位工作人员工资标准和增加离退休人员离退休费三个实施方案的通知》以及浙江省人民政府浙政发[1999]224号文件《浙江省人民政府关于印发调整机关事业单位工作人员工资标准和增加离退休人员离退休费三个实施方案的通知》精神，工人技术等级分普通工、初级工、中级工、高级工四个类别，工资标准分一到十五级。根据市场调研、测定，一类人工为普通工，二类人工为初级工和中级工综合，三类人工为高级工。

① 一类人工基本工资。一类人工基本工资标准采用普通工工资标准，经加权算术平均后测算日基本工资。

② 二类人工基本工资。二类人工基本工资标准采用初级工和中级工综合工资标准，经加权算术平均后测算日基本工资。

③ 三类人工基本工资。三类人工基本工资标准采用高级工工资标准，经加权算术平均后测算日基本工资。

(2) 工资性补贴。它是指按规定标准发放的物价补贴，煤、燃气补贴，交通补贴，住房补贴，流动施工补贴等。工资性补贴计算公式如下：

$$工资性补贴=基本工资\times工资性补贴系数$$

(3) 生产工人辅助工资。它是指生产工人年有效施工天数以外作业天数的工资。其包括：职工学习、培训期间的工资，调动工作、探亲、休假期间的工资，因气候影响的停工工资，女工哺乳时间的工资，病假时间的工资，病假在 6 个月以内的工资及产、婚、丧假期的工资。生产工人辅助工资计算公式如下：

生产工人辅助工资=基本工资×生产工人辅助工资比例系数

2) 职工福利费

职工福利费是指按规定计提的职工福利费。职工福利费计算公式如下：

职工福利费=工资总额×福利费系数

3) 劳动保护费

劳动保护费是指按照国家规定标准发放给生产工人的劳动保护用品的购置费及修理费，徒工服装补贴，防暑降温费，在有碍身体健康环境中施工的保健费用。

4) 社会保险基金

社会保险基金包括养老保险基金、医疗保险基金、失业保险基金三部分。

(1) 养老保险基金。指由职工工资中支付的离退休职工的退休金、价格补贴，企业支付离退休职工的异地安家补助费、职工退休金，6 个月以上的病假人员工资，职工死亡丧葬补助费、抚恤金，按规定支付给离退休干部的各项经费。

(2) 医疗保险基金。指由职工工资中支付的基本医疗保险费。

(3) 失业保险基金。指由职工工资中支付的失业保险费。

社会保险基金计算公式如下：

社会保险基金=工资总额×社会保险费率

5) 住房公积金

企业按标准为职工缴纳的住房公积金。住房公积金计算公式如下：

住房公积金=工资总额×住房公积金费率

6) 人工单价合计

人工单价合计计算公式如下：

人工单价合计=工资总额+职工福利费+生产工人劳动保护费+
社会保险基金+住房公积金

浙江省 2010 年版新计价依据中，人工单价取定分别为：一类人工 40 元/工日；二类人工 43 元/工日；三类人工 50 元/工日。

4. 影响人工单价的因素

影响建筑安装工人人工单价的因素很多，归纳起来有以下几个方面。

(1) 社会平均工资水平。建筑安装工人人工单价必然和社会平均工资水平趋同，而社会平均工资水平取决于经济发展水平。由于我国改革开放以来经济迅速增长，社会平均工资也有大幅增长，从而影响人工单价的大幅提高。

(2) 生活消费指数。生活消费指数的提高会影响人工单价的提高，以减少生活水平的下降或维持原来的生活水平。生活消费指数的变动决定于物价的变动，尤其决定于生活消费品物价的变动。

(3) 人工单价的组成内容。例如，养老保险、医疗保险、失业保险、住房公积金等的提高会使人工单价提高。

(4) 劳动力市场供需变化。在劳动市场如果生产需求大于劳动力供给，人工单价就会提高；反之，劳动力供给大于生产需求，市场竞争激烈，人工单价就会下降。

(5) 政府推行的社会保障和福利政策也会影响人工单价的变动。

3.4.2 材料预算价格的组成和确定方法

在建筑工程中，材料费约占总造价的 60%～70%，在金属结构工程中其所占比重还要大，是工程直接费的主要组成部分。因此，合理确定材料预算价格的构成，正确编制材料预算价格，有利于合理确定和有效控制工程造价。

1. 材料预算价格的组成

材料预算价格是指市场信息价时点价格，主要反映建筑安装材料在某一时点(通常指预算定额编制期)的静态价格水平，供设计选择经济合理构配件及编制概预算定额之用，并作为测算不同时期价格水平的基础。浙江省建筑安装材料基期价格中的每一项材料均有一个16位的编码作为材料的统一代码，在一定时期内全省统一使用，为实现电算化管理奠定基础。

市场信息价是指综合了材料自来源地运至工地仓库或指定堆放地点所发生的全部费用，以及为组织采购、供应和保管材料过程中所需要的各项费用。其费用组成内容包括供应价格、运杂费、采购保管费。其计算公式如下：

材料预算价格(市场信息价格)=(材料供应价格+材料运杂费)×(1+材料采购保管费率)

2. 材料预算价格的确定方法

1) 材料供应价格的确定

材料供应价格按市场实际供应价格水平取定，包含了进货费、供销部门经营费和包装费等有关费用，不包括包装品押金，也不计减包装品残值。

2) 材料运杂费的计算

材料运杂费是指材料自来源地运至工地仓库或指定堆放地点所发生的全部费用。其包括装卸费、运输费、运输损耗及其他附加费等费用。

材料运杂费的计算分为大宗材料和非大宗材料两类。

(1) 大宗材料按照里程运价计算。市内综合运距由当地物价管理部门自行测定。大宗材料运杂费计算根据省建设厅、省物价局、省交通厅有关文件，综合市场实际情况计算。

(2) 非大宗材料运杂费按费率运价计算，其计算公式如下：

材料运杂费=材料供应价×材料运杂费率

材料运杂费率标准如下。

① 水、卫、电气材料：1.8%。

② 有色金属管材、高压阀门、电缆：0.25%。

③ 其他材料：0.8%。

3) 材料采购保管费的计取

材料采购保管费是指材料部门为组织采购供应和保管材料过程中所需要的各项费用。其包括采购费、仓储费和工地保管费、仓储损耗等内容。材料采购保管费计算公式如下：

材料采购保管费=(材料供应价格+材料运杂费)×材料采购保管费率(%)

材料采购保管费率标准如下。

① 水、卫、电气材料：1.6%。

② 购入商品构件：1.0%。

③ 其他材料：1.8%。

3. 影响材料预算价格变动的因素

影响材料预算价格变动的因素有如下几个。

(1) 市场供需变化。材料原价是材料预算价格中最基本的组成。市场供大于求时价格就会下降，反之，价格就会上升，从而也就会影响材料预算价格的涨落。

(2) 材料生产成本的变动直接影响材料预算价格的波动。

(3) 流通环节的多少和材料供应体制也会影响材料预算价格。

(4) 运输距离和运输方法的改变会影响材料运输费用的增减，从而也会影响材料预算价格。

(5) 国际市场行情的变化会对进口材料价格产生影响。

4. 材料编码

《浙江省建筑安装材料统一分类编码及2003年基期价格》将工程建设中所需要的35000余种常用材料分成15大类，包括材料编码、名称、型号、规格、计量单位、价格等内容，力求做到全省材料系统的统一化、标准化和规范化，以建立统一的建筑产品数字化信息基础，从而为有效利用信息资源，实现快速、高效地进行工程造价计价提供科学方法。编码系统采用层级分类法。编码分为5个层级16位数字码长，5个层级分别为大类、中类、小类、名称和特征码(其中特征码中包含了计量单位、型号、规格及品牌等信息)。16位数字代码中，第一、二位代码为大类，第三、四位代码为中类，第五、六位代码为小类，第七、八、九位代码为材料名称，第十至十六位代码为特征码，其中第十位代码表示材料计量单位，第十一、十二位代码表示材料型号，第十三、十四位代码表示材料规格，第十五、十六位代码表示材料品牌。其结构体系如下。

(1) 第一层级编码——大类：大类编码由两位数字表示，将常用材料分为15个大类，每一大类下留有99个中类编码空间。

(2) 第二层级编码——中类：中类编码的目的在于为每一大类形成一个结构框架，中类编码由大类编码后面两位数字(即第三、四位代码)表示，每一中类下留有99个小类编码空间。

(3) 第三层级编码——小类：小类编码的目的在于为每一中类形成一个结构框架，小类编码由中类编码后面两位数字(即第五、六位代码)表示，每一小类下留有999个材料名称编码空间。

(4) 第四层级编码——材料名称：材料名称编码的目的在于为每一个小类形成一个结构框架，材料名称编码是由小类编码后面三位数字(即第七、八、九位代码)表示，每一材料名称下留有7位码长的特征码的编码空间。

(5) 第五层级编码——特征码：特征码的目的在于为每一样具体的材料名称形成一个结构框架，并赋予材料计量单位、型号、规格、品牌的特征。特征码以材料名称编码后面加7位数字(即第十至十六位代码)表示，其中，单位码有9个编码空间，型号、规格、品牌分别有99个编码空间。

3.4.3 施工机械台班单价的组成和确定方法

施工机械使用费是根据施工中耗用的机械台班数量和机械台班单价确定的。施工机械台班耗用量按预算定额规定计算；施工机械台班单价是指一台施工机械在正常运转条件下，一个工作台班中所发生的全部费用。每台班按 8 小时工作制计算。正确制定施工机械台班单价是合理控制工程造价的重要方面。

施工机械台班单价由七项费用组成，包括折旧费、大修理费、经常修理费、安拆费及场外运输费、燃料动力费、机械台班人工费、其他费用等。

1. 折旧费的组成和确定

折旧费是指施工机械在规定使用期限内，每一台班所摊的机械耗值及支付贷款利息的费用。其计算公式如下：

机械台班折旧费=机械预算价格×(1−残值率)×贷款利息系数

1) 机械预算价格

机械预算价格按机械出厂(或到岸完税)价格及机械以交货地点或口岸运至使用单位机械管理部门的全部运杂费计算。

(1) 国产机械的预算价格应按下列公式计算：

国产机械预算价格=机械原值+供销部门手续费和一次运杂费+车辆购置税

① 供销部门手续费和一次运杂费可按机械原值的 5%计算。

② 车辆购置税应按下列公式计算：

车辆购置税=计税价格×车辆购置税率

其中：

计税价格=机械原值+供销部门手续费和一次运杂费−增值税

车辆购置税率的取值应执行编制期国家有关规定。

(2) 进口机械的预算价格应按下列公式计算：

进口机械预算价格=到岸价格+关税+增值税+消费税+
外贸部门手续费和国内一次运杂费+财务费+车辆购置税

① 关税、增值税、消费税及财务费的取值应执行编制期国家有关规定，并参照实际发生的费用计算。

② 外贸部门手续费和国内一次运杂费应按到岸价格的 6.5%计算。

③ 车辆购置税应按下列公式计算：

车辆购置税=计税价格×车辆购置税率

其中：

计税价格=到岸价格+关税+消费税

车辆购置税率的取值应执行编制期国家有关规定。

2) 残值率

残值率是指机械报废回收的残值占机械原值(机械预算价格)的比率。残值率按 1993 年有关文件规定执行：运输机械 2%，特大型机械 3%，中小型机械 4%，掘进机械 5%。

3) 贷款利息系数

为补偿企业贷款购置机械设备所支付的利息，从而合理反映资金的时间价值，以大于1的贷款利息系数将贷款利息(单利)分摊在机械台班折旧费中。其计算公式如下：

$$贷款利息系数=1+(n+1)i/2$$

式中，n——国家有关文件规定的此类机械折旧年限；

i——当年银行贷款利率。

4) 耐用总台班

耐用总台班是指机械在正常施工作业条件下，从投入使用直到报废止，按规定应达到的使用总台班数。

机械耐用总台班即机械使用寿命，一般可分为机械技术使用寿命、经济使用寿命。

(1) 机械技术使用寿命，指机械在不实行总成更换的条件下，经过修理仍无法达到规定性能指标的使用期限。

(2) 机械经济使用寿命，指从最佳经济效益的角度出发，机械使用投入费用(包括燃料动力费，润滑擦拭材料费，保养、修理费用等)最低时的使用期限。超过经济使用寿命的机械，虽仍可使用，但由于机械技术性能不良，完好率下降，燃料、润滑材料消耗增加，生产效率降低，导致生产成本增高(一般说寿命期修理费超过原值的一半的机械就不该使用)。

《全国统一施工机械台班费用定额》中的耐用总台班是以经济使用寿命为基础，并依据国家有关固定资产折旧年限规定，结合施工机械工作对象和环境以及年能达到的工作台班确定。

机械耐用总台班的计算公式如下：

$$\begin{aligned}机械耐用总台班&=折旧年限\times年工作台班\\&=大修间隔台班\times大修周期年工作台班\end{aligned}$$

① 大修间隔台班是指机械自投入使用起至第一次大修止或自上一次大修后投入使用起至下一次大修止，应达到的使用台班数。

② 大修周期年工作台班是根据有关部门对各类主要机械最近三年的统计资料分析确定的。

③ 大修周期是指机械在正常的施工作业条件下，将其寿命期(即耐用总台班) 按规定的大修理次数划分为若干个周期。其计算公式如下：

$$大修周期=寿命期大修理次数+1$$

2. 大修理费的组成和确定

大修理费是指机械设备按规定的大修间隔台班必须进行大修理，以恢复机械正常功能所需要的费用。

台班大修理费则是指机械使用期限内全部大修理费之和在台班费用中的分摊额，它取决于一次大修理费用、大修理次数和耐用总台班的数量。其计算公式如下：

$$台班大修理费=一次大修理费\times寿命期内大修理次数\div耐用总台班$$

(1) 一次大修理费，指按机械设备规定的大修理范围和修理内容，进行一次全面检修所需消耗的工时、配件、辅助材料、油燃料以及送修运输等全部费用计算的总和。

(2) 寿命期内大修理次数，指为恢复原机械功能按规定在寿命期内需要进行的大修理次数。

3. 经常修理费的组成和确定

经常修理费是指机械在寿命期内除大修理以外的各级保养(包括一、二、三级保养)，以及临时故障拆除和机械停置期间的维护等所需各项费用；为保障机械正常运转所需替换设备的摊销费用，随机工具、器具的摊销费用及机械日常保养所需润滑擦拭材料费之和，公摊到台班费中，即为台班经修费。其计算公式如下：

台班经修费=[$\sum$(各级保养一次费用×寿命期各级保养总次数) +临时故障排除费]÷耐用总台班+替换设备台班摊销费+工具辅具台班摊销费+例行保养辅料费

为简化计算，编制台班费用定额时也可采用下列公式：

台班经修费=台班大修费×K

其中：

K=机械台班经常修理费÷机械台班大修理费

(1) 各级保养(一次)费用，分别指机械在各个使用周期内为保证机械处于完好状况，按规定的各级保养间隔周期、保养范围和内容进行的一、二、三级保养或定期保养所消耗的工时、配件、辅助、油燃料等费用。

(2) 寿命期内各级保养总次数，分别指一、二、三级保养或定期保养在寿命期内各个使用周期中保养次数之和。

(3) 机械临时故障排除费用、机械停置期间维护保养费，指机械除规定的大修理及各级保养以外，临时故障所需费用以及机械在工作日以外的保养维护所需润滑擦拭材料费用，可按各级保养(不包括例行保养辅料费)费用之和的3%计算。

(4) 替换设备及工具辅具台班摊销费，指轮胎、电缆、蓄电池、运输带、钢丝绳、胶皮管、履带板子消耗性设备和按规定随机配备的全套工具辅具的台班摊销费用。其计算公式如下：

替换设备及工具辅具台班摊销费=$\sum$[(各类替换设备数量×单价÷耐用台班)+(各类随机工具辅具数量×单价÷耐用台班)]

(5) 例行保养辅料费，即机械日常保养所需润滑擦拭材料的费用。

4. 安拆费及场外运输费的组成和确定

1) 安拆费

安拆费是指机械在施工现场进行安装、拆卸所需人工、材料、机械和试运转费用，包括机械辅助设施(如基础、底座、固定锚桩、行走轨道、枕木等)的折旧、搭设、拆除等费用。

2) 场外运输费

场外运输费是指机械整体或分体自停置地点运至现场或由某一工地运至另一工地的运输、装卸、辅助材料以及架线等费用。

安拆费及场外运输费根据施工机械不同分为计入台班单价、单独计算和不计算三种类型。

(1) 工地间移动较为频繁的小型机械及部分中型机械，其安拆费及场外运输费应计入台班单价。台班安拆费及场外运输费应按下列公式计算：

台班安拆费及场外运输费=一次安拆费及场外运输费×年平均安拆次数÷年工作台班

① 一次安拆费应包括施工现场机械安装和拆卸一次所需的人工费、材料费、机械费及试运转费。

② 一次场外运输费应包括运输、装卸、辅助材料和架线等费用。

③ 年平均安拆次数应以《技术经济定额》为基础，由各地区(部门)结合具体情况确定。

④ 运输距离均应按25 km计算。

(2) 移动有一定难度的特、大型(包括少数中型)机械，其安拆费及场外运输费应单独计算。单独计算的安拆费及场外运输费除应计算安拆费、场外运输费外，还应计算辅助设施(包括基础、底座、固定锚桩、行走轨道、枕木等)的折旧、搭设和拆除等费用。

(3) 不需安装、拆卸且自身又能开行的机械和在车间不需安装、拆卸及运输的机械，其安拆费及场外运输费不计算。

(4) 自升式塔式起重机安装、拆卸费用的超高起点及其增加费，各地区(部门)可根据具体情况确定。

5. 燃料动力费的组成和确定

燃料动力费是指施工机械在运转或施工作业过程中所消耗的固体燃料(煤炭、木材)、液体燃料(汽油、柴油)、电力、水和风力等费用。燃料动力费应按下列公式计算：

台班燃料动力费=$\sum$(燃料动力消耗量×燃料动力单价)

(1) 燃料动力消耗量应根据施工机械技术指标及实测资料综合确定。

(2) 燃料动力单价应执行编制期工程造价管理部门的有关规定。

6. 机械台班人工费的组成和确定

机械台班人工费指施工机械上的司机或副司机、司炉的基本工资和其他工资津贴(年工作台班以外的机上人员基本工资和工资性津贴以增加系数的形式表示)。

机械台班人工费应按下列公式计算：

机械台班人工费=人工消耗量×[1+(年制度工作日−年工作台班)÷年工作台班]×人工单价

(1) 人工消耗量指机上司机(司炉)和其他操作人员工日消耗量。

(2) 年制度工作日的取值应执行编制期国家有关规定。

(3) 人工单价应执行编制期工程造价管理部门的有关规定。

7. 其他费用

其他费用是指施工机械按照国家有关规定应按年度交纳的养路费、车船使用税、保险费及年检费用，按各省、自治区、直辖市规定标准计算后列入定额。其计算公式如下：

机械台班其他费用=年养路费+年车船使用税+年保险费+年检费用

年工作台班年养路费、年车船使用税、年检费用应执行编制期有关部门的规定；年保险费应执行编制期有关部门强制性保险的规定；非强制性保险不计算在内。

本章小结

通过本章学习，学习者可以了解预算定额的概念和作用，熟悉预算定额的编制原则、依据和步骤，掌握预算定额中人工、材料、机械台班消耗量指标的计算，并且了解材料编码及机械折旧的计算。

习　题

一、单选题

1．下列定额中不是按生产要素分的是(　　)。
A．劳动消耗定额　　B．人工消耗定额
C．企业定额　　D．机械台班使用定额

2．预算定额附录(三)中的主材施工损耗率是指主材的(　　)。
A．施工操作损耗　　B．场内运输损耗
C．施工操作损耗和场内运输损耗　　D．场外运输损耗和仓库保管损耗

3．材料预算价格是指工程材料由(　　)后的出库价格。
A．来源地到达工地仓库　　B．来源地到达工地附近车站
C．交货地到达工地附近车站　　D．货源附近车站到达工地仓库

4．材料原价是指生产或供应单位的材料(　　)。
A．市场价格　　B．销售价格　　C．信息价格　　D．预算价格

5．材料预算计算公式为(　　)。
A．材料基价=[供应价格×(1+运输损耗率)]×(1+采购保管费率)+检验试验费
B．材料基价=[(供应价格+运杂费)×(1+运输损耗率)]×采购保管费率+检验试验费
C．材料基价=[(供应价格+运杂费)×(1+运输损耗率)]×(1+采购保管费率)+检验试验费
D．材料基价=[(供应价格+运杂费)×(1+运输损耗率)]×(1+采购保管费率)

6．下列材料中不是周转性使用材料的是(　　)。
A．脚手架　　B．临时支撑　　C．模板　　D．钢材

7．在编制材料消耗定额时，周转性使用的材料消耗量应按(　　)。
A．多次使用、分次摊销　　B．一次使用、分次摊销
C．一次使用、一次摊销　　D．多次使用、一次摊销

8．机械纯工作的时间不包括(　　)。
A．机械的有效工作时间　　B．不可避免的无负荷工作时间
C．辅助工作时间　　D．不可避免的中断时间

9．预算定额和施工定额两者相比预算定额水平要(　　)。
A．低　　B．高　　C．一样　　D．不一定

10．下列(　　)不是材料消耗量按用途分的。

A．主要材料　　B．辅助材料
C．其他材料　　D．损失材料

11．人工消耗量指标内容中其他用工不包括(　　)。
A．辅助用工　　B．超运距用工
C．基本用工　　D．人工幅度差

12．施工机械台班单价不包括(　　)。
A．人工费　　B．燃料动力费
C．采购及保管费　　D．车船使用税

13．时间定额与产量定额(　　)。
A．互为倒数　　B．成正比
C．两者相加为1　　D．以上都不对

二、判断题

1．建筑工程定额是指单位产品所必须消耗的人工、材料、机械台班及资金数量标准。(　　)

2．建筑工程预算定额是建筑工程定量和定价的标准。(　　)

3．三算是指设计概算、施工图预算和施工预算。(　　)

4．根据“国家宏观调控、市场竞争形成价格”的现行工程造价的确定原则，人工单价是由市场形成的，国家或地方不再定级定价。(　　)

5．人工单价由基本工资、工资性补贴、辅助工资三部分组成。(　　)

6．材料消耗量可用“材料消耗量=材料净用量÷(1−材料损耗率)”或“材料消耗量=材料净用量×(1+材料损耗率)”表示。(　　)

7．预算定额应用方法有直接套用和换算套用两种方法。(　　)

8．“两算”是指施工图预算和施工预算。(　　)

9．机械台班预算单价由折旧费、大修理费、经常修理费、安拆费、场外运输费、燃料动力费、养路费等七部分组成。(　　)

10．周转性材料消耗量按第一次使用量除以周转次数得到每次的消耗量测定。(　　)

三、思考题

1．什么是预算定额？其作用有哪些？它的编制原则是什么？
2．预算定额的编制依据有哪些？编制步骤有哪些？
3．预算定额中的人工消耗量指标包括哪些用工？
4．预算定额中的材料消耗量指标包括哪些材料消耗用量？
5．什么是材料预算价格？如何确定？
6．人工单价的组成如何确定？
7．机械台班预算单价的组成如何确定？

第4章 土木工程造价的费用组成

教学目标

本章主要介绍了土木工程造价中建筑安装工程费用，设备、工器具购置费用和建设项目其他费用三部分的构成；重点介绍了直接费、间接费、利润和税金四大部分的组成。通过本章的教学，让学习者了解工程类别的划分，掌握土木工程造价的构成，掌握建筑安装工程费用项目的组成。

教学要求

知识要点	能力要求	相关知识
建筑安装费用	(1) 掌握建筑安装费用的构成 (2) 掌握直接费、间接费的构成 (3) 熟悉利润和税金的内容	(1) 人工费、材料费、机械费 (2) 措施费、规费、企业管理费 (3) 营业税、城乡维护建设税、教育费附加
设备、工器具购置费用	(1) 熟悉国产设备价格的构成 (2) 掌握进口设备的价格构成 (3) 掌握设备运杂费的构成	(1) 设备原价、非标准设备原价 (2) 设备抵岸价、设备到岸价、货价 (3) 运费、包装费、采保费、手续费
其他费用及工程类别的划分	(1) 掌握土地使用费的内容 (2) 熟悉建设项目的其他费用 (3) 掌握建筑工程类别的划分	(1) 土地征用及拆迁补偿费 (2) 土地使用权出让金 (3) 建设项目其他费用

基本概念

直接费；间接费；利润；税金；国产设备；进口设备；土地征用费；拆迁补偿费；土地使用权出让金；工程类别

引例

前几章我们学习了定额的用途及含义，掌握了用定额计算的方法计算图样工程量和套用定额基价得出直接工程费。那么是不是工程造价就等于工程直接费呢？工程造价又包含哪些方面的内容呢？工程总造价和工程成本是一样的吗？这就是本章所要讲述的重点。

例如，某机电安装公司2009年10月发生材料费60万元，人工费25万元，机械费5万元，财产保险费5万元，根据会计准则及相关规定，此项工程的生产成本是(　　)。

A. 30万元　　B. 65万元　　C. 90万元　　D. 95万元

又如，某装饰企业所属的A项目于2009年9月完工，完工时共发生材料费30万元，项目管理人员工资8万元，行政管理部门水电费2万元，根据企业会计准则，计入工程成本费用的是(　　)。

A. 2万元　　B. 30万元　　C. 32万元　　D. 38万元

土木工程造价由建筑安装工程费用，设备、工器具购置费用和建设项目其他费用三部分构成。

4.1 建筑安装工程费的构成

为了适应工程计价改革工作的需要，建设部、财政部于2003年10月15日颁布了《建筑安装工程费用项目组成》(建标［2003］206号)。根据该文件的规定，将建筑安装工程费分为直接费、间接费、利润和税金四大部分，如图4-1所示。

4.1.1 直接费

直接费是指在工程施工过程中直接耗费的构成工程实体或有助于工程形成的各种费用，包括直接工程费和措施费。

1. 直接工程费

直接工程费是指在施工过程中耗费的构成工程实体的各项费用，包括人工费、材料费、施工机械使用费。

1) 人工费

人工费是指用于直接支付从事建筑安装工程施工的生产工人开支的各项费用。其计算公式如下：

$$人工费=\sum(工日消耗量\times日工资单价)$$

其中，相应等级的日工资单价包括生产工人基本工资、工资性补贴、生产工人辅助工资、职工福利费及生产工人劳动保护费。

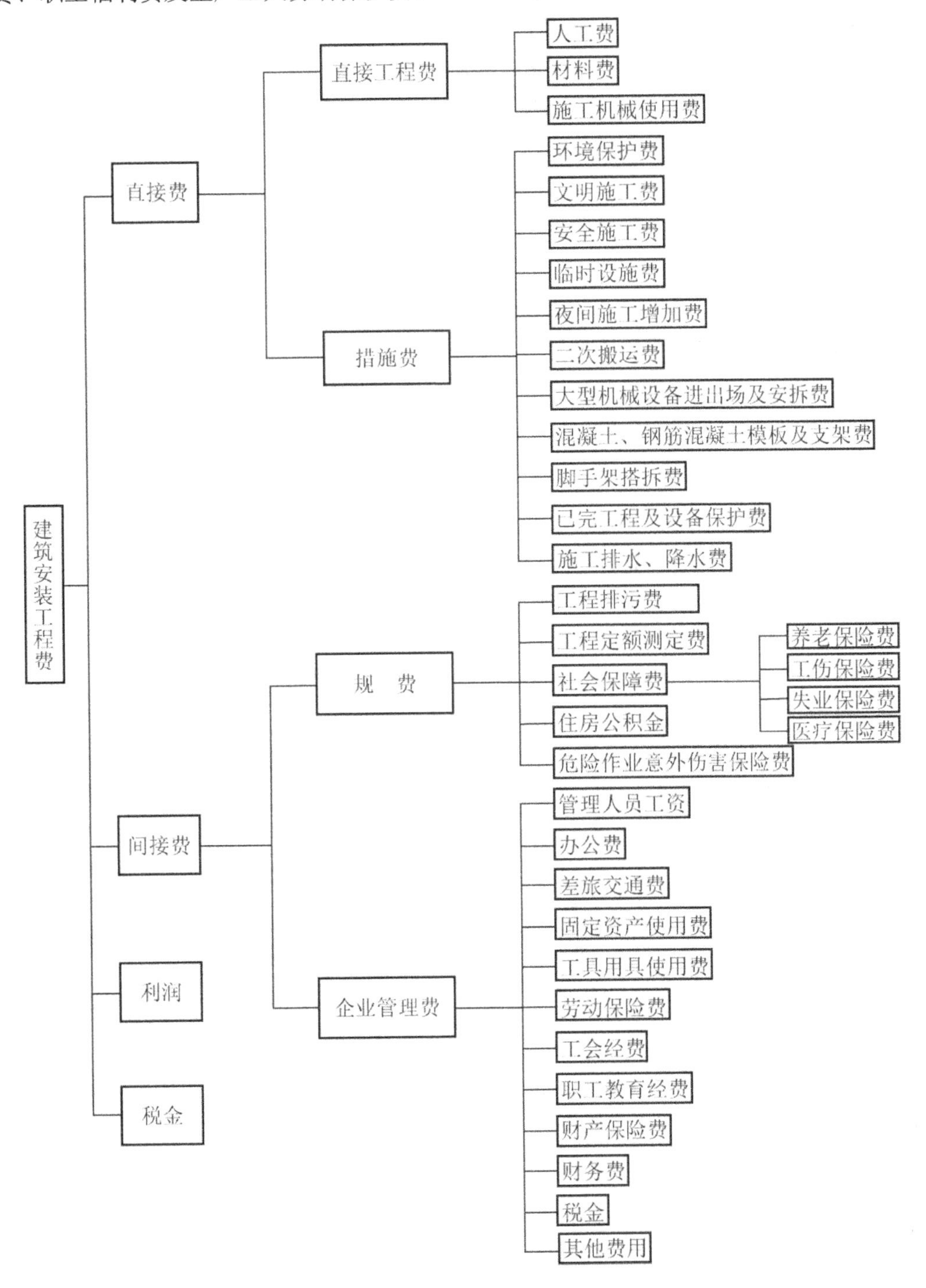

图4-1　建筑安装工程造价构成

随着劳动工资构成的改变和国家推行的社会保障和福利政策的变化，人工费用单价在各地区、各行业有不同的构成。

2) 材料费

材料费是指在施工过程中耗费的构成工程实体的原材料、辅助材料、构配件、零件、半成品的费用，包括材料原价、运杂费、运输损耗费、采购及保管费、检验试验费。其计算公式如下：

$$材料费=\sum(材料消耗量\times材料基价)+检验试验费$$

其中，材料基价包括材料原价、运杂费、运输损耗费、采购及保管费。

3) 施工机械使用费

施工机械使用费是指施工机械作业所发生的机械使用费，以及机械安拆费和场外运输费。其计算公式如下：

$$施工机械使用费=\sum(施工机械台班消耗量\times机械台班单价)$$

其中，机械台班单价费用项目包括折旧费、大修理费、经常修理费、安拆费及场外运输费、燃料动力费、人工费及运输机械养路费、车船使用税及保险费等。租赁施工机械台班单价的构成除上述费用外，还包括租赁企业的管理费、利润和税金。

2. 措施费

措施费主要包括以下几种。

(1) 环境保护费。其计算方法如下：

$$环境保护费=直接工程费\times环境保护费费率(\%)$$

(2) 文明施工费。其计算方法如下：

$$文明施工费=直接工程费\times文明施工费费率(\%)$$

(3) 安全施工费。其计算方法如下：

$$安全施工费=直接工程费\times安全施工费费率(\%)$$

(4) 临时设施费。临时设施费包括周转使用临建(如活动房屋等)、一次性使用临建(如简易建筑等)、其他临时设施(如临时管线等)。其计算公式如下：

$$临时设施费=(周转使用临建费+一次性使用临建费)\times[1+其他临时设施所占比例(\%)]$$

$$周转使用临建费=\sum\left[\frac{临建面积\times每平方米造价}{使用年限\times365\times利用率(\%)}\times工期(天)\right]+一次性拆除费$$

$$一次性使用临建费=\sum临建面积\times每平方米造价\times[1-残值率(\%)]+一次性拆除费$$

其他临时设施在临时设施费中所占比例，可由各地区造价管理部门依据典型施工企业的成本资料经分析后综合确定。

(5) 夜间施工增加费。其计算方法如下：

$$夜间施工增加费=(1-\frac{合同工期}{定额工期})\times\frac{直接工程费用中的人工费合计}{平均日工资单价}\times每工日夜间施工费开支$$

(6) 二次搬运费。其计算方法如下：

$$二次搬运费=直接工程费\times二次搬运费费率(\%)$$

(7) 大型机械设备进出场及安拆费。其计算方法如下：

$$大型机械设备进出场及安拆费=\frac{一次进出场及安拆费\times年平均安拆次数}{年工作台班}$$

(8) 混凝土、钢筋混凝土模板及支架费。其计算方法如下：

模板及支架费=模板摊销量×模板价格+支、拆、运输费

模板摊销量=一次使用量×(1+施工损耗)×[1+(周转次数-1)×补损率/周转次数-(1-补损率)×50%/周转次数]

租赁费=模板使用量×使用日期×租赁价格+支、拆、运输费

(9) 脚手架搭拆费。其计算方法如下：

脚手架搭拆费=脚手架摊销量×脚手架价格+搭、拆、运输费

$$脚手架摊销量=\frac{单位一次使用量\times(1-残值率)}{耐用期/一次使用期}$$

租赁费=脚手架每日租金×搭设周期+搭、拆、运输费

(10) 已完工程及设备保护费。其计算方法如下：

已完工程及设备保护费=成品保护所需机械费+材料费+人工费

(11) 施工排水、降水费。其计算方法如下：

排水降水费=$\sum$排水降水机械台班费×排水降水周期+排水降水使用材料费、人工费

4.1.2 间接费

间接费虽不直接由施工的工艺过程引起，但却与工程的总体条件有关，它是指建筑安装企业为组织施工和进行经营管理以及间接为建筑安装工程生产服务而产生的各项费用。也就是说施工企业在完成多个工程项目的过程中所共同发生的费用，它不能直接计入某一工程的成本，而只能以间接分摊的方式计入各个单位工程造价中。

按现行规定，建筑安装工程间接费由规费、企业管理费组成。

1. 规费

规费是指政府和有关权力部门规定必须缴纳的费用。其内容包括以下几个方面。

(1) 工程排污费：施工现场按规定缴纳的工程排污费。

(2) 工程定额测定费：按规定支付工程造价(定额)管理部门的定额测定费。

(3) 社会保障费，包括以下四项。

① 养老保险费：企业按国家规定标准为职工缴纳的基本养老保险费。

② 失业保险费：企业按国家规定标准为职工缴纳的失业保险费。

③ 医疗保险费：企业按国家规定标准为职工缴纳的基本医疗保险费。

④ 工伤保险费：浙江省企业职工有这项规费，按各市有关规定计算。

(4) 住房公积金：企业按国家规定标准为职工缴纳的住房公积金。

(5) 危险作业意外伤害保险费：按照建筑法规定，企业为从事危险作业的建筑安装施工人员支付的意外伤害保险费。

2. 企业管理费

企业管理费是指建筑安装企业组织施工生产和经营管理所需要的费用。其内容包括以下几个方面。

(1) 管理人员工资：管理人员的基本工资、工资性补贴、职工福利费、劳动保护费等。

(2) 办公费：企业管理办公用的文具、纸张、账表、印刷、邮电、书报、会议、水电、烧水和集体取暖(包括现场临时宿舍取暖)用煤等费用。

(3) 差旅交通费：职工因公出差、调动工作的差旅费，住宿补助费，市内交通费和误餐补助费，职工探亲路费，劳动力招募费，职工离退休、退职一次性路费，工伤人员就医路费，工地转移费以及管理部门使用的交通工具的油料、燃料、养路费及牌照费。

(4) 固定资产使用费：管理和试验部门及附属生产单位使用的属于固定资产的房屋、设备仪器等的折旧、大修、维修或租赁费。

(5) 工具用具使用费：管理使用的不属于固定资产的生产工具、器具、家具、交通工具和检验、试验、测绘、消防用具等的购置、维修和摊销费。

(6) 劳动保险费：由企业支付离退休职工的易地安家补助费、职工退职金、6个月以上的病假人员工资、职工死亡丧葬补助费、抚恤费、按规定支付给离休干部的各项经费。

(7) 工会经费：企业按职工工资总额计提的工会经费。

(8) 职工教育经费：企业为职工学习先进技术和提高文化水平，按职工工资总额计提的费用。

(9) 财产保险费：施工管理用财产、车辆保险费用。

(10) 财务费：企业为筹集资金而发生的各种费用。

(11) 税金：企业按规定缴纳的房产税、车船使用税、土地使用税、印花税等。

(12) 其他费用：包括技术转让费、技术开发费、业务招待费、绿化费、广告费、公证费、法律顾问费、审计费、咨询费等。

3. 间接费计算

1) 间接费

间接费是按相应的计取基础乘以间接费费率确定的费用。其计算方法按取费基数的不同分为以下三种。

(1) 以直接费为计算基础。其计算公式如下：

$$间接费=直接费合计\times间接费费率(\%)$$

(2) 以人工费和机械费为计算基础。其计算公式如下：

$$间接费=人工费和机械费合计\times间接费费率(\%)$$

$$间接费费率(\%)=规费费率(\%)+企业管理费费率(\%)$$

(3) 以人工费为计算基础。其计算公式如下：

$$间接费=人工费合计\times间接费费率(\%)$$

2) 规费费率和企业管理费费率。

根据国家及地区典型工程发承包价的分析资料综合取定规费费率。

4.1.3 利润

利润是指施工企业完成所承包工程获得的盈利，是施工企业劳动者为社会和集体劳动所创造的价值，应计入建筑工程造价。利润计算公式如下：

$$利润=计算基数\times利润率$$

计算基数可采用以下三种。

(1) 直接费+间接费。

(2) 人工费+机械费。

(3) 人工费。

4.1.4 税金

税金是指国家税法规定的应计入建筑安装工程造价内的营业税、城市维护建设税及教育费附加等。

(1) 营业税。其计算公式如下：

应纳营业税=营业额×3%

(2) 城乡维护建设税。其计算公式如下：

城乡维护建设税(市区)=营业税×7% (市区)

城乡维护建设税(县城镇)=营业税×5% (县城镇)

城乡维护建设税(农村)=营业税×1% (农村)

(3) 教育费附加。其计算公式如下：

教育费附加=营业税×3%

建筑工程预算费用的具体组成内容和计算方法详见第 6、7 章内容。

4.2 设备、工器具购置费用的构成与确定

4.2.1 概述

设备、工器具购置费用是由设备购置费用和工器具及生产家具购置费用组成的。目前在工业项目建设中，设备费用约占项目投资的 50%，甚至更高，并有逐步增加的趋势，因此，正确确定该费用，对于资金的合理使用和投资效果具有十分重要的意义。

设备购置费是指为工程建设项目而购置或自制达到固定资产标准的设备、工器具及生产家具的费用。固定资产标准由主管部门具体规定。新建项目和扩建项目的新建车间购置费或自制的全部设备、工器具，不论是否达到固定资产标准，均计入设备、工器具费用中。

1. 设备购置费计算公式

设备购置费计算公式如下：

国产设备购置费=设备原价+设备运杂费

进口设备购置费=进口设备到岸价格+进口设备国内运杂费

2. 工器具及生产家具购置费

工器具及生产家具购置费是指新建项目或扩建项目初步设计规定所必须购置的不够固定资产标准的设备、仪器工具、生产家具和备品备件等的费用。其计算公式如下：

工器具及生产家具购置费=设备购置费×工器具及生产家具定额费率

4.2.2 国产设备原价及其构成与计算

1. 国产设备原价

国产设备是指按照国家主管部门颁布的标准图样和技术规范，由我国设备生产厂批量生产的，且符合国家质量检验标准的设备。

国家标准设备一般以设备制造厂的交货价，即出厂价为设备原价。

如果设备由设备成套公司提供，则以订货合同价为设备原价。

有的设备有两种出厂价，即带有备品备件的出厂价和不带备品备件的出厂价。在计算设备原价时，一般按带有备品备件的出厂价计算。

2. 国产非标准设备原价

非标准设备是指国家尚无定型标准，不能成批定点生产，使用单位通过贸易关系不易购到，而必须根据具体设计图样加工制造的设备。

非标准设备的原价的确定方法有以下四种。

(1) 成本计算估价法。其计算公式如下：

非标准设备原价=制造成本+利润+增值税+设计费

(2) 扩大定额估价法。其计算公式如下：

非标准设备原价=材料费+加工费+其他费+设计费

(3) 类似设备估价法。其计算公式如下：

在类似或系列设备中，当只有一个或几个设备没有价格时，可根据其邻近已有设备价格按下式确定拟估设备的价格。

$$P=\frac{(P_1/Q_1+P_2/Q_2)Q}{2}$$

式中，P——拟估非标准设备原价；

Q——拟估非标准设备总重；

P_1、P_2——已生产的同类非标准设备价格；

Q_1、Q_2——已生产的同类非标准设备质量。

(4) 概算指标估价法。根据各制造厂或其他有关部门收集的各种类型非标准设备的制造价格或合同价资料，经过统计分析综合平均得出每吨设备的价格，再根据该价格进行非标准设备估价的方法称为指标估价法。其计算公式如下：

$$P=Q\times M$$

式中，P——拟估非标准设备原价；

Q——拟估非标准设备净重；

M——该类设备每吨的理论价格。

4.2.3 进口设备价格的构成

进口设备的原价是指进口设备的抵岸价，即抵达买方边境港口或边境车站，且交完关税等税费后形成的价格。进口设备抵岸价的构成与进口设备的交货类别有关。

1. 进口设备的交货类别

进口设备的交货类别可分为内陆交货类、目的地交货类、装运港交货类。

(1) 内陆交货类，即卖方在出口国内陆的某个地点交货。在交货地点，卖方及时提交合同规定的货物和有关凭证，并负担交货前的一切费用和风险；买方按时接受货物，交付货款，负担接货后的一切费用和风险，并自行办理出口手续和装运出口。货物的所有权也在交货后由卖方转移给买方。

(2) 目的地交货类，即卖方在进口国的港口或内地交货，有目的地港船上交货价、目的地港船边交货价(FOS)、目的地港码头交货价(关税已付)及完税后交货价(进口国的指定地点)等几种交货价。它们的特点是：买卖双方承担的责任、费用和风险是以目的地约定交货点为分界线，只有当卖方在交货点将货物置于买方控制下才算交货，才能向买方收取货款。这种交货类别对卖方来说承担的风险较大，在国际贸易中卖方一般不愿采用。

(3) 装运港交货类，即卖方在出口国装运港交货，主要有装运港船上交货价(FOB)，习惯称离岸价格；若运费为在内价(C&F)和运费、保险费在内价(CIF)，则习惯称到岸价格。它们的特点是：卖方按照约定的时间在装运港交货，只要卖方把合同规定的货物装船后提供货运单据便完成交货任务，可凭单据收回货款。

2. 进口设备抵岸价的构成及计算

进口设备采用最多的是装运港船上交货价(FOB)，其抵岸价的构成可概括如下：

$$\text{进口设备抵岸价}=\text{货价}+\text{国际运费}+\text{运输保险费}+\text{银行财务费}+\text{外贸手续费}+\text{关税}+\text{增值税}+\text{消费税}+\text{海关监管手续费}+\text{车辆购置附加费}$$

(1) 货价，一般指装运港船上交货价(FOB)。

(2) 国际运费，即从装运港(站)到达我国抵达港(站)的运费。进口设备国际运费计算公式如下：

$$\text{国际运费(海、陆、空)}=\text{原币货价(FOB)}\times\text{运费率}$$

或

$$\text{国际运费(海、陆、空)}=\text{运量}\times\text{单位运价}$$

(3) 运输保险费，对外贸易货物运输保险费是指由保险人(保险公司)与被保险人(出口人或进口人)订立保险契约，并在被保险人交付议定的保险费后，由保险人根据保险契约的规定对货物在运输过程中发生的承保责任范围内的损失给予经济上的补偿。这是一种财产保险，其计算公式如下：

$$\text{运输保险费}=\frac{[\text{原币货价(FOB)}+\text{国外运费}]}{1-\text{保险费率}}\times\text{保险费率}$$

其中，保险费率按保险公司规定的进口货物保险费率计算。

(4) 银行财务费，一般是指中国银行手续费，可按下式简化计算：

$$\text{银行财务费}=\text{人民币货价(FOB)}\times\text{银行财务费率}$$

(5) 外贸手续费，指按对外经济贸易部规定的外贸手续费率计取的费用，外贸手续费率一般取1.5%。其计算公式如下：

$$\text{外贸手续费}=[\text{装运港船上交货价(FOB)}+\text{国际运费}+\text{运输保险费}]\times\text{外贸手续费率}$$

(6) 关税，指由海关对进出国境或关境的货物和物品征收的一种税。其计算公式如下：

关税=到岸价格(CIF)×进口关税税率

其中，到岸价格(CIF)包括离岸价格(FOB)、国际运费、运输保险费等费用，它作为关税完税价格。进口关税税率分为优惠和普通两种。

(7) 增值税，是对从事进口贸易的单位和个人，在进口商品报关进口后征收的税种。我国增值税条例规定，进口应税产品均按组成计税价格和增值税税率直接计算应纳税额。其计算公式如下：

进口产品增值税额=组成计税价格×增值税税率

组成计税价格=关税完税价格+关税+消费税

(8) 消费税，是对部分进口设备(如轿车、摩托车等)征收的税种，一般计算公式如下：

$$\text{应纳消费税额}=\frac{\text{到岸价}+\text{关税}}{1-\text{消费税税率}}\times\text{消费税税率}$$

其中，消费税税率根据规定的税率计算。

(9) 海关监管手续费，指海关对进口减税、免税、保税货物实施监督、管理、提供服务的手续费，海关监管手续费一般为0.31%。其计算公式如下：

海关监管手续费=到岸价×海关监管手续费率

(10) 车辆购置附加费。进口车辆需缴进口车辆购置附加费。其计算公式如下：

进口车辆购置附加费=(到岸价+关税+消费税+增值税)×进口车辆购置附加费率

4.2.4 设备运杂费

设备运杂费主要指以下四项。

(1) 运费，包括从交货地点到施工工地仓库所发生的运费及装卸费。

(2) 包装费，指对需要进行包装的设备在包装过程中所发生的人工费和材料费。如果费用已经计入设备原价则不再另计；没有计入设备原价却又需要进行包装的，则应在运杂费内计算。

(3) 采购保管和保养费，指设备管理部门在组织采购、供应和保管设备过程中所需要的各种费用，包括设备保管和保养人员的工资、职工福利费、办公费、差旅交通费、固定资产使用费、检验实验费等。

(4) 购销部门手续费，指设备供销部门为组织设备供应工作而支出的各项费用。该费用只有从供销部门取得设备时才发生，具体包括采购保管和保养费。

设备运杂费的计算公式如下：

设备运杂费=设备总原价×设备运杂费率

4.3 工程建设其他费用的构成与确定

工程建设其他费用是指按规定应在固定资产投资中支付，并列入建设项目总概算或单位工程综合概算内，除建筑安装工程费、设备工器具购置费以外的其他费用。

4.3.1　土地使用费

土地使用费是指建设项目通过划拨或土地使用权出让方式取得土地使用权时，所需的土地征用及拆迁补偿费或土地使用权出让金。

1. 土地征用及迁移补偿费

1) 土地补偿费

土地补偿费是按照《中华人民共和国土地管理法》第四十七条的第一、二、三款规定：征收土地的，按照被征收土地的原用途给予补偿。

征收耕地的补偿费用包括土地补偿费、安置补助费以及地上附着物和青苗的补偿费。征收耕地的土地补偿费，为该耕地被征收前三年平均年产值的六至十倍。征收耕地的安置补助费，按照需要安置的农业人口数计算。需要安置的农业人口数，按照被征收的耕地数量除以征地前被征收单位平均每人占有耕地的数量计算。每一个需要安置的农业人口的安置补助费标准，为该耕地被征收前三年平均年产值的四至六倍。但是，每公顷被征收耕地的安置补助费，最高不得超过被征收前三年平均年产值的十五倍。

征收其他土地的土地补偿费和安置补助费标准，由省、自治区、直辖市参照征收耕地的土地补偿费和安置补助费的标准规定。

2）地上附着物和青苗的补偿费

《中华人民共和国土地管理法》第四十七条第四、五款规定：被征收土地上的附着物和青苗的补偿标准，由省、自治区、直辖市规定。

征收城市郊区的菜地，用地单位应当按照国家有关规定缴纳新菜地开发建设基金。

3）安置补助费

《中华人民共和国土地管理法》第四十七条第六、七款规定：依照本条第二款的规定支付土地补偿费和安置补助费，尚不能使需要安置的农民保持原有生活水平的，经省、自治区、直辖市人民政府批准，可以增加安置补助费。但是，土地补偿费和安置补助费的总和不得超过土地被征收前三年平均年产值的三十倍。

国务院根据社会、经济发展水平，在特殊情况下，可以提高征收耕地的土地补偿费和安置补助费的标准。

4) 耕地占用税、土地管理费

耕地占用税是土地管理部门对土地使用者征收的一种税收，主要作用是合理利用土地资源，节约用地，保护农用耕地。

土地管理费主要作为征地工作中所发生的办公、会议、培训、宣传、差旅费、借用人员工资等必要的费用。

5) 征地拆迁费

征地拆迁费包括征用土地上房屋及附属构筑物、城市公共设施等的拆除、迁建补偿费，搬迁运输费，企业单位因搬迁造成的减产、停工损失补贴费、拆迁管理费等。

2. 土地使用权出让金

土地使用权出让金是指建设项目单位通过土地使用权出让方式，取得有期限的土地使用权，并按《中华人民共和国城镇国有土地使用权出让和转让暂行条例》规定，支付土地使用权出让金。

4.3.2 与建设项目有关的其他费用

1. 建设单位管理费

建设单位管理费是指建设项目从立项、筹建、建设、联合试运转、竣工验收交付使用和后评估等全过程管理所需的费用。其包括建设单位开办费和建设单位经费两部分。

(1) 建设单位开办费，是指新建项目为保证筹建和建设工作正常进行所需要的办公设备、生活家具、用具、交通工具等购置费用。

(2) 建设单位经费，包括工作人员基本工资、工资性补贴、职工福利费、劳动保护费、劳动保险费、办公费、差旅交通费、工会经费、职工教育经费、固定资产使用费、工具用具使用费、技术图书资料费、生产人员招聘费、工程招标费、合同契约公证费、工程质量检测费、工程咨询费、法律顾问费、审计费、业务招待费、排污费、竣工验收费、后评估等费用。

2. 勘察设计费

勘察设计费指为本建设项目提供项目建议书、可行性研究报告、设计文件等所需的勘察、设计等费用。其内容包括以下三个方面。

(1) 编制项目建议书、可行性研究报告及投资估算、工程咨询、评价以及为编制上述文件所进行的勘察、设计、研究试验等所需的费用。

(2) 委托勘察、设计单位进行初步设计、施工图设计、概(预)算编制等所需的费用。

(3) 在规定范围内由建设单位自行完成的勘察、设计工作所需的费用。

3. 研究试验费

研究试验费是指为本建设项目提供或验证设计参数、数据资料等进行必要的研究试验，以及设计规定在施工中必须进行的试验、验证所需的费用。

4. 临时设施费

临时设施费是指项目施工建设期间建设单位所需临时设施的搭设、维修、摊销费用或租赁费用。临时设施包括临时宿舍、文化福利及公用事业房屋与构筑物、仓库、办公室、加工厂以及规定范围内的道路、水、电、管线等临时设施和小型临时设施。

5. 工程监理费

工程监理费是指委托工程监理单位对工程实施监理工作所需的费用。

6. 工程保险费

工程保险费是指建设项目在建设期间根据需要实施工程保险所需的费用，包括建筑工程一切险、安装工程一切险以及机器损坏保险等费用。

7. 供电贴费

供电贴费是指建设项目按照国家规定应支付的供电工程贴费、施工临时用电贴费，它是解决电力建设资金不足的临时对策。供电贴费用于为增加或改善用户用电而必须新建、扩建和改善的电网建设以及有关的业务支出，由中国建设银行监督使用。

8. 施工机构迁移费

施工机构迁移费是指施工机构根据建设任务的需要，经有关部门决定成建制地由原驻地迁移到另一个地区的一次性搬迁费用，包括职工及随同家属的差旅费、调迁期间的工资和施工机械、设备、工具、用具和周转性材料的搬运费。

9. 引进技术和进口设备其他费

引进技术和进口设备其他费包括以下四个方面的内容。

(1) 为引进技术和进口设备派出人员进行设计、联络、设备材料监检、培训等的差旅费、置装费、生活费等。

(2) 国外工程技术人员来华的差旅费、生活费和接待费等。

(3) 国外设计及技术资料费、专利和专有技术费、延期或分期付款利息。

(4) 引进设备检验及商检费。

10. 财务费用

财务费用是指为筹措建设项目资金而发生的各项费用，包括建设期间投资贷款利息、企业债券发行费、国外借款手续费和承诺费、汇兑净损失费、金融机构手续费、其他财务费用等。

4.4 工程类别的划分

4.4.1 建筑工程类别划分标准

《浙江省建设工程施工费用定额》(2010版)中的企业管理费，是按不同工程类别和规定的取费费率提取的，建筑工程类别划分标准见表4-1。

表4-1　建筑工程的类别划分标准

项目			单位	一类	二类	三类
工业建筑	单层	高度 H	m	$H>18$	$12<H\leq 18$	$H\leq 12$
		跨度 L	m	$L>36$	$24<L\leq 36$	$L\leq 24$
	多层	高度 H	m	$H>35$	$20<H\leq 35$	$H\leq 20$
		面积 S	m^2	$S\geq 20000$	$10000<S\leq 20000$	$S\leq 10000$
民用建筑	居住建筑	高度 H	m	$H>87$	$45<H\leq 87$	$H\leq 45$
		层数 N	层	$N>28$	$14<H\leq 28$	$6<N\leq 14$
		地下层数 N	层	$N>1$	$N=1$	半地下室
	公共建筑	高度 H	m	$H>65$	$25<H\leq 65$	$H\leq 25$
		层数 N	层	$N>18$	$6<N\leq 18$	$N\leq 6$
		地下层数 N	层	$N>1$	$N=1$	—

续表

项目			单位	一类	二类	三类
构筑物	烟囱	高度 H	m	$H>120$	$70<H\leqslant 120$	$H\leqslant 70$
	水塔	高度 H	m	$H>70$	$25<H\leqslant 70$	$H\leqslant 25$
		容积 Q	m^3	$Q>100$	$50<Q\leqslant 100$	$Q\leqslant 50$
	筒仓	高度 H	m	$H>25$	$12.5<H\leqslant 25$	$H\leqslant 12.5$
	储水(油)池	容量 Q	t	$Q>3\,000$	$1000<Q\leqslant 3000$	$Q\leqslant 1\,000$

4.4.2 一般建筑工程类别划分的说明

一般建筑工程类别划分的说明如下。

(1) 根据不同单位工程，按施工难易程度来划分工程类别。

(2) 单位工程层数组成不同，当高层部分的面积大于或等于30%总面积时，按高层的指标确定工程类别；当高层部分的面积小于30%时，按低层的指标确定工程类别。

(3) 以建筑面积、檐高、跨度确定工程类别时，如该工程指标达不到高层指标，但其工程施工难度大(如建筑复杂、有地下室、基础要求高、采用新工艺的工程等)，其类别可由工程造价管理部门根据实际情况核定。

(4) 单独承包地下室工程，按二类标准取费。若地下室建筑面积指标达到一类，则按一类标准取费。

(5) 建(构)筑物高度是指室外地面至檐口底面的高度(不包括女儿墙、高出屋面的电梯间、水箱间、塔楼等的高度)。跨度是指轴线之间的宽度。

(6) 工业建筑工程是指从事物质生产和直接为生产服务的建筑工程，主要包括生产车间、实验车间、仓库、独立实验室、化验室、民用锅炉房、变电所和其他生产用建筑工程。

(7) 民用建筑工程是指直接用于满足人们物质与文化生活需要的非生产性建筑，主要包括商住楼、综合楼、办公楼、教学楼、宾馆、宿舍及其他民用建筑工程。

(8) 构筑物工程是指与工业及民用建筑工程相配套且独立于工业与民用建筑的工程，主要包括烟囱、水塔、仓类、池类等。

(9) 桩基工程是指天然地基上的浅基础不能满足建(构)筑物和稳定要求而采用的一种深基础，主要包括混凝土预制桩和混凝土灌注桩。

(10) 强夯法加固地基、基坑钢管支撑，按二类标准取费。

(11) 深层搅拌桩、粉喷桩、基坑锚喷护壁，按混凝土灌注桩基工程三类标准取费。

(12) 专业预应力张拉施工，如主体为一类工程，按一类标准取费；主体为二、三类工程，均按二类标准取费。

(13) 轻钢结构单层厂房，按单层厂房的类别降低一类标准计算。

(14) 大型和单独土石方工程是指单独编制概预算或一个单位工程中挖、填土(石)方量大于5000 m^3的工业与民用建筑土(石)方工程，包括土(石)方开挖或填筑等。

(15) 预制构件制作，按相应的建筑工程类别来划分其标准。

(16) 零星项目。

① 化粪池、检查井、分户围墙按相应的主体建筑工程类别标准。

② 厂区道路、下水道、挡土墙、围墙等，均按三类标准取费。

(17) 建筑物加层扩建。

① 当选用面积和跨度指标时，采用新增的实际面积和跨度套用类别标准。

② 当选用檐高和层数指标时，要与原建筑物一并考虑套用类别标准。

(18) 半地下室和层高小于2.20 m者，均不计算为层数。

(19) 凡工程类别标准中，有两个指标控制的，只要满足一个指标即可按该指标确定工程类别；有三个指标控制的，必须满足大于或等于两个指标才可按该指标确定工程类别。

(20) 工程类别标准中的特殊工程。如影剧院、体育馆、游泳馆、别墅群等，由工程造价管理部门根据具体情况确定。

4.4.3　建筑物檐高的取法

建筑物檐高的取法要注意以下几点。

(1) 有女儿墙时，从室外设计地坪标高算至屋面结构板板顶。

(2) 有坡屋顶者，从室外设计地坪标高算至支承屋架墙的轴线与屋面板的交点。

(3) 阶梯式建筑物，按高层的建筑物计算檐高。

(4) 球形或曲面屋面，从室外设计地坪标高算至曲面屋面与外墙轴线的接触点处。

本章小结

通过本章学习，学习者主要掌握土木工程造价由建筑安装工程费用，设备、工器具购置费用和建设项目其他费用三部分构成；掌握建筑安装工程费用由直接费、间接费、利润和税金四大部分组成。还要了解工程类别的划分，掌握直接费、间接费、利润和税金的构成内容，掌握建筑安装工程项目其他费用的组成，熟悉进口设备的抵岸价、到岸价等，熟悉设备的运杂费，掌握土地出让金、土地征用费、拆迁安置费等。

习　题

一、单选题

1．(　　)是指由施工过程中耗费的构成工程实体和有助于工程形成的各项费用，包括人工费、材料费、施工机械使用费等组成。

A．直接费　　B．直接工程费　　C．造价　　D．现场经费

2．建筑安装工程直接费主要包括(　　)。

A．人工费、材料费、施工机械费

B．人工费、材料费、施工机械使用费和规费

C．人工费、材料费、施工机械使用费和现场管理费

D．人工费、材料费、施工机械费和措施费

3．在下列建筑安装工程费用中，应列入直接工程费的是(　　)。

A．二次搬运费　　B．仪器仪表使用费
C．检验试验费　　D．夜间施工增加费

4．在建筑安装工程费用构成中，施工降水费是(　　)的组成部分之一。

A．直接工程费　　B．间接费
C．施工技术措施费　　D．施工组织措施费

5．在建筑安装工程费用中，教育费附加是(　　)的组成部分之一。

A．企业管理费　B．财务费用　C．利润　D．税金

6．我国现行建筑安装工程费用项目由直接费、间接费、(　　)和税金组成。

A．财务费　B．利润　C．规费　D．措施费

7．建筑安装工程施工中的工程排污费属于(　　)。

A．间接费　B．规费　C．现场管理费　D．其他直接费

8．建筑安装企业组织施工生产和经营管理所需的费用是指(　　)。

A．其他直接费　B．企业管理费　C．规费　D．措施费

9．某项目购买一台国产设备，其购置费为1325万元，运杂费率为12%，则设备的原价为(　　)万元。

A．1506　B．1484　C．1183　D．1166

10．建筑安装工程直接费中的人工费是指(　　)。

A．从事建筑安装工程施工的生产工人及机械操作人员的开支的各项费用
B．直接从事建筑安装工程施工的生产工人开支的各项费用
C．施工现场与建筑安装施工直接有关的人员的工资性费用
D．施工现场所有人员的工资性费用

11．在下列费用中，不属于直接费的是(　　)。

A．二次搬运费　　B．技术开发费
C．夜间施工费　　D．施工单位搭设的临时设施费

12．进口设备运杂费中，运输费的运输区间是指(　　)。

A．出口国供货地至进口国边境港口或车站
B．出口国的边境港口或车站至进口国的边境港口或车站
C．进口国的边境港口或车站至工地仓库
D．出口国的边境港口或车站至工地仓库

13．工器具及生产家具购置费的计算基础是(　　)。

A．进口设备抵岸价　B．设备运杂费　C．设备购置费　D．设备原价

14．按建标[2003]206号文的规定，建筑安装工程费用中的规费包括了(　　)费用。

A．工程排污、社会保障、危险作业意外伤害保险
B．住房公积金、工程排污、环境保护
C．社会保障、安全施工、环境保护
D．住房公积金、危险作业意外伤害保险、安全施工

15．按建标[2003]206号文的规定，对建筑材料、构件和建筑安装物进行一般鉴定和检查所发生的费用属于(　　)。

A．其他直接费　B．现场经费　C．研究试验费　D．直接工程费

16．按土地管理法规定，因建设需要征用耕地的安置补助费，最高不得超过(　　)。

A．被征用前5年平均年产值的4～6倍　B．被征用前5年平均年产值的10倍

C．被征用前3年平均年产值的12倍　D．被征用前3年平均年产值的15倍

17．根据设计要求，在施工过程中对某房屋结构进行破坏性试验，以提供和验证设计数据，则该费用应在(　　)中。

A．业主方的研究试验费　B．施工方的检验试验费

C．业主方管理费　D．勘察设计费

18．下列费用中属于直接工程费中的人工费的是(　　)。

A．电焊工产、婚假期的工资　B．挖掘机司机工资

C．监理人员工资　D．公司安全监督人员工资

19．根据国家税法规定的应计入建筑安装工程费用税金中的税费有(　　)。

A．固定资产投资方向调节税　B．印花税

C．城乡维护建设税　D．营业税

二、判断题

1．建筑工程取费定额规定，施工取费按照“人工费+机械费”或“人工费”为计算基数的程序计算。(　　)

2．塔吊基础的混凝土费用属于直接工程费中的材料费。(　　)

3．由于近年来国际原油价格上涨，造成工程机械用油价格上涨，因此在工程结算中可以考虑进行工程机械用油补差。(　　)

4．材料上涨费(材料补差)在我国的投资费用构成中属于材料费。(　　)

5．进口设备抵岸价中应包含货价、国际运费、关税、增值税等费用。(　　)

6．某工程的技术负责人因病请假3个月，他在病假期间的工资应计入企业管理费。(　　)

7．在人工单价的组成内容中，生产工人探亲、休假期间的工资属于职工福利费。(　　)

8．设备购置费由设备原价、设备运杂费、采购保管费组成。(　　)

9．根据我国现行建筑安装工程费用项目组成，住房公积金、养老保险费、失业保险费、医疗保险费属于社会保障费。(　　)

10．土地征用及迁移补偿费包括安置补助费、土地补偿费、征地管理费等。(　　)

11．施工组织措施费的取费基数可以是人工费或人工费与机械费之和。(　　)

三、思考题

1．建筑安装工程造价由哪几部分构成？

2．间接费中的企业管理费、规费分别包括哪些内容？

3．什么是措施费？包括哪些内容？

4．什么是离岸价格？如何计算？

5．什么是到岸价格？如何计算？

6．工程建设其他费用的构成有哪些？

第5章 土木工程设计概算

教学目标

本章主要介绍概算定额的定义、性质和用途，概算指标的概念、表示方式，单位工程概算的编制方法，单项工程概算的内容及建设项目总概算的编制方法。通过本章教学，让学习者熟悉设计概算的含义和单位工程设计概算的编制方法，掌握概算定额的含义，并能比较概算定额与预算定额的相同处、不同处及相近处，掌握概算指标的含义。

教学要求

知识要点	能力要求	相关知识
设计概算	熟悉设计概算的含义及组成内容	单位工程概算
概算定额	(1) 掌握设计概算定额 (2) 掌握利用设计概算定额编制设计概算	单项工程概算
概算指标	(1) 掌握设计概算指标 (2) 掌握利用设计概算指标编制设计概算	项目总概算

基本概念

设计概算；概算定额；概算指标；单位工程概算；单项工程概算；项目总概算；工程实例

引例

设计院在进行方案投标时，业主往往要进行多方案比较，不仅方案美观适用还要“性价比”高。所谓“性价比”，就是在同样满足使用性能的同时进行方案造价的比较。如何来计算方案的造价呢？本章要解决的是如何利用概算指标或者概算定额来计算设计概算。

例如，编制设计概算指标要根据选择好的设计图样，计算出每一结构构件或分部工程的工程数量。计算工程量的目的有以下两个。

第一个目的是以1000m³建筑体积(或100m²建筑面积)为计算单位，换算出某种类型建筑物所含的各结构构件和分部工程量指标。工程量指标是概算指标中的重要内容，它详尽地说明了建筑物的结构特征，同时也规定了设计概算指标的使用范围。

第二个目的是计算出人工、材料和机械台班的消耗量指标，从而计算出工程的单位造价。

5.1 概　　述

5.1.1 设计概算的概念

设计概算是设计文件的重要组成部分，是在投资估算的控制下，由设计单位根据初步设计(或技术设计)图样及说明、概算定额(概算指标)、各项费用定额或取费标准(指标)、设备与材料预算价格等资料，编制和确定的建设项目从筹建至竣工交付使用所需全部费用的文件。按照国家规定，采用两阶段设计的建设项目，初步设计阶段必须编制设计概算；采用三阶段设计的，技术设计阶段必须编制修正概算；在施工图设计阶段，必须按照经批准的初步设计及其相应的设计概算进行施工图的设计工作。

设计概算的编制内容指项目从筹建至竣工投产所需的动态投资，包括按编制期价格、费率、利率、汇率等确定的静态投资和由编制期到竣工验收前的工程和价格变化等多种因素引起的投资增加部分。静态投资作为考核工程设计和施工图预算的根据，动态投资作为筹措、供应和控制资金使用的限额。

设计概算的主要作用体现在以下几个方面。

(1) 设计概算是国家制定和控制建设投资的依据。对于国家投资项目，需按照规定报请有关部门或单位批准初步设计及总概算；计划部门根据批准的设计概算，编制建设项目年度固定资产投资计划，所批准的总概算为建设项目总造价的最高限额，国家拨款、银行贷款及竣工决算都不能突破这个限额。若建设项目实际投资数额超过了总概算，则必须在原设计单位和建设单位共同提出追加投资的申请报告基础上，经上级计划部门审核批准后，方可追加投资。

(2) 设计概算是编制建设计划的依据。建设年度计划安排的工程项目，其投资需要量的确定、建设物资供应计划和建筑安装施工计划等，都以主管部门批准的设计概算为依据。

(3) 设计概算是银行拨款和贷款的依据。中国建设银行根据批准的设计概算和年度投资计划进行拨款和贷款，并严格实行监督控制。

(4) 设计概算是签订总承包合同的依据。对于施工期限较长的大中型建设项目，可以根据批准的建设项目、初步设计和总概算文件，确定工程项目的总承包价，采用工程总承包的方式进行建设，而设计概算一般用做建设单位和工程总承包单位签订总承包合同的依据。

(5) 设计概算是考核设计方案的经济合理性、控制施工图预算和施工图设计的依据。设计单位根据设计概算进行技术经济分析和多方案评价，以提高设计质量和经济效果，同时保证施工图预算和施工图设计在设计概算的范围内。

(6) 设计概算是考核和评价工程建设项目成本和投资效果的依据。工程建设项目的投资转化为建设项目单位的新增资产，可根据建设项目的生产能力计算建设项目的成本、回收期及投资效果系数等技术经济指标，并将以概算造价为基础计算的指标与以实际发生造价为基础计算的指标进行对比，从而对工程建设项目成本及投资效果进行评价。

(7) 设计概算是编制招标标底和投标报价的依据。以设计概算进行招投标的工程，招标单位编制标底是以设计概算造价为依据的，并以此作为评标定价的依据。承包单位为了在投标竞争中取胜，也以设计概算为依据，编制出合适的投标报价。

5.1.2 设计概算的分类

1. 单位工程概算

单位工程概算是确定各单位工程建设费用的文件，是编制单项工程综合概算的依据，是单项工程综合概算的组成部分。对于一般工业与民用建筑工程而言，单位工程概算按其工程性质分为建筑工程概算和设备及安装工程概算两大类。建筑工程概算包括土建工程概算，给排水、采暖工程概算，通风、空调工程概算，电器照明工程概算，弱电工程概算，特殊构筑物工程概算等；设备及安装工程概算包括机械设备及安装工程概算，电器设备及安装工程概算，以及工具、器具及生产家具购置费概算等。

2. 单项工程概算

单项工程概算是确定一个单项工程所需建设费用的文件，它是由单项工程中的各单位工程概算汇总编制而成的，是建设项目总概算的组成部分。

单项工程综合概算是以其所包含的建筑工程概算表和设备及安装工程概算表为基础汇总编制的。当建设项目只有一个单项工程时，单项工程综合概算(实为总概算)还应包括工程建设其他费用(含建设期贷款利息、预备费和固定资产投资方向调节税)概算。

单项工程综合概算文件一般包括编制说明(不编制总概算时列入)和综合概算表两部分。

(1) 编制说明。编制说明主要包括编制依据、编制方法、主要设备和材料的数量及其他有关问题。

(2) 综合概算表。综合概算表是根据单项工程所辖范围内的各单位工程概算等基础资料，按照国家规定的统一表格进行编制的。对于工业建筑而言，其概算包括建筑工程和设备及安装工程；对于民用建筑工程而言，其概算包括一般土木建筑工程、给排水、采暖、通风及电气照明工程等。

3. 建设项目总概算

建设项目总概算是指确定整个建设项目从筹建到竣工验收所需全部费用的文件，它是由各单项工程综合概算、工程建设其他费用概算、建设期贷款利息和预备费及固定资产投资方向调节税概算等汇总编制而成的。

建设项目总概算文件一般应包括以下六个部分。

(1) 封面、签署页及目录。

(2) 编制说明。

① 工程概况，即简述建设项目性质、特点、生产规模、建设周期、建设地点等主要情况，引进项目要说明引进内容及国内配套工程等主要情况。

② 资金来源及投资方式。

③ 编制依据及编制原则。

④ 编制方法，说明设计概算是采用概算定额法，还是采用概算指标法等。

⑤ 投资分析，主要分析各项投资的比重、各专业投资的比重等经济指标。

⑥ 其他需要说明的问题。

(3) 总概算表。总概算表应反映静态投资和动态投资两个部分。

(4) 工程建设其他费用概算表。工程建设其他费用概算按国家、地区或部委所规定的项目和标准确定，并按统一表格样式编制。

(5) 单项工程综合概算表和建筑安装单位工程概算表。

(6) 工程量计算表和工、料数量汇总表。

5.2 利用概算定额编制设计概算

5.2.1 设计概算的内容和作用

1. 设计概算的内容

设计概算是设计文件的重要组成部分，是由设计单位根据初步设计(或技术设计)图样及说明、概算定额(或概算指标)、各项费用定额或取费标准(指标)、设备、材料预算价格等资料或参照类似工程预决算文件，编制和确定的建设工程项目从筹建至竣工交付使用所需全部费用的文件。

设计概算可分为单位工程概算、单项工程综合概算和建设工程项目总概算三级。各级概算之间的相互关系如图5-1所示。

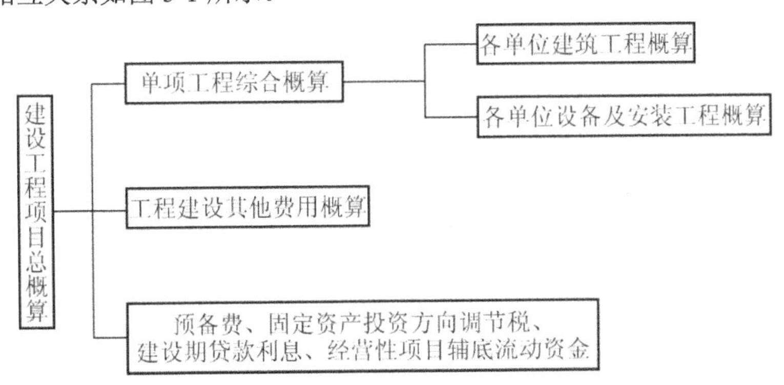

图5-1 各级概算之间的相互关系

1) 单位工程概算

单位工程概算是确定各单位工程建设费用的文件，它是根据初步设计或扩大初步设计图样和概算定额或概算指标以及市场价格信息等资料编制而成的。

对于一般工业与民用建筑工程而言，单位工程概算按其工程性质分为建筑工程概算和设备及安装工程概算两大类。建筑工程概算包括土建工程概算、给排水采暖工程概算、通风空调工程概算、电气照明工程概算、弱电工程概算、特殊构筑物工程概算等；设备及安装工程概算包括机械设备及安装工程概算、电气设备及安装工程概算、热力设备及安装工程概算以及工器具及生产家具购置费概算等。

单位工程概算由直接费、间接费、利润和税金组成，其中直接费是由分部、分项工程直接工程费的汇总加上措施费构成的。

2) 单项工程综合概算

单项工程综合概算是确定一个单项工程所需建设费用的文件，是由单项工程中的各单位工程概算汇总编制而成的，是建设工程项目总概算的组成部分。对于一般工业与民用建筑工程而言，单项工程综合概算的组成内容如图5-2所示。

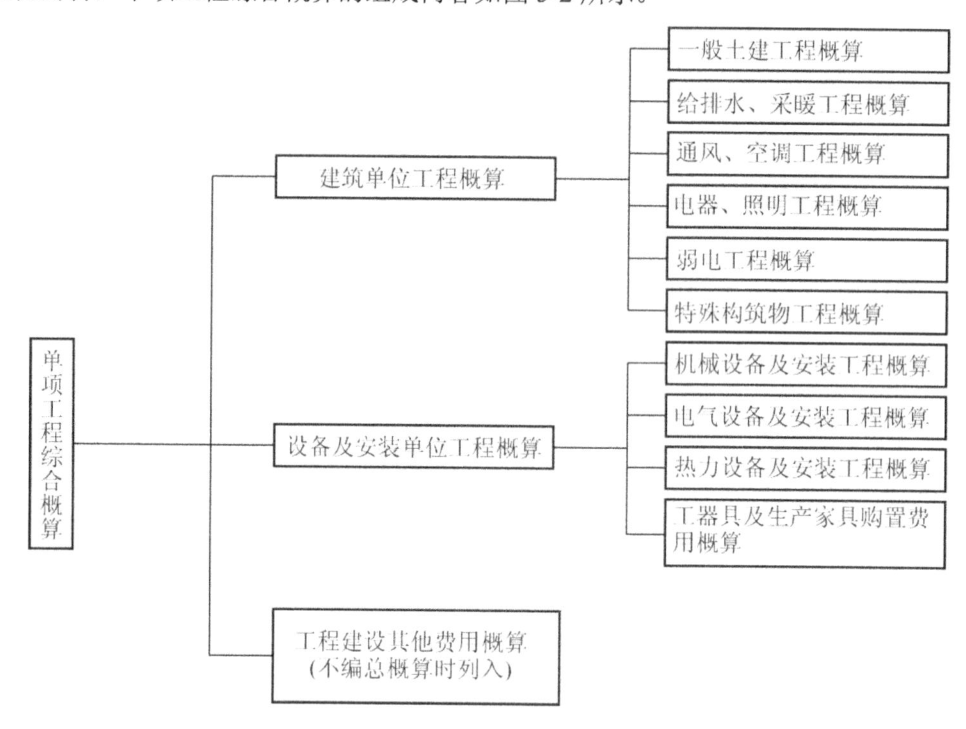

图5-2 单项工程综合概算的组成内容

3) 建设工程项目总概算

建设工程项目总概算是确定整个建设工程项目从筹建开始到竣工验收、交付使用所需的全部费用的文件，它是由各单项工程综合概算、工程建设其他费用概算、预备费、固定资产投资方向调节税和建设期利息概算等汇总编制而成，如图5-3所示。

2. 设计概算的作用

(1) 设计概算是国家制定和控制建设投资的依据。对于使用政府资金的投资建设项目要按照规定报请有关部门或单位批准初步设计及总概算。一经上级批准，总概算就是总造价的最高限额，不得有任意突破，如有突破须报原审批部门批准。

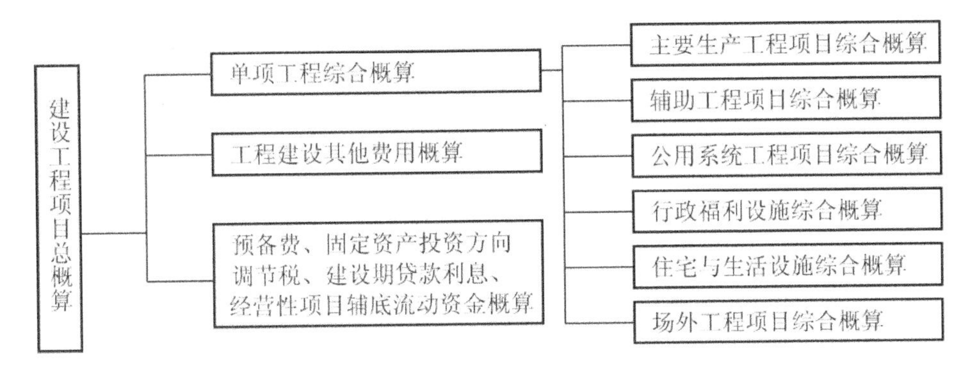

图 5-3　总概算组成

(2) 设计概算是编制建设计划的依据。建设工程项目年度计划的安排、投资需要量的确定、建设物资供应计划和建筑安装施工计划等，都以主管部门批准的设计概算为依据。若实际投资超出了总概算，设计单位和建设单位需要共同提出追加投资的申请报告，经上级计划部门批准后，方能追加投资。

(3) 设计概算是进行贷款的依据。银行根据批准的设计概算和年度投资计划进行贷款，并严格监督控制。

(4) 设计概算是签订工程总承包合同的依据。对于施工期限较长的大中型建设工程项目，可以根据批准的建设计划、初步设计和总概算文件确定工程项目的总承包价，采用工程总承包的方式进行建设。

(5) 设计概算是考核设计方案的经济合理性和控制施工图预算和施工图设计的依据。

(6) 设计概算是考核和评价建设工程项目成本和投资效果的依据。可以将以概算造价为基础计算的项目技术经济指标与以实际发生造价为基础计算的指标进行对比，从而对建设工程项目成本及投资效果进行评价。

5.2.2　设计概算的编制依据、程序和步骤

1. 设计概算的编制依据

(1) 国家及主管部门的有关法律和规章，批准的建设工程项目可行性研究报告。

(2) 设计单位提供的初步设计或扩大初步设计图样、说明及主要设备材料表。

(3) 国家现行的建筑工程和专业安装工程概算定额、概算指标及各省、市、地区经地方政府或其授权单位颁发的地区单位估价表和地区材料、构件、配件价格、费用定额及建设工程项目设计概算编制办法。

(4) 现行的有关人工和材料价格、设备原价及运杂费率等。

(5) 现行的其他费用定额、指标和价格。

(6) 建设场地自然条件和施工条件，有关合同、协议等。

(7) 其他有关资料。

2. 设计概算的编制程序和步骤

建设工程项目设计概算一般按照图 5-4 所示顺序编制。

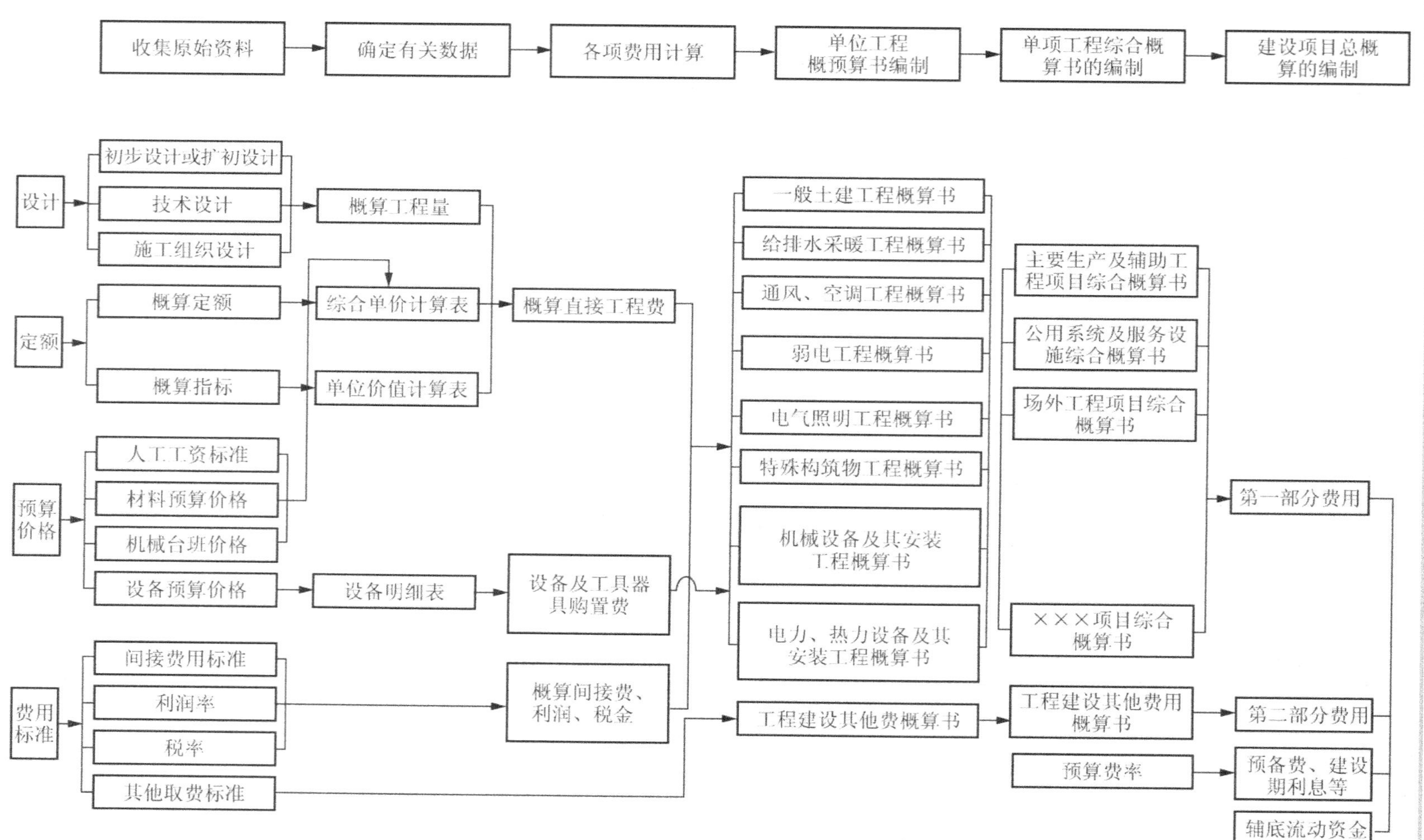

图 5-4 建设工程项目设计概算的编制程序和步骤

5.2.3 单位工程概算的编制方法

单位工程概算分建筑工程概算和设备及安装工程概算两大类。建筑工程概算的编制方法有概算定额法、概算指标法、类似工程预算法；设备及安装工程概算的编制方法有预算单价法、扩大单价法、概算指标法。

1. 建筑工程概算的编制方法

1) 概算定额法

概算定额法又称扩大单价法或扩大结构定额法。它与利用预算定额编制单位建筑工程施工图预算的方法基本相同。其不同之处在于编制概算所采用的依据是概算定额，所采用的工程量计算规则是概算工程量计算规则。该方法要求初步设计达到一定深度，建筑结构比较明确时方可采用。

利用概算定额法编制设计概算的具体步骤如下。

(1) 按照概算定额分部分项顺序，列出各分项工程的名称。工程量计算应按概算定额中规定的工程量计算规则进行，并将计算所得各分项工程量按概算定额编号顺序填入工程概算表内。

(2) 确定各分部分项工程项目的概算定额单价(基价)。工程量计算完毕后，逐项套用相应概算定额单价和人工、材料消耗指标，然后分别将其填入工程概算表和工料分析表中。如遇设计图中的分项工程项目名称、内容与采用的概算定额手册中相应的项目有某些不相符时，则按规定对定额进行换算后方可套用。

有些地区根据地区人工工资、物价水平和概算定额编制了与概算定额配合使用的扩大单位估价表，该表确定了概算定额中各扩大分部分项工程或扩大结构构件所需的全部人工费、材料费、机械台班使用费之和，即概算定额单价。在采用概算定额法编制概算时，可以将计算出的扩大分部分项工程的工程量乘以扩大单位估价表中的概算定额单价进行直接工程费的计算。概算定额单价的计算公式如下：

概算定额单价=概算定额人工费+概算定额材料费+概算定额机械台班使用费

=Σ(概算定额中人工消耗量×人工单价)+Σ(概算定额中材料消耗量×材料预算单价)+Σ(概算定额中机械台班消耗量×机械台班单价)

(3) 计算单位工程直接工程费和直接费。将已算出的各分部分项工程项目的工程量分别乘以概算定额单价、单位人工、材料消耗指标，即可得出各分项工程的直接工程费和人工、材料消耗量。再汇总各分项工程的直接工程费及人工、材料消耗量，即可得到该单位工程的直接工程费和工料总消耗量。最后，再汇总措施费即可得到该单位工程的直接费。

如果规定有地区的人工、材料价差调整指标，计算直接工程费时，按规定的调整系数或其他调整方法进行调整计算。

(4) 根据直接费，结合其他各项取费标准，分别计算间接费、利润和税金。

(5) 计算单位工程概算造价，其计算公式如下：

单位工程概算造价=直接费+间接费+利润+税金

采用概算定额法编制的某中心医院急救中心病原实验楼土建单位工程概算书具体见表5-1。

表5-1　某中心医院急救中心病原实验楼土建单位工程概算书

工程定额编号	工程费用名称	计量单位	工　程　量	金额/元	
				概算定额基价	合　价
3-1	实心砖基础(含土方工程)	$10m^3$	20.00	1722.55	34451.00
3-27	多孔砖外墙	$100\ m^2$	21.00	4048.42	85016.82
3-29	多孔砖内墙	$1000\ m^2$	21.45	5021.47	107710.53
4-21	无筋混凝土带基	m^3	521.16	566.74	295362.22
4-33	现浇混凝土矩形梁	m^3	637.23	984.22	627174.51
…	…	…	…	…	…
(一)	项目直接工程费小计	元			1149715.08
(二)	措施费(一)×6%	元			68982.91
(三)	直接费[(一)+(二)]	元			1218697.99
(四)	间接费(三)×10%	元			121869.80
(五)	利润[(三)+(四)]×5%	元			67028.39
(六)	税金[(三)+(四)+(五)]×3.41%	元			47999.03
(七)	造价总计[(三)+(四)+(五)+(六)]	元			1455595.21

2) 概算指标法

当初步设计深度不够，不能准确地计算工程量，但工程设计采用的技术比较成熟而又有类似工程概算指标可以利用时，可以采用概算指标法编制工程概算。概算指标法将拟建厂房、住宅的建筑面积或体积乘以技术条件相同或基本相同的概算指标而得出直接工程费，然后按规定计算出措施费、间接费、利润和税金等。概算指标法计算精度较低，但由于其编制速度快，因此对一般附属、辅助和服务工程等项目，以及住宅和文化福利工程项目或投资比较小、比较简单的工程项目投资概算有一定的实用价值。

(1) 拟建工程结构特征与概算指标相同时的计算。

在使用概算指标法时，如果拟建工程在建设地点、结构特征、地质及自然条件、建筑面积等方面与概算指标相同或相近，就可直接套用概算指标编制概算。

根据选用的概算指标的内容，可选用两种套算方法。

一种方法是以指标中所规定的工程每 $1m^2$ 或 $1m^3$ 的直接工程费单价，乘以拟建单位工程建筑面积或体积，得出单位工程的直接工程费，再计算其他费用，即可求出单位工程的概算造价。直接工程费计算公式如下：

直接工程费=概算指标每 $1m^2(1m^3)$直接工程费单价×
拟建工程建筑面积(体积)

这种简化方法的计算结果参照的是概算指标编制时期的价格标准，未考虑拟建工程建设时期与概算指标编制时期的价差，所以在计算直接工程费后还应用物价指数另行调整。

另一种方法是以概算指标中规定的每 $100m^2$ 建筑物面积(或 $1000m^3$)所耗人工工日数、主要材料数量为依据，首先计算拟建工程人工、主要材料消耗量，再计算直接工程费，并取费。在概算指标中，一般规定了每 $100m^2$ 建筑物面积(或 $1000m^3$ 体积)所耗工日数、主要材料数量，通过套用拟建地区当时的人工工资单价和主材预算价格，便可得到每 $100m^2$(或 $1000m^3$)建筑物的人工费和主材费而无需再作价差调整。其计算公式如下：

$100m^2$ 建筑物面积的人工费=指标规定的工日数×本地区人工工日单价

$100m^2$ 建筑物面积的主要材料费=∑(指标规定的主要材料数量×地区材料预算单价)

$100m^2$ 建筑物面积的其他材料费=主要材料费×其他材料费占主要材料费的百分比

$100m^2$ 建筑物面积的机械使用费=(人工费+主要材料费+其他材料费)×机械使用费所占百分比

$1m^2$ 建筑面积的直接工程费=(人工费+主要材料费+其他材料费+机械使用费)÷100

根据直接工程费，结合其他各项取费方法，分别计算措施费、间接费、利润和税金，得到每 $1m^2$ 建筑面积的概算单价，乘以拟建单位工程的建筑面积，即可得到单位工程概算造价。

(2) 拟建工程结构特征与概算指标有局部差异时的调整。

由于拟建工程往往与类似工程的概算指标的技术条件不尽相同，而且概算编制年份的设备、材料、人工等价格与拟建工程当时当地的价格也会不同，在实际工作中，还经常会遇到拟建对象的结构特征与概算指标中规定的结构特征有局部不同的情况，因此必须对概算指标进行调整后方可套用。调整方法如下所述。

① 调整概算指标中的每 $1m^2$ ($1m^3$)造价。

当设计对象的结构特征与概算指标有局部差异时需要进行这种调整。这种调整方法是将原概算指标中的单位造价进行调整(仍使用直接工程费指标)，扣除每 $1m^2$($1m^3$)原概算指标中与拟建工程结构不同部分的造价，增加每 $1m^2$($1m^3$)拟建工程与概算指标结构不同部分的造价，使其成为与拟建工程结构相同的工程单位直接工程费造价。其计算公式如下：

$$\text{结构变化修正概算指标(元}/m^2) = J + Q_1 \times P_1 - Q_2 \times P_2$$

式中，J——原概算指标；

Q_1——概算指标中换入结构的工程量；

Q_2——概算指标中换出结构的工程量；

P_1——换入结构的直接工程费单价；

P_2——换出结构的直接工程费单价。

则拟建单位工程的直接工程费如下：

直接工程费=修正后的概算指标×拟建工程建筑面积(或体积)

求出直接工程费后，再按照规定的取费方法计算其他费用，最终得到单位工程概算价值。

② 调整概算指标中的工、料、机数量。

这种方法是将原概算指标中每 $100m^2$($1000m^3$)建筑面积(体积)中的工、料、机数量进行调整，扣除原概算指标中与拟建工程结构不同部分的工、料、机消耗量，增加拟建工程与概算指标结构不同部分的工、料、机消耗量，使其成为与拟建工程结构相同的每

100m²(1000m³)建筑面积(体积)工、料、机数量。其计算公式如下：

结构变化修正概算指标的工、料、机数量=原概算指标的工、料、机数量+换入结构件工程量×相应定额工、料、机消耗量−换出结构件工程量×相应定额工、料、机消耗量

以上两种方法，前者是直接修正概算指标单价，后者是修正概算指标的工、料、机数量。修正之后，方可按上述第一种情况分别套用。

【例 5-1】 某新建住宅的建筑面积为 4000m²，按概算指标和地区材料预算价格等算出一般土建工程单位造价为 680 元/m²(其中直接工程费为 480 元/m²)，采暖工程 34 元/m²，给排水工程 38 元/m²，照明工程 32 元/m²。按照当地造价管理部门规定，土建工程措施费费率为 8%，间接费费率为 15%，利润率为 7%，税率为 3.4%。但新建住宅的设计资料与概算指标相比较，其结构构件有部分变更，设计资料表明外墙为 1 砖半外墙，而概算指标中外墙为 1 砖外墙，根据当地土建工程预算定额，外墙带型毛石基础的预算单价为 150 元/m³，1 砖外墙的预算单价为 176 元/m³，1 砖半外墙的预算单价为 178 元/m³；概算指标中每 100m² 建筑面积中含外墙带型毛石基础为 18m³，1 砖外墙为 46.50m³，新建工程设计资料表明，每 100m² 中含外墙带型毛石基础为 19.60m³，1 砖半外墙为 61.20m³。请计算调整后的概算单价和新建宿舍的概算造价。

解： 对土建工程中结构构件的变更和单价调整过程见表 5-2。

以上计算结果为直接工程费单价，需取费得到修正后的土建单位工程造价，即

$$490.18\times(1+8\%)\times(1+15\%)\times(1+7\%)\times(1+3.4\%)\approx673.57(\text{元/m}^2)$$

其余工程单位造价不变，因此经过调整后的概算单价为

$$673.57+34+38+32=777.57(\text{元/m}^2)$$

新建宿舍楼概算造价为

$$777.57\times4000=3110280(\text{元})$$

表 5-2 土建工程中结构构件的变更和单价调整过程

序 号	结构名称	单 位	数 量(每 100m² 含量)	单 价	合价/元
1	土建工程单位直接工程费造价换出部分：				
	外墙带型毛石基础	m³	17.00	150	2550.00
	一砖外墙	m³	58.00	177	10266.00
	合计	元			12816.00
2	换入部分：				
	外墙带型毛石基础	m³	19.60	150	2940.00
	一砖半外墙	m³	61.20	178	10893.60
	合计	元			13833.60
结构变化修正指标	480−12816/100＋13833.60/100≈490.18(元)				

3) 类似工程预算法

类似工程预算法是利用技术条件与设计对象相类似的已完工程或在建工程的工程造价

资料来编制拟建工程设计概算的方法。该方法适用于拟建工程初步设计与已完工程或在建工程的设计相类似且没有可用的概算指标的情况，但必须对建筑结构差异和价差进行调整。

2. 设备及安装工程概算的编制方法

1) 设备购置费概算

设备购置费由设备原价和运杂费两项组成。设备购置费是根据初步设计的设备清单计算出设备原价，并汇总求出设备总价，然后按有关规定的设备运杂费率乘以设备总价，两项相加即为设备购置费概算，计算公式如下：

$$设备购置费概算=\sum(设备清单中的设备数量\times设备原价)\times(1+运杂费率)$$

或

$$设备购置费概算=\sum(设备清单中的设备数量\times设备预算价格)$$

国产标准设备原价可根据设备型号、规格、性能、材质、数量及附带的配件，向制造厂家询价或向设备、材料信息部门查询或按主管部门规定的现行价格逐项计算。

国产非标准设备原价在编制设计概算时可以根据非标准设备的类别、重量、性能、材质等情况，以每台设备规定的估价指标计算原价，也可以以某类设备所规定吨重估价指标计算。

2) 设备安装工程概算的编制方法

(1) 预算单价法。当初步设计有详细设备清单时，可直接按预算单价(预算定额单价)编制设备安装工程概算。根据计算的设备安装工程量，乘以安装工程预算单价，经汇总求得。用预算单价法编制概算，计算比较具体，精确性较高。

(2) 扩大单价法。当初步设计的设备清单不完备，或仅有成套设备的重量时，可采用主体设备、成套设备或工艺线的综合扩大安装单价编制概算。

(3) 概算指标法。当初步设计的设备清单不完备，或安装预算单价及扩大综合单价不全，无法采用预算单价法和扩大单价法时，可采用概算指标编制概算。概算指标形式较多，概括起来主要可按以下几种指标进行计算。

① 按占设备价值的百分比(安装费率)的概算指标计算。其计算公式如下：

$$设备安装费=设备原价\times设备安装费率$$

② 按每吨设备安装费的概算指标计算。其计算公式如下：

$$设备安装费=设备总吨数\times每吨设备安装费(元/t)$$

③ 按座、台、套、组、根或功率等为计量单位的概算指标计算。如工业炉，按每台安装费指标计算；冷水箱，按每组安装费指标计算安装费；等等。

④ 按设备安装工程每 $1m^2$ 建筑面积的概算指标计算。设备安装工程有时可按不同的专业内容(如通风、动力、管道等)采用每 $1m^2$ 建筑面积的安装费用概算指标计算安装费。

5.2.4 单项工程综合概算的编制方法

单项工程综合概算是以其所包含的建筑工程概算表和设备及安装工程概算表为基础汇总编制的。当建设工程项目只有一个单项工程时，单项工程综合概算(实为总概算)还应包括工程建设其他费用概算(含建设期利息、预备费和固定资产投资方向调节税)。

单项工程综合概算文件一般包括编制说明和综合概算表两部分。

1. 编制说明

编制说明主要包含编制依据、编制方法、主要设备和材料的数量及其他有关问题。

2. 综合概算表

综合概算表是根据单项工程所辖范围内的各单位工程概算等基础资料，按照国家规定的统一表格进行编制。综合概算表见表5-3。

表5-3 综合概算表

建设工程项目名称：×××

单项工程名称：×××

概算价值：×××元

序号	综合概算编号	工程或费用名称	概算价值/万元						技术经济指标			占投资总额/%
			建筑工程费	安装工程费	设备购置费	工器具及生产家具购置费	其他费用	合计	单位	数量	单位价值/元	
1	2	3	4	5	6	7	8	9	10	11	12	13
		一、建筑工程										
1	6-1	土建工程	×					×	×	×	×	×
2	6-2	给水工程	×					×	×	×	×	×
3	6-3	排水工程	×					×	×	×	×	×
4	6-4	采暖工程	×					×	×	×	×	×
5	6-5	电气照明工程	×					×	×	×	×	×
		…										
		小计	×					×	×	×	×	×
		二、设备及安装工程										
6	6-6	机械设备及安装工程		×	×			×	×	×	×	×
7	6-7	电气设备及安装工程		×	×			×	×	×	×	×
8	6-8	热力设备及安装工程		×	×			×	×	×	×	×
		小计										
9	6-9	三、工器具及生产家具购置费				×		×	×	×	×	×
		总　计	×	×	×	×		×	×	×	×	×

审核：　　　　核对：　　　　编制：　　　　年　月　日

5.2.5 建设工程项目总概算的编制方法

总概算是以整个建设工程项目为对象，确定项目从立项开始到竣工交付使用整个过程的全部建设费用的文件。它由各单项工程综合概算及其他工程和费用概算综合汇编而成。

1. 总概算书的内容

总概算书一般由编制说明、总概算表及所含综合概算表、其他工程和费用概算表组成。

(1) 工程概况：说明工程建设地址、建设条件、期限、名称、产量、品种、规模、功用及厂外工程的主要情况等。

(2) 编制依据：说明设计文件、定额、价格及费用指标等依据。

(3) 编制范围：说明总概算书包括与未包括的工程项目和费用。

(4) 编制方法：说明采用何种方法编制等。

(5) 投资分析：分析各项工程费用所占比重、各项费用构成、投资效果等。此外，还要与类似工程比较，分析投资高低原因，以及论证该设计是否经济合理。

(6) 主要设备和材料数量：说明主要机械设备、电器设备及主要建筑材料的数量。

(7) 其他有关问题：说明在编制概算文件过程中存在的其他有关问题。

2. 总概算表的编制方法

将各单项工程综合概算及其他工程和费用概算等汇总即为建设工程项目总概算。

(1) 按总概算组成的顺序和各项费用的性质，将各个单项工程综合概算及其他工程和费用概算汇总列入总概算表，见表5-4。

(2) 将工程项目和费用名称及各项数值填入相应各栏内，然后按各栏分别汇总。

表5-4　总概算表

建设工程项目：×××

总概算价值：×××　　其中回收金额：×××元

序号	综合概算编号	工程或费用名称	概算价值/万元						技术经济指标			占投资总额/%
			建筑工程费	安装工程费	设备购置费	工器具及生产家具购置费	其他费用	合计	单位	数量	单位价值/元	
1	2	3	4	5	6	7	8	9	10	11	12	13
		第一部分工程费用										
		一、主要生产工程项目										
1		×××厂房	×	×	×	×		×	×	×	×	×
2		×××厂房	×	×	×	×		×	×	×	×	×
		…										
		小计	×	×	×	×		×	×	×	×	×
		二、辅助生产项目										
3		机修车间	×	×	×	×		×	×	×	×	×
4		木工车间	×	×	×	×		×	×	×	×	×
		…										
		小计	×	×	×	×		×	×	×	×	×

续表

序号	综合概算编号	工程或费用名称	概算价值/万元						技术经济指标			占投资总额/%
			建筑工程费	安装工程费	设备购置费	工器具及生产家具购置费	其他费用	合计	单位	数量	单位价值/元	
1	2	3	4	5	6	7	8	9	10	11	12	13
		三、公共设施工程项目										
5		变电所	×	×	×			×	×	×	×	×
6		锅炉房	×	×	×			×	×	×	×	×
		…										
		小计	×	×	×			×	×	×	×	×
		四、生活、福利、文化教育及服务项目										
7		职工住宅	×					×	×	×	×	×
8		办公室	×			×		×	×	×	×	×
		…										
		小 计	×			×		×	×	×	×	×
		第一部分其他工程和费用合计	×	×	×	×		×				
		第二部分其他工程和费用项目										
9		土地使用费					×	×				
10		勘察设计费					×	×				
		…										
		第二部分其他工程和费用合计					×	×				
		第一、二部分工程费用总计	×	×	×	×	×	×				
11		预备费				×	×	×				
12		建设期利息	×	×	×	×	×	×				
13		固定资产投资方向调节税	×		×							
14		辅底流动资金	×	×	×	×	×	×				
15		总概算价值										
16		其中：回收金额										
17		投资比例										

审核： 核对： 编制： 年 月 日

(3) 以汇总后总额为基础，按取费标准计算预备费用、建设期利息、固定资产投资方向调节税、铺底流动资金。

(4) 计算回收金额。回收金额是指在整个基本建设过程中所获得的各种收入。如原有房屋拆除所回收的材料和旧设备等的变现收入、试车收入大于支出部分的价值等。回收金额的计算方法，应按地区主管部门的规定执行。

(5) 计算总概算价值。其计算公式如下：

总概算价值=第一部分费用+第二部分费用+预备费+建设期利息+
固定资产投资方向调节税+铺底流动资金-回收金额

(6) 计算技术经济指标。整个项目的技术经济指标应选择有代表性和能说明投资效果的指标填列。

(7) 投资分析。为对基本建设投资分配、构成等情况进行分析，应在总概算表中计算出各项工程和费用投资占总投资比例，在表的末尾栏计算出每项费用的投资占总投资的比例。

5.2.6 设计概算的审查内容

1. 设计概算审查的意义

(1) 审查设计概算有助于促进概算编制人员严格执行国家有关概算的编制规定和费用标准，提高概算的编制质量。

(2) 审查设计概算有利于合理分配投资资金、加强投资计划管理。设计概算编制得偏高或偏低，都会影响投资计划的真实性，影响投资资金的合理分配。进行设计概算审查是遵循客观经济规律的需要，通过审查可以提高投资的准确性与合理性。

(3) 审查设计概算，有助于促进设计的技术先进性与经济合理性的统一。概算中的技术经济指标是概算水平的综合反映，合理、准确的设计概算是技术经济协调统一的具体体现，与同类工程对比，便可看出它的先进与合理程度。

(4) 审查设计概算，有利于核定建设项目的投资规模，可以使建设项目总投资力求做到准确、完整，防止任意扩大投资规模或出现漏项，从而减少投资缺口，缩小概算与预算之间的差距，避免故意压低概算投资，搞钓鱼项目，最后导致实际造价大幅度地突破概算。

(5) 经审查的概算，有利于为建设项目投资的落实提供可靠的依据。打足投资，不留缺口，有助于提高建设工程项目的投资效益。

2. 设计概算审查的内容

1) 审查设计概算的编制依据

(1) 合法性审查。采用的各种编制依据必须经过国家或授权机关的批准，符合国家的编制规定。未经过批准的不得采用，不得强调特殊理由擅自提高费用标准。

(2) 时效性审查。对定额、指标、价格、取费标准等各种依据，都应根据国家有关部门的现行规定执行。对颁发时间较长、已不能全部适用的应按有关部门做的调整系数执行。

(3) 适用范围审查。各主管部门、各地区规定的各种定额及其取费标准均有其各自的适用范围，特别是各地区间的材料预算价格区域性差别较大，在审查时应给予高度重视。

2) 单位工程设计概算构成的审查

(1) 建筑工程概算的审查。

① 工程量审查。根据初步设计图样、概算定额、工程量计算规则的要求进行审查。

② 采用的定额或指标的审查。审查定额或指标的使用范围、定额基价、指标的调整、定额或指标缺项的补充等。其中，审查补充的定额或指标时，其项目划分、内容组成、编制原则等须与现行定额水平相一致。

③ 材料预算价格的审查。以耗用量最大的主要材料作为审查的重点，同时着重审查材料原价、运输费用及节约材料运输费用的措施。

④ 各项费用的审查。审查各项费用所包含的具体内容是否重复计算或遗漏，取费标准是否符合国家有关部门或地方规定的标准。

(2) 设备及安装工程概算的审查。

设备及安装工程概算审查的重点是设备清单与安装费用的计算。

标准设备原价，应根据设备被管辖的范围，审查各级规定的价格标准。

非标准设备原价，除审查价格的估算依据、估算方法外还要分析研究非标准设备估价准确度的有关因素及价格变动规律。

设备运杂费审查，需注意以下两点。

① 设备运杂费率应按主管部门或省、自治区、直辖市规定的标准执行。

② 若设备价格中已包括包装费和供销部门手续费时不应重复计算，应相应降低设备运杂费率。

进口设备费用的审查，应根据设备费用各组成部分及国家设备进口、外汇管理、海关、税务等有关部门不同时期的规定进行。

设备安装工程概算的审查，除编制方法、编制依据外，还应注意审查以下三点。

① 采用预算单价或扩大综合单价计算安装费时的各种单价是否合适、工程量计算是否符合规则要求、是否准确无误。

② 当采用概算指标计算安装费时采用的概算指标是否合理、计算结果是否达到精度要求。

③ 审查所需计算安装费的设备数量及种类是否符合设计要求，避免某些不需安装的设备安装费计入在内。

3) 综合概算和总概算的审查

(1) 审查概算的编制是否符合国家经济建设方针、政策的要求，根据当地自然条件、施工条件和影响造价的各种因素，实事求是地确定项目总投资。

(2) 审查概算的投资规模、生产能力、设计标准、建设用地、建筑面积、主要设备、配套工程、设计定员等是否符合原批准可行性研究报告或立项批文的标准。如概算总投资超过原批准投资估算 10%以上，应进一步审查超估算的原因。

(3) 审查其他具体项目。

① 审查各项技术经济指标是否经济合理。

② 审查费用项目是否按国家统一规定计列，具体费率或计取标准是否按国家、行业或有关部门规定计算，有无随意列项，有无多列、交叉计列和漏项等。

4) 财政部对设计概算评审的要求

根据财政部办公厅财办建[2002]619 号文件《财政投资项目评审操作规程》(试行)的规定，对建设工程项目概算的评审包括以下内容。

(1) 项目概算评审包括对项目建设程序、建筑安装工程概算、设备投资概算、待摊投资概算和其他投资概算等的评审。

(2) 项目概算应由项目建设单位提供，项目建设单位委托其他单位编制项目概算的，由项目单位确认后报送评审机构进行评审。项目建设单位没有编制项目概算的，评审机构应督促项目建设单位尽快编制。

(3) 项目建设程序评审包括对项目立项、项目可行性研究报告、项目初步设计概算、项目征地拆迁及开工报告等批准文件的程序性评审。

(4) 建筑安装工程概算评审包括对工程量计算、概算定额选用、取费及材料价格等进行评审。

工程量计算的评审包括以下几个方面。

① 审查工程量计算规则的选用是否正确。

② 审查工程量的计算是否存在重复计算现象。

③ 审查工程量汇总计算是否正确。

④ 审查施工图设计中是否存在擅自扩大建设规模、提高建设标准等现象。

定额套用、取费和材料价格的评审包括以下几个方面。

① 审查是否存在高套、错套定额现象。

② 审查是否按照有关规定计取工程间接费用及税金。

③ 审查材料价格的计取是否正确。

(5) 设备投资概算评审，主要对设备型号、规格、数量及价格进行评审。

(6) 待摊投资概算和其他投资概算的评审，主要对项目概算中除建筑安装工程概算、设备投资概算之外的项目概算投资进行评审。评审内容包括以下两点。

① 建设单位管理费、勘察设计费、监理费、研究试验费、招投标费、贷款利息等待摊投资概算，按国家规定的标准和范围等进行评审。

② 对土地使用权费用概算进行评审时，应在核定用地数量的基础上，区别土地使用权的不同取得方式进行评审。

其他投资的评审，主要评审项目建设单位按概算内容发生并构成基本建设实际支出的房屋购置和基本禽畜、林木等购置、饲养、培育支出以及取得各种无形资产和其他资产等发生的支出。

(7) 部分项目发生的特殊费用，应视项目建设的具体情况和有关部门的批复意见进行评审。

(8) 对已招投标或已签订相关合同的项目进行概算评审时，应对招投标文件、过程和相关合同的合法性进行评审，并据此核定项目概算。对已开工的项目进行概算评审时，应对截止评审日的项目建设实施情况，分别按已完、在建和未建工程进行评审。

(9) 概算评审时需要对项目投资细化、分类的，按财政细化基本建设投资项目概算的有关规定进行评审。

3. 设计概算审查的方法

1) 对比分析法

对比分析法主要是指建设规模、标准与立项批文对比，工程数量与设计图样对比，综合范围、内容与编制方法、规定对比，各项取费与规定标准对比，材料、人工单价与统一信息对比，技术经济指标与同类工程对比，等等。通过以上对比分析，容易发现设计概算存在的主要问题和偏差。

2) 查询核实法

查询核实法是对一些关键设备和设施、重要装置、引进工程图样不全、难以核算的较大投资进行多方查询核对，逐项落实的方法。主要设备的市场价向设备供应部门或招标公司查询核实，重要生产装置、设施向同类企业(工程)查询了解，进口设备价格及有关费税向进出口公司调查落实，复杂的建筑安装工程向同类工程的建设、承包、施工单位征求意见，深度不够或不清楚的问题直接向原概算编制人员、设计者询问。

3) 联合会审法

联合会审前，可先采取多种形式分头审查，包括设计单位自审，主管、建设、承包单位初审，工程造价咨询公司评审，邀请同行专家预审，审批部门复审等，经层层审查把关后，由有关单位和专家进行联合会审。在会审大会上，由设计单位介绍概算编制情况及有关问题，各有关单位、专家汇报初审及预审意见。然后进行认真分析、讨论，结合对各专业技术方案的审查意见所产生的投资增减，逐一核实原概算出现的问题。经过充分协商，认真听取设计单位意见后，实事求是地处理、调整。

5.3 利用概算指标编制设计概算

5.3.1 概算指标

概算指标是比概算定额综合、扩大性更强的一种定额指标。它可以以下列的任一项作为计算单位，规定出人工、材料、机械台班消耗数量标准或费用。例如，整个工程项目以单位米、单位平方米或单位立方米等作为计算单位。

概算指标主要用于投资估价和初步设计阶段，其作用如下。

(1) 概算指标是编制投资估价、控制初步设计概算和工程概算造价的依据。

(2) 概算指标是设计单位进行设计方案的技术经济分析、衡量设计水平、考核投资效果的标准。

(3) 概算指标是建设单位编制基本建设计划、申请投资贷款和主要材料计划的依据。

5.3.2 概算指标的构成

概算指标的构成包括以下四个方面。

(1) 总说明。主要从总体上说明概算指标的作用、编制依据、适应范围和使用方法等。

(2) 示意图。表明工程的结构形式、工业项目、吊车及起重能力等。

(3) 结构特征。主要对工程的结构形式、层高、层数和建筑面积进行说明。

(4) 经济指标。说明该项目以建筑面积($100m^2$)为单位，每座的造价指标及其中土建、水暖和电照等单位工程的相应造价。

5.3.3 编制方法

(1) 编制设计概算指标要根据选择好的设计图样，计算出每一结构构件或分部工程的工程数量。计算工程量的目的有以下两个。

① 以 $1000m^3$ 建筑体积(或 $100m^2$ 建筑面积)为计算单位，换算出某种类型建筑物所含的各结构构件和分部工程量指标。工程量指标是概算指标中的重要内容，它详尽地说明了建筑物的结构特征，同时也规定了设计概算指标的使用范围。

② 计算出人工、材料和机械台班的消耗量指标，从而计算出工程的单位造价。

所以，计算标准设计和典型设计的工程量，是编制设计概算指标的重要环节。

(2) 在计算工程量指标的基础上，要确定人工、机械台班和材料的消耗指标。确定的方法是按照所选择的设计图样、现行的概预算定额、各类价格资料，编制单位工程设计概算或预算，并将各种人工、机械台班和材料的消耗量汇总，计算出人工、材料和机械台班的总用量，然后再计算出每 $1m^2$ 建筑面积和每 $1m^3$ 建筑物体积的单位造价，计算出该计算单位所需的主要人工、材料和机械台班的实物消耗量指标，次要人工、材料和机械台班的消耗量，综合为其他人工、机械、材料的消耗量，并用金额(单位“元”)表示。

(3) 若需要计算的工程量与典型工程量相符，则可直接套用概算指标编制设计概算。若需要计算的工程量与典型工程量有个别地方不符，可利用换算概算指标编制设计概算。关于这一点，将在下一节中举例加以说明。

5.4 土木工程设计概算编制实例

5.4.1 直接套用概算指标编制设计概算

【例 5-2】 某砖混结构住宅建筑面积 $4000m^2$，其工程特征与在同一地区的概算指标的内容基本相同，见表 5-5。试根据概算指标，编制土建工程设计概算。

表 5-5 某地区的概算指标

项目		指标/(元/m^2)	其中各项费用占总造价百分比/%							
			直接费					间接费	利润	税金
			人工费	材料费	机械费	措施费	直接费			
工程总造价		1414.79	9.26	60.15	2.30	5.28	75.99	13.65	5.28	3.08
其中	土建工程	1274.49	9.49	59.68	2.44	5.31	75.92	13.66	5.34	3.08
	给排水工程	80.20	5.85	68.52	0.65	4.55	79.57	12.35	5.01	3.07
	电照工程	60.10	7.03	63.17	0.48	5.48	75.16	14.78	5.00	3.06

解：计算过程及结果见表5-6，给排水工程和电照工程的设计概算也依此类推。

表5-6 某砖混结构土建工程概算

序 号	项 目 内 容	计 算 式	金额/元
1	土建工程造价	4000×1274.49=5097960.00	5097960.00
2	直接费 其中：人工费 材料费 机械费 措施费	5202000×75.92%=3949358.40 5202000×9.49%=493669.80 5202000×59.68%=3104553.60 5202000×2.44%=126928.80 5202000×5.31%=276226.20	3949358.40 493669.80 3104553.60 126928.80 276226.20
3	间接费	5202000×13.66%=710593.20	710593.20
4	利 润	5202000×5.34%=277786.80	277786.80
5	税 金	5202000×3.08%=160221.60	160221.60

5.4.2 利用换算概算指标编制设计概算

【例5-3】 新建某宿舍楼，建筑面积3500m²。按概算指标和地区材料预算价格等算出(按一砖厚外墙计算)：一般土建单位造价为640元/m²(其中直接工程费为468元/m²)，采暖工程费32元/m²，给排水工程费36元/m²，照明工程费30元/m²。

按照当地造价管理部门规定：土建工程措施费费率为8%，间接费费率为15%，利率为7%，税率为3.4%。

概算指标中规定(每百平方米建筑面积中含)：外墙带型毛石基础18m³，一砖厚外墙45.50m³。

本工程设计资料表明(每百平方米建筑面积中含)：外墙带型毛石基础19.60m³，一砖半厚外墙61.20m³。

当地土建工程预算定额规定预算单价：外墙带型毛石基础147.87元/m³，一砖厚外墙177.10元/m³，一砖半的厚外墙178.08元/m³。

试计算调整后的设计概算单价和新建宿舍的设计概算造价。

解：构件变更单价调整设计概算计算见表5-7。

表5-7 构件变更单价调整设计概算计算表

序 号	结构构件名称	单位	数量(每100m²含量)	单价/(元/m³)	合价/元
1	土建单位直接工程费	m²			468.00
2	换出部分：(−) 外墙带型毛石基础 一砖厚外墙 合计	 m³ m³ 元	 18.00 45.50	 147.87 177.10	 2661.66 8058.05 10719.71
3	换入部分：(+) 外墙带型毛石基础 一砖半厚外墙 合计	 m³ m³ 元	 19.60 61.20	 147.87 178.08	 2898.25 10898.50 13796.75
结构构件变更单价后设计概算修正指标		468−10719.71/100+13796.75/100=498.77			498.77

取费得到修正后的土建单位建筑面积造价为

$$498.77\times(1+8\%)\times(1+15\%)\times(1+7\%)\times(1+3.4\%)=685.37(\text{元}/\text{m}^2)$$

经过调整后的设计概算单价为

$$685.37+32+36+30=783.37(\text{元}/\text{m}^2)$$

新建宿舍的设计概算造价为

$$783.37\times3500=2741795(\text{元})$$

本 章 小 结

通过本章学习，让学习者熟悉设计概算的含义和单位工程设计概算的编制方法，掌握概算定额的含义，并能比较概算定额与预算定额的相同处、不同处及相近处。还要掌握概算指标的含义。使学习者在设计中应用本章知识做方案比较和项目经济的可行性研究。

习　　题

一、单选题

1. 下列不属于建筑单位工程概算的是(　　)。

A．弱电工程概算　　B．一般土建工程概算
C．热力设备及安装工程概算　　D．采暖工程概算

2. 下列不属于单位建筑工程概算编制方法的是(　　)。

A．概算定额法　　B．概算指标法
C．对比分析法　　D．类似工程预算法

3. 下列不属于概算指标的构成的是(　　)。

A．总说明　　B．示意图
C．经济指标　　D．编制方法

4. 施工图设计阶段的计价是(　　)。

A．投资估算　　B．设计预算　　C．设计概算　　D．招投标价

二、判断题

1．设计概算是设计文件的重要组成部分。　　(　　)

2．设计概算是投资方考核设计方案的经济合理性、控制施工图预算和施工图设计的依据。　　(　　)

3．设计概算可分为单位工程概算、单项工程综合概算和建设工程项目总概算三级。　　(　　)

4．单项工程综合概算文件就是综合概算表部分。　　(　　)

5．单项工程综合概算是以其所包含的建筑工程概算表为基础汇总编制的。（　）

6. 询价是估价的基础，因此询价只要了解生产要素如材料、设备等资源的价格就可以。（　）

7．总概算是以整个建设工程项目为对象，确定项目从立项开始，到项目竣工验收过程全部建设费用的文件。（　）

8．总概算由各单项工程综合概算及其他工程和费用概算综合汇编而成。（　）

三、思考题

1．什么是概算定额？

2．概算定额的编制依据与步骤是什么？

3．编制设计概算的作用是什么？

4．设计概算的组成内容是什么？

第6章 土木工程施工图预算

教学目标

本章主要介绍施工图预算的概念和作用，利用《浙江省建筑工程预算定额》(2010 版)进行施工图预算的编制。通过本章教学，使学习者掌握施工图预算的概念、内容及编制依据，掌握编制施工图预算的步骤，掌握工程量的计算方法、计算规则要点和定额的使用方法。

教学要求

知识要点	能力要求	相关知识
建筑面积	(1) 熟悉施工图预算的含义 (2) 掌握建筑面积计算规则	(1) 施工图预算 (2) 施工预算 (3) 工程预算建筑面积
施工图预算按定额量的计算规则	(1) 掌握 2010 版建筑工程定额第十八章的工程量计算规则 (2) 掌握施工图样的量的计算	(1) 施工图样 (2) 图样工程量 (3) 联系单工程量
施工图预算按定额价的计算规则	(1) 掌握 2010 版建筑工程定额第十八章的工程量套定额价的方法 (2) 掌握 施工图样价的计算汇总 (3) 熟悉 建筑项目总预算书的组成	(1) 定额价、市场价 (2) 材料调差 (3) 联系单增加价

基本概念

工程量；施工图预算；施工预算；定额；计算量；预算书；工程造价；定额价；市场价；材料调差；联系单

引例

前面介绍了土建定额，那么拿到一套图样，从哪里开始入手计算工程量呢？又如何正确套用定额基价呢？这是本章节要解决的问题。计算工程量又以什么为最合适的单位元呢？本章节按照《浙江省建筑工程定额》(2010 版)的章节顺序，从工程图样的结构图到建筑图的顺序，从地下到地上的顺序来举例讲解各分部分项的“量”、“价”分离的计算。

例如，某蒸压加气混凝土砌块墙，150 厚，用黏结剂，柔性材料嵌缝，求定额单价。

解：定额规定，蒸压加气混凝土砌块墙，若用柔性材料嵌缝，柔性材料嵌缝应按定额规定另列项计算，还应扣除定额中 1∶3 水泥砂浆 0.10m³，人工 0.5 工日，200L 灰浆搅拌机 0.02 台班。

套定额 3-81，基价为 280.90 元/m³。换算后的基价为

$$280.90-0.01\times195.13-0.05\times43-0.002\times58.57\approx276.68(元/m^3)$$

6.1 施工图预算编制简述

6.1.1 施工图预算概念与作用

1. 施工图预算的概念

施工图预算即单位工程预算书，是在施工图设计完成后，工程开工前，根据已批准的施工图样，在施工方案或施工组织设计已确定的前提下，按照国家或省市颁发的现行预算定额、费用标准、材料预算价格等有关规定，逐项计算工程量，套用相应定额，进行工料分析，计算直接费，并计取间接费、利润、税金等费用，在此基础上确定单位工程造价的技术经济文件。

2. 施工图预算的作用

施工图预算的作用主要表现在以下几个方面。

(1) 以施工图作为确定工程造价的依据。

(2) 以施工图作为实行建筑工程预算包干的依据和签订施工合同的主要内容。

(3) 以施工图作为建设银行办理拨款结算的依据。

(4) 以施工图作为施工企业安排调配施工力量，组织材料供应的依据。

(5) 以施工图作为建筑安装企业实行经济核算和进行成本管理的依据。

(6) 以施工图作为进行“两算”对比的依据。

6.1.2 施工图预算的编制

1. 编制施工图预算的依据

(1) 经过审批的设计文件。
(2) 现行的计价依据。
(3) 已审批的设计概算文件。
(4) 施工组织设计。
(5) 预算工作手册。
(6) 招标文件、承包合同或协议。

2. 单位工程施工图预算的编制程序

(1) 搜集有关资料。
(2) 熟悉施工图样。
(3) 熟悉施工组织设计。
(4) 了解施工现场。
(5) 确定工程量计算的项目。
(6) 计算工程量。
(7) 确定分项工程单价。
(8) 编制工程预算书。

3. 编制施工图预算的方法

1) 单价法

单价法是用事先编制好的分项工程的单位估价表来编制施工图预算的方法。

按施工图计算的各分项工程的工程量，乘以相应单价后汇总相加，得到单位工程的直接工程费(即人工费、材料费、机械台班费之和)，再加上按规定程序计算出来的间接费、利润和税金，便可得出单位工程的施工图预算造价。单价法有工料单价法和综合单价法两种。

2) 实物法

实物法是首先根据施工图样分别计算出分项工程量，然后套用相应预算人工、材料、机械台班的定额用量(消耗量)，再分别乘以工程所在地当时的人工、材料、机械台班的实际单价，求出单位工程的人工费、材料费和机械台班费，并汇总求和得出直接工程费，最后按规定计取其他各项费用，最后汇总就可得出单位工程施工图预算造价。

6.1.3 施工图预算的内容

单位工程施工图预算包括建筑工程预算和设备安装工程预算。一份完整的单位工程施工图预算由下列内容组成。

(1) 封面。封面主要用来反映工程概况。

(2) 编制说明。编制说明是编制者向审核者交代编制方面的有关情况，包括编制依据、工程性质、内容范围、设计图样号、所用预算定额编制年份(即价格水平年份)、有关部门调价文件号、套用单价或补充单位估价表方面的情况及其他需要说明的问题。

(3) 费用汇总表。费用汇总表指组成单位工程预算造价各项费用的汇总表。其内容包括直接费、间接费、利润、材料价差调整及各项税金等。

(4) 工程预算表。工程预算表是指分部分项工程直接费的计算表(有的含工料分析表)，它是工程预算书(即施工图预算)的主要组成部分。其内容包括定额编号、分部分项工程名称、计量单位、工程数量、预算单价及合价等。

(5) 工料分析表。工料分析表是指分部分项工程所需人工、材料和机械台班消耗量的分析计算表。其内容除与工程预算表的内容相同外，还应列出分项工程的预算定额工料消耗量指标，并计算出相应的工料消耗数量。

(6) 材料汇总表。材料汇总表是指单位工程所需的材料汇总表。其内容包括材料名称、规格、单位和数量。

6.2 建筑面积计算

6.2.1 概述

1. 建筑面积的定义

建筑面积是指建筑物外墙勒脚以上的结构外围水平面积，是以平方米反映房屋建筑建设规模的实物量指标，常用以反映工程技术经济指标，如平方米造价指标、平方米工料消耗指标等。它是分析评价工程经济效果的重要数据，也是有关分项工程量的计算依据。所以，正确计算建筑面积工程量，有着十分重要的意义。

建筑面积包括有效面积和结构面积。有效面积是指建筑物各层平面中的净面积之和，如住宅建筑中的客厅、卧室、厨房等；结构面积是指建筑物各层平面中的墙、柱等结构所占面积之和。

2. 建筑面积的计算内容

以商品房面积计算为例，其计算公式如下：

套(单元)建筑面积=套内建筑面积+分摊的公用建筑面积

套内建筑面积=套内使用面积+套内墙体面积+阳台建筑面积

分摊的公用建筑面积=套内建筑面积×公用建筑面积分摊系数

整幢建筑物的公用建筑面积除以整幢建筑物各套内建筑面积之和，就是建筑物的公用建筑面积分摊系数。单方造价计算公式如下：

单方造价(元/m^2)=工程造价÷建筑面积

6.2.2 建筑面积计算规范

单层建筑物的建筑面积，应按其外墙勒脚以上结构外围水平面积计算，并应符合下列规定。

(1) 单层建筑物高度在2.20m及以上者应计算全面积；高度不足2.20m者应计算1/2面积。

(2) 利用坡屋顶内空间时净高超过 2.10m 的部位应计算全面积；净高在 1.20m 至 2.10m 的部位应计算 1/2 面积；净高不足 1.20m 的部位不应计算面积，如图 6-1 所示。其具体计算公式如下：

$$A = a_3 \times b + \frac{(a_2 + a_4) \times b}{2}$$

式中，A——建筑面积；

b——单层建筑物宽；

a——相应层高下的长度，如图 6-1 所示。

单层建筑物内设有局部楼层者，局部楼层的二层及以上楼层，有围护结构的应按其围护结构外围水平面积计算，无围护结构的应按其结构底板水平面积计算。层高在 2.20m 及以上者应计算全面积；层高不足 2.20m 者应计算 1/2 面积，如图 6-2 所示。其具体计算公式如下：

当 $h \geqslant 2.20\,m$ 时

$$A = L \times B + l \times b$$

当 $h < 2.20\,m$ 时

$$A = L \times B + \frac{l \times b}{2}$$

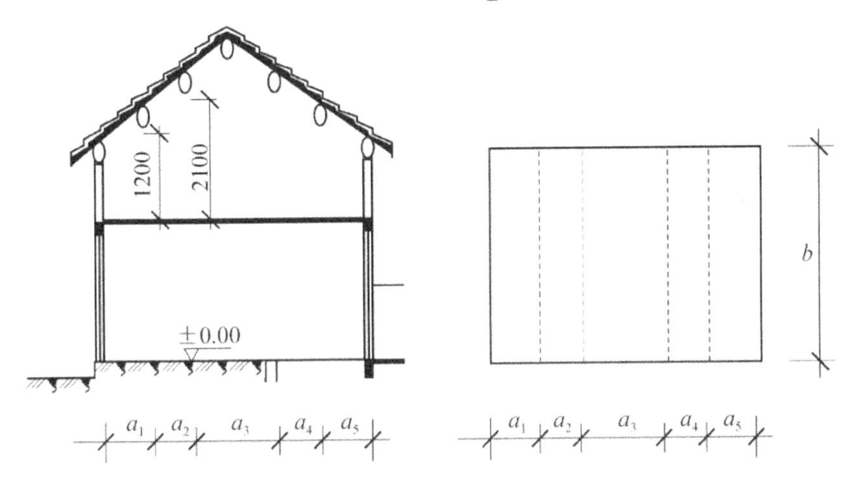

图 6-1　坡屋顶作阁楼

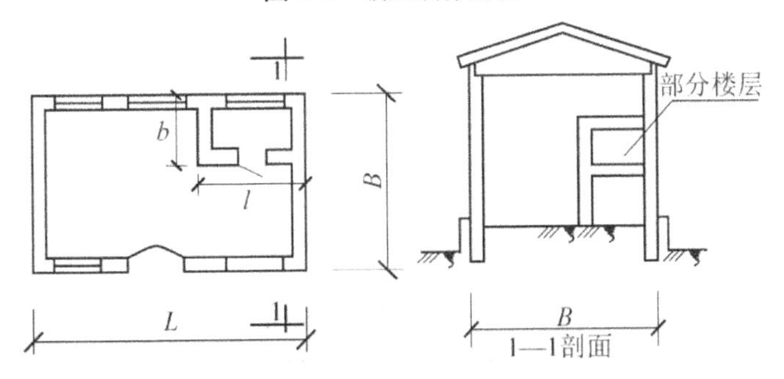

图 6-2　单层建筑物内带有部分楼层

多层建筑物首层应按其外墙勒脚以上结构外围水平面积计算；二层及以上楼层应按其外墙结构外围水平面积计算。层高在 2.20m 及以上者应计算全面积；层高不足 2.20m 者应计算 1/2 面积。

多层建筑坡屋顶内和场馆看台下，当设计加以利用时，净高超过 2.10m 的部位应计算全面积；净高在 1.20m 至 2.10m 的部位应计算 1/2 面积；当设计不利用或室内净高不足 1.20m 时不应计算面积。

地下室、半地下室(车间、商店、车站、车库、仓库等)，包括相应的有永久性顶盖的出入口，应按其外墙上口(不包括采光井、外墙防潮层及其保护墙)外边线所围水平面积计算，如图 6-3 所示。层高在 2.20m 及以上者应计算全面积；层高不足 2.20m 者应计算 1/2 面积。

坡地的建筑物吊脚架空层、深基础架空层，设计加以利用并有围护结构的，层高在 2.20m 及以上的部位应计算全面积；层高不足 2.20m 的部位应计算 1/2 面积。设计加以利用、无围护结构的建筑吊脚架空层，应按其利用部位水平面积的 1/2 计算；设计不利用的深基础架空层、坡地吊脚架空层、多层建筑坡屋顶内、场馆看台下的空间不应计算面积，如图 6-4 所示。

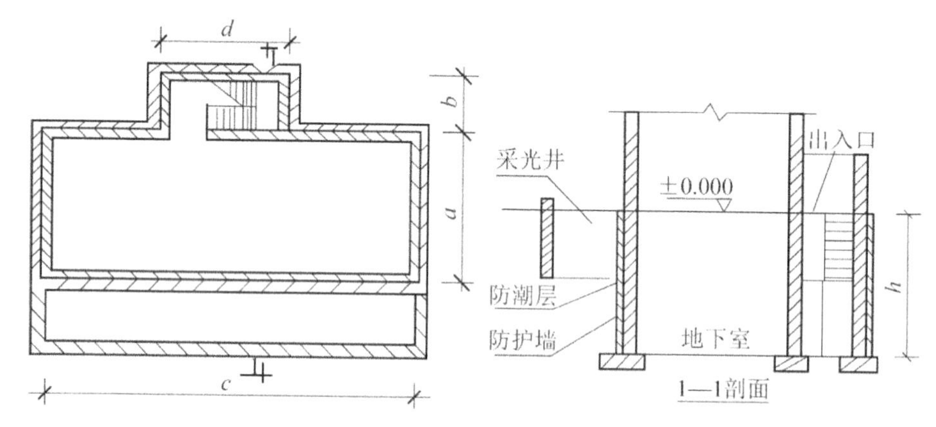

图 6-3　地下室平、剖面图

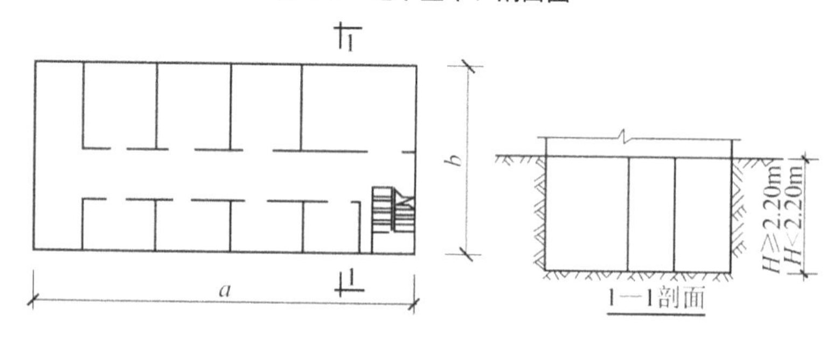

图 6-4　深基础架空层

建筑物的门厅、大厅按一层计算建筑面积。门厅、大厅内设有回廊时，应按其结构底板水平面积计算。层高在 2.20m 及以上者应计算全面积；层高不足 2.20m 者应计算 1/2 面积。

建筑物间有围护结构的架空走廊，应按其围护结构外围水平面积计算。层高在 2.20m

及以上者应计算全面积；层高不足 2.20m 者应计算 1/2 面积。有永久性顶盖无围护结构的应按其结构底板水平面积的 1/2 计算，如图 6-5 所示。

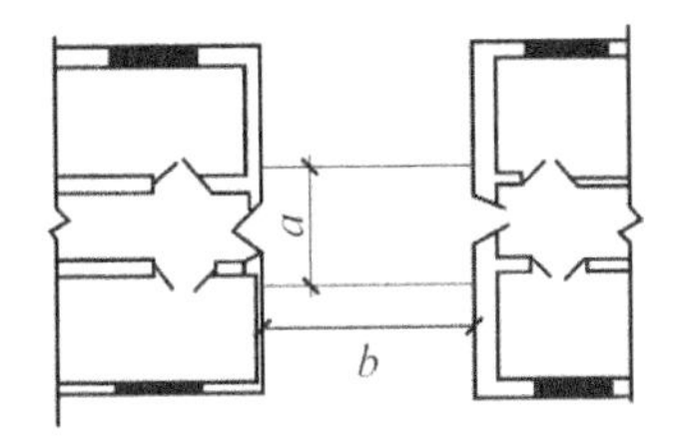

图 6-5 架空通廊

立体书库、立体仓库、立体车库，无结构层的应按一层计算，有结构层的应按其结构层面积分别计算。层高在 2.20m 及以上者应计算全面积；层高不足 2.20m 者应计算 1/2 面积。

有围护结构的舞台灯光控制室，应按其围护结构外围水平面积计算。层高在 2.20m 及以上者应计算全面积；层高不足 2.20m 者应计算 1/2 面积。

建筑物外有围护结构的落地橱窗、门斗、挑廊、走廊、檐廊，应按其围护结构外围水平面积计算。层高在 2.20m 及以上者应计算全面积；层高不足 2.20m 者应计算 1/2 面积。有永久性顶盖无围护结构的应按其结构底板水平面积的 1/2 计算。有永久性顶盖无围护结构的场馆看台应按其顶盖水平投影面积的 1/2 计算。

建筑物顶部有围护结构的楼梯间、水箱间、电梯机房等，层高在 2.20m 及以上者应计算全面积，层高不足 2.20m 者应计算 1/2 面积。

设有围护结构不垂直于水平面而超出底板外沿的建筑物，应按其底板面的外围水平面积计算。层高在 2.20m 及以上者应计算全面积；层高不足 2.20m 者应计算 1/2 面积。

建筑物内的室内楼梯间、电梯井、观光电梯井、提物井、管道井、通风排气竖井、通风道、附墙烟囱应按建筑物的自然层计算。

室内楼梯间按依附的建筑物的自然层计算并计算在建筑物面积内。遇跃层建筑，其共用的室内楼梯应按自然层计算面积，上下两错层户室的室内楼梯，应选上一层的自然层计算面积。图 6-6 中室内楼梯间计算面积的自然层为 6 层。

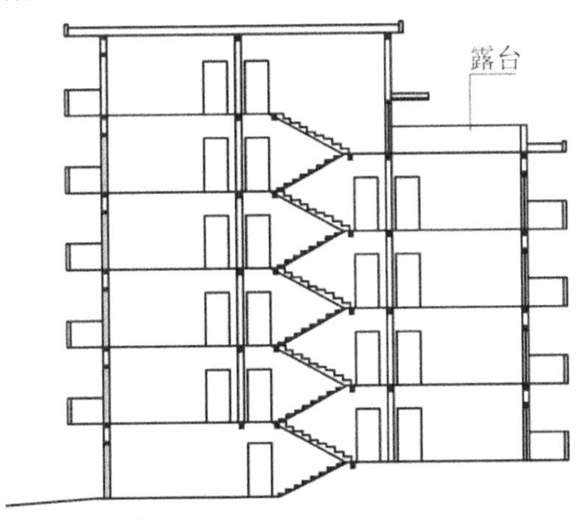

图 6-6 错层户室的室内楼梯

雨篷结构的外边线至外墙结构外边线的宽度超过2.10m者，应按雨篷结构板的水平投影面积的1/2计算。

有永久性顶盖的室外楼梯，应按建筑物自然层的水平投影面积的1/2计算。建筑物的阳台均应按其水平投影面积的1/2计算。有永久性顶盖无围护结构的车棚、货棚、站台、加油站、收费站等，应按其顶盖水平投影面积的1/2计算，如图6-7所示。

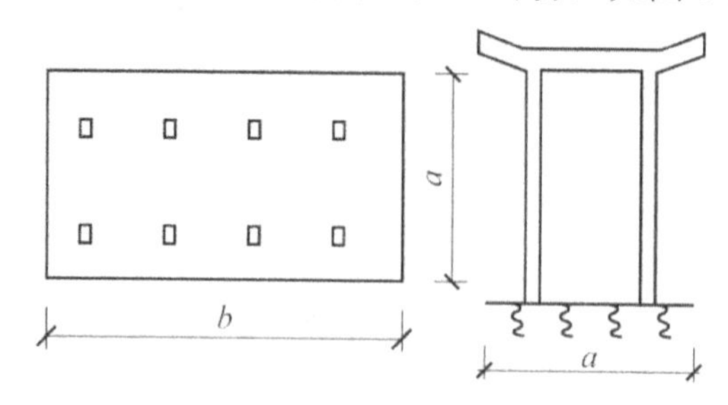

图6-7　车棚、货棚

高低联跨的建筑物，应以高跨结构外边线为界分别计算建筑面积，其高低跨内部连通时，变形缝应计算在低跨面积内。

以幕墙作为围护结构的建筑物，应按幕墙外边线计算建筑面积。建筑物外墙外侧有保温隔热层的，应按保温隔热层外边线计算建筑面积。建筑物内的变形缝，应按其自然层合并在建筑物面积内计算。

下列项目不应计算面积。

(1) 建筑物通道(骑楼、过街楼的底层)。

(2) 建筑物内的设备管道夹层。

(3) 建筑物内分隔的单层房间，舞台及后台悬挂幕布、布景的天桥、挑台等。

(4) 屋顶水箱、花架、凉棚、露台、露天游泳池。

(5) 建筑物内的操作平台、上料平台、安装箱和罐体的平台。

(6) 勒脚、附墙柱、垛、台阶、墙面抹灰、装饰面、镶贴块料面层、装饰性幕墙、空调机外机搁板(箱)、飘窗、构件、配件、宽度在2.10m及以内的雨篷以及与建筑物内不相连通的装饰性阳台、挑廊。

(7) 无永久性顶盖的架空走廊、室外楼梯和用于检修、消防等的室外钢楼梯、爬梯。

(8) 自动扶梯、自动人行道。

(9) 独立烟囱、烟道、地沟、油(水)罐、气柜、水塔、储油(水)池、储仓、栈桥、地下人防通道、地铁隧道。

6.3 土(石)方工程

6.3.1 定额说明

本章定额包括人工土方、机械土方、石方及基础排水。同一工程的土石方类别不同，除另有规定者外，应分别列项计算。土石方类别详见定额“土壤及岩石分类表”。

土石方体积均按天然密实体积(自然方)计算。回填土按碾压夯实后的体积(实方)计算。土方体积折算系数见表6-1。

表6-1 土方体积折算系数表

天然密实体积	虚方体积	夯实后体积	松填体积
0.77	1.00	0.67	0.83
1.00	1.30	0.87	1.08
1.15	1.50	1.00	1.25
0.92	1.20	0.80	1.00

注：虚方指未经碾压、堆积时间≤1年的土壤。

干湿土的划分以地质勘察资料为准，含水率≥25%为湿土；或以地下水位为准，常水位以上为干土，以下为湿土。采用井点排水等措施降低地下水位施工时，土方开挖应按干土计算，并按施工组织设计规定套用井点排水相应定额，不再套用湿土排水定额。

挖桩土方工程量应扣除直径800mm及以上的钻(冲)孔桩、人工孔桩等大口径桩及空钻(挖)所形成的未回填桩孔所占体积。挖桩承台土方时应乘相应的系数，其中，人工挖土方综合定额乘以系数1.08；人工挖土方单项定额乘以系数1.25；机械挖土方定额乘以系数1.10。

1. 人工土方

(1) 人工挖房屋基础土方最大深度按3m计算，超过3m时，应按机械挖土考虑；如局部超过3m且仍采用人工挖土的，超过3m部分的土方，每增加1m按相应综合定额乘以系数1.05；挖其他基础土方深度超过3m时每增加1m按相应定额乘以系数1.15计算。

【例6-1】 人工挖房屋基础地槽三类干土(深2.80m，有桩承台)求定额单价。

解： 套定额1-2，基价为27.15元/m^3；有桩承台应乘以系数1.08。故换算后基价为

$$27.15\times1.08\approx29.32(元)$$

(2) 房屋基础土方综合定额综合了平整场地，地槽、坑挖土，运土，槽、坑底原土打夯，槽、坑及市内回填夯实和150m以内弃土运输等项目，适用于房屋工程的基础土方及附属于建筑物内的设备土方、地沟土方及局部满堂基础土方，不适用于房屋工程的基础土方大开口挖土的基础土方、单独地下室土方及构筑物土方，以上土方应套相应的单项定额。

(3) 房屋基槽、坑土方开挖，因工作面、放坡重叠造成槽、坑计算体积之和大于实际开挖体积时，应按实际开挖体积计算，套用房屋综合土方定额。

(4) 平整场地指原地面与设计室外地坪标高平均相差(高于或低于)30cm以内的原土找平。如原地面与设计室外地坪标高平均相差30cm以上时，应另按挖、运、填土方计算，不再计算平整场地。

(5) 挖土方除淤泥、流砂为湿土外，均以干土为准。如挖运湿土，综合定额乘以系数1.06，单项定额乘以系数1.18。湿土排水(包括淤泥、流砂)应另列项目计算。

【例6-2】 人工挖房屋基础地槽三类湿土(深4.20m)，求定额单价。

解： 套定额1-5，基价为21.49元/m^3；挖运湿土应乘以系数1.06。故换算后基价为

$$21.49\times1.06\approx22.78(元)$$

(6) 基槽、坑底宽≤7m，底长>3倍底宽为沟槽；底长≤3倍底宽，底面积≤150m^2为基坑。超出上述范围及平整场地挖土厚度在30cm以上的，均按一般土方套用定额。

2. 机械土方

(1) 机械挖土方定额已包括人机配合所需的人工，遇地下室底板下翻构件等部位的机械开挖时，下翻部分工程量套用相应定额乘以系数1.30。如下翻部分实际采用人工施工时，套用人工土方综合定额乘以系数0.90，下翻开挖深度从地下室底板垫层开始算起。

(2) 推土机、铲土机重车上坡，如果坡度大于5%时，运距按斜坡长度乘表6-2所列系数计算。

表6-2　重车上斜坡长度系数

坡度/%	5～10以内	15以内	20以内	25以内
系数	1.75	2.00	2.25	2.50

【例6-3】 推土机重车上坡运三类土，坡长20m，坡度10%，求定额单价。

解： 套定额1-58，基价为1.878元/m^3；套定额1-60，每增加10m基价增加0.565元/m^3。坡度10%，查上表得运距为20×1.75=35m，比基本运距增加了15m。故换算后基价为

$$1.878+0.565\times2=3.008(元/m^3)$$

(3) 推土机、铲运机在土层平均厚度小于30cm的挖土区施工时，推土机定额乘以系数1.25，铲运机定额乘以系数1.17。

(4) 挖掘机在有支撑的大型基坑内挖土，挖土深度在6m以内时，相应定额乘以系数1.20；挖土深度在6m以上时，相应定额乘以系数1.40，如发生土方翻运，不再另行计算。挖掘机在垫板上进行工作时，定额乘以系数1.25，铺设垫板所增加的工料机费用按每1000m^{3}增加230元计算。

【例6-4】 反铲挖掘机在垫板上挖二类土(深3.20m)，无运土，求定额单价。

解： 套定额1-30，基价为2.527元/m^3；因在垫板上工作，定额乘以系数1.25，铺设垫板所增加的工料机费用按每1000m^{3}增加230元。故换算后基价为

$$2.527\times1.25+0.230\approx3.39(元/m^3)$$

(5) 挖掘机挖含石子的黏质砂土按一、二类土定额计算；挖砂石按三类土定额计算；挖松散、风化的片岩、页岩或砂岩按四类土定额计算；推土机、铲运机推、铲未经压实的堆积土时，按一、二类土乘以系数0.77计算。

(6) 本章中的机械土方作业均以天然湿土壤为准，定额中已包括含水率在25%以内的土方所需增加的人工和机械，如含水率超过25%时，定额乘以系数1.15；如含水率在40%以上时另行处理。机械运湿土，相应定额不乘系数。

【例6-5】 反铲挖掘机在垫板上挖二类土(深3.2m)，含水率30%，无运土，求定额单价。

解： 套定额1-30，基价为2.527元/m^3；因在垫板上工作，定额乘以系数1.25，含水率超过25%时，定额乘以系数1.15；铺设垫板所增加的工料机费用按每1000m^{3}增加230元计算。故换算后基价为

$$2.527\times1.25\times1.15+0.230\approx3.863(元/m^3)$$

定额中遇两个或两个以上系数时，按连乘法计算。

(7) 机械推土或铲运土方，凡土壤中含石量大于 30%或多年沉积的砂砾以及含泥砾层石质时，推土机套用机械明挖出渣定额，铲运机按四类土定额乘以系数 1.25。

3. *石方*

(1) 同一石方，如其中一种类别岩石的最厚一层大于设计横断面的 75%时，按最厚一层岩石类别计算。

(2) 石方爆破定额是按机械凿眼编制的，如用人工凿眼其费用仍按定额计算。

(3) 爆破定额已综合了不同阶段的高度、坡面、改炮、找平等因素。如设计规定爆破有粒径要求时，需增加的人工、材料和机械费用应按实计算。

(4) 爆破定额是按火雷管爆破编制的，如使用其他炸药或其他引爆方法，其费用按实计算。

(5) 定额中的爆破材料是按炮孔中无地下渗水、积水(雨积水除外)计算的，如带水爆破，所需的绝缘材料费用另行按实计算。

(6) 爆破工作面所需的架子，爆破覆盖用的安全网和草袋，爆破区所需的防护费用以及申请爆破的手续费、安全保证费等，定额均未考虑，如发生时另行按实计算。

(7) 基坑开挖深度以 5m 为准，深度超过 5m 的，定额乘以系数 1.09。

(8) 石方爆破，沟槽底宽大于 7m 时，套用一般开挖定额；基坑开挖上口面积大于 20 cm^2 时，按相应定额乘以系数 0.50。

(9) 石方爆破现场必须采用集中供风时，所需增加的临时管道材料及机械安拆费用应另行计算，但发生的风量损失不另外计算。

(10) 石渣回填定额适用采用现场开挖岩石的利用回填。

4. *基础排水*

(1) 轻型井点、喷射井点排水的井管安装、拆除以根为单位计算，井管使用以套、天计算；真空深井排水的安装除以每口井计算外，还可按每口井·天计算。

(2) 井管间距应根据地质条件和施工降水条件要求，按施工组织设计确定，施工组织设计未考虑时，可按轻型井点管距 1.20m、喷射井点管距 2.50m 确定。

6.3.2 工程量计算规则

平整场地工程量按建(构)筑物地面积的外边线每边各放 2m 计算。

地槽、坑挖土深度自槽坑底至交付施工场地标高确定，无交付施工场地标高时，应按自然地面标高确定。

外墙地槽长度按外墙中心线长度计算，内墙地槽长度按基础底净长度计算，不扣除工作面及放坡重叠部分的长度；附墙垛凸出部分按砌筑工程规定的砖垛折加长度合并计算，不扣除搭接重叠部分的长度，垛的加深部分也不增加地槽长度值。

基础施工所需工作面，如施工组织设计未规定时按以下方法计算：基础或垫层为混凝土时，按混凝土宽度每边增加工作面 30cm 计算；挖地下室土方按垫层底宽每边增加工作面 1m 计算(烟囱、水、油池、水塔埋入地下的基础，挖土方按地下室放工作面)。如基础垂直表面需做防腐或防潮处理的，每边增加工作面 80cm；砖基础每边增加工作面 20cm，块石基础每边增加工作面15cm。如同一槽、坑遇有多个增加工作面条件时，按其中较大的一个增加工作面计算。地下构件设有砖模的，挖土工程量按砖模下设计垫层面积乘以下翻深度，不另增加工作面和放坡。

有放坡和工作面的地槽、坑挖土体积按下式计算。

① 地槽：
$$V=(B+KH+2C)HL$$

② 地坑：(方形)
$$V=(B+KH+2C)(L+KH+2C)H+K^2H^3/3$$

(圆形)
$$V=\pi H/3[(R+C)^2+(R+C)(R+C+KH)+(R+C+KH)^2]$$

式中，V——挖土体积(m^3)；

K——放坡系数；

B——槽坑底宽度(m)；

C——工作面宽度(m)；

R——坑底半径(m)；

H——槽、坑深度(m)；

L——槽、坑底长度(m)。

1. 人工土方

人工土方工程量计算规则如下。

(1) 综合定额工程量，以房屋基础地槽、坑的挖土工程量为准。

(2) 地槽、坑放坡工程量按施工设计规定计算，如施工设计未规定时按表6-3所示方法计算。

表6-3　地槽、坑放坡系数

土壤类别	深度超过/m	放坡系数(K)	说　明
一、二类土	1.20	0.50	(1) 同一槽、坑土类不同时，以数量多者为放坡标准 (2) 放坡起点均自槽、坑底开始 (3) 如遇淤泥、流砂及海涂工程，放坡系数按施工组织设计的要求计算
三类土	1.50	0.33	
四类土	2.00	0.25	

(3) 回填土及弃土工程量的计算方法有以下三类。

① 地槽、坑回填土工程量为地槽、坑挖土工程量减去设计室外地坪以下的砖、石、混凝土或钢筋混凝土构件及基础、垫层工程量。

② 室内回填土工程量为主墙间的净空面积乘室内填土厚度，即设计室内与交付施工场地地面标高(或自然地面标高)的高差减地坪的垫层及面层厚度之和。底层为架空层时，室内回填土工程量为主墙间的净面积乘设计规定的室内填土厚度。

③ 弃土工程量为地槽、坑挖土工程量减回填土工程量乘以相应土方体积折算系数。

(4) 挖管沟槽土方按施工图图示中心线长度计算，不扣除窨井所占长度，各种井类及管道接口处需增加的土方量不另行计算，坑底面积大于20m²的井类，其增加工程量并入管沟土方内计算。

沟底宽度按施工设计规定计算，设计不明确的，按管道宽度加40cm计算。

2. 机械土方

机械土方计算规则如下。

(1) 机械土方按施工组织设计规定的开挖范围及有关内容计算。

(2) 余土或取土运输工程量按施工组织设计规定的需要发生运输的天然密实体积计算。

(3) 场地原土碾压面积按施工图图示碾压面积计算，填土碾压按图示尺寸计算。

(4) 机械运土的运距按下列规定计算。

① 推土机推土按推土重心至弃土重心的直线距离计算。

② 铲运机铲土按铲土重心至卸土重心加转向距离 45m 计算。

③ 自卸汽车运土按挖方重心之间的最短行驶距离计算。

(5) 机械挖土方全深超过表 6-4 所列的深度，如施工设计未明确放坡标准系数时，可按表 6-4 所列放坡系数计算放坡工程量。施工设计未明确基础施工所需要工作时，可参照人工土方标准计算。

表 6-4 机械挖土放坡系数

土壤类别	深度超过/m	放坡系数(*K*)	
		坑内挖掘	坑上挖掘
一、二类土	1.20	0.33	0.75
三类土	1.50	0.25	0.50
四类土	2.00	0.10	0.33

注：凡有围护桩或地下连续墙的部分，不再计算放坡系数。

3. 石方

石方计算规则如下。

(1) 一般开挖，按施工图图示尺寸(m^3)计算。

(2) 槽坑爆破开挖，按施工图图示尺寸另加允许超挖厚度计算：软石、次坚石超挖厚度为 20cm；普坚石、特坚石超挖厚度为 15cm。超挖量与工作面宽度不得重复计算。

(3) 机械挖出渣运距的计算方法与机械运土相同。

(4) 人工凿石、机械凿石按施工图图示尺寸以“m^3”计算。

4. 基础排水

基础排水计算规则如下。

(1) 湿土排水工程量同湿土工程量。

(2) 轻型井点以 50 根为一套，喷射井点以 30 根为一套，使用时累计根数轻型井点少于 25 根，喷射井点少于 15 根，使用费按相应定额乘以系数 0.70。

(3) 使用天数以每昼夜 24h 为一天，并按施工组织设计要求的使用天数计算。

【例 6-6】 某工程基础如图 6-8 所示，已知场地土类别为一、二类，交付施工场地地面标高为-0.30m，垫层采用 C10 素混凝土，基础及基础梁为 C25 现拌混凝土，地下水位-1.00m。人工开挖，以浙江省 2010 定额求土方的直接工程费。

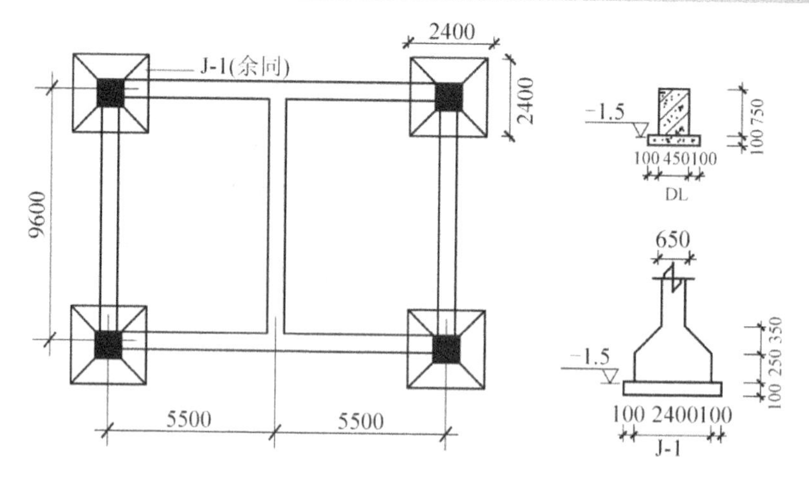

图 6-8　基础平面图

解：(1) 求工程量。

J-1 土方工程量为

$$V_{全}=[(2.60+0.30\times2+0.50\times1.30)^2\times1.30+0.50^2\times1.30^3/3]\times4\approx77.81(m^3)$$

DL 土方工程量为

$$V_{全}=[(5.50\times2-2.40+9.60-2.40)\times2+9.60-0.45]\times(0.65+0.30\times2+0.50\times1.30)\times1.30$$
$$=40.75\times1.90\times1.30\approx100.65(m^3)$$

合计：

$$77.81+100.65=178.46(m^3)$$

其中湿土：J-1 土方工程量为

$$V_{湿}=[(2.60+0.30\times2+0.50\times0.60)^2\times0.60+0.50^2\times0.60^3/3]\times4\approx29.47(m^3)$$

DL 土方工程量为

$$V_{湿}=[(5.50\times2-2.40+9.60-2.40)\times2+9.60-0.45]\times$$
$$(0.65+0.30\times2+0.50\times0.60)\times0.60\approx37.90(m^3)$$

合计：

$$29.47+37.90=67.37(m^3)$$

干土：

$$V_{干}=V_{全}-V_{湿}=178.46-67.37=111.09(m^3)$$

(2) 求直接工程费。

干土：套定额 1-1，基价为 21.67 元/m^3；

湿土：套定额 1-1×1.06，换算后基价为 21.67×1.06≈22.97(元/m^3)；

湿土排水：套定额 1-110，基价为 5.78 元/m^3；

土方开挖直接工程费：

$$21.67\times111.09+22.97\times67.37\approx3954.81(元)$$

湿土排水直接工程费：

$$5.78\times67.37\approx389.40(元)$$

6.4 桩基础与地基加固工程

6.4.1 定额说明

本定额适用于陆地上桩基工程；所列桩基础施工机械的规格、型号按常规施工工艺和方法所用机械综合取定。

本定额中未涉及土(岩石)层的子目，已综合考虑了各类土(岩石)层因素涉及土(岩石)层的子目，其各类土(岩石)层鉴别标准如下。

(1) 砂、黏土层：粒径在2～20mm的颗粒，重量不超过总重量50%的土层，包括黏土、粉质黏土、粉土、粉砂、细砂、中砂、粗砂、砾砂。

(2) 碎、卵石层：粒径在2～20mm的颗粒，重量超过总重量50%的土层，包括角砾、圆砾及20～200mm的碎石、卵石、块石、漂石，此外亦包括软石及强风化岩。

(3) 岩石层：除软石及强风化岩以外的各类坚石，包括次坚石、普坚石和特坚石。

人工探桩位等因素已综合考虑在各类桩基础定额内，不另行计算。

桩基施工前的场地平整、压实地表、地下障碍物处理等工作，定额均未考虑，发生时可另行计算。

1．混凝土预制桩定额的有关规定

(1) 打、压预制钢筋混凝土方桩(空心方桩)，定额按购入构件考虑，已包括就位供桩，发生时不再另行计算；如采用现场制桩，如采用自制桩时，桩制作按第四章相应定额计算，场内供运桩不论采用何种运输工具均按第四章混凝土构件运输相应定额规定计算(套定额4-444～4-451)，运距在500m以内，定额乘以系数0.50。

(2) 打、压预制钢筋混凝土方桩定额已综合了接桩所需的桩机台班，但未包括接桩本身费用，发生时套用相应接桩定额(套定额2-17～2-18)。打、压预应力钢筋混凝土管桩定额已包括接桩费用，不另行计算。

(3) 打、压预制钢筋混凝土方桩(空心方桩)，单节长度超过20 m时，按相应定额乘以系数1.20。

(4) 打、压预应力钢筋混凝土管桩，定额按购入构件考虑，已包括就位供桩，发生时不再另行计算；桩头灌芯部分按人工挖孔桩灌芯定额执行(定额2-104～2-105)；设计要求设置的钢骨架、钢托板分别按第四章中的桩钢筋笼和预埋铁件相应定额执行(定额4-421、4-422、4-433、4-434)。

打、压预应力钢筋混凝土管桩如设计要求设置桩尖时按第四章中的桩尖定额执行(定额4-337)。

【例6-7】 打预制钢筋混凝土方桩，桩长50m，分两节制作，求定额单价。

解： 套定额2-4，基价为109.70元/m^3；因单节长度为50÷2=25(m)，超过20m，定额乘以系数1.20。故换算后基价为

$$109.70\times1.20\approx131.64(元/m^3)$$

2. 灌注桩定额的有关规定

(1) 钻孔桩机、旋挖桩机成孔定额按桩径划分子目，定额已综合考虑了穿越砂(黏)土层、碎(卵)石层的因素。如设计要求进入岩石层时，套用相应定额计算入岩增加费。

(2) 冲孔桩机成孔定额分别按桩长及进入各类土层、岩石层划分套用相应定额。

(3) 泥浆池建造和拆除按成孔体积套用相应定额，泥浆场外运输按成孔体积和实际运距套用泥浆运输定额。旋挖桩的土方场外运输按成孔体积和实际运距套用第一章土方装车、运输定额(定额1-65～定额1-68)。

(4) 桩孔空钻部分回填应根据施工组织要求套用相应定额，填土者按土方工程松填土方定额(1-17)计算，填碎石者按砌筑工程碎石垫层定额(3-9)乘以系数0.70计算。

(5) 人工挖土桩挖孔按设计说明的桩芯直径及孔深套用定额；桩孔土方需外运时，按土方工程相应定额计算；挖孔时若遇淤泥、流砂、岩石层，可按实际挖、凿的工程量套用相应定额计算挖孔增加费。

(6) 挖孔桩护壁不分现浇或预制，均套用安设混凝土护壁定额。

(7) 灌注桩定额均已包括混凝土灌注充盈量，实际不同时不予调整。

(8) 注浆管埋设定额按桩底注浆考虑，如设计采用侧向注浆，则人工和机械费乘以系数1.20。

(9) 沉管灌注砂、砂石桩空打部分按相应定额(扣除灌注部分的工、料)执行。

【例6-8】 某砂石振动沉管灌注桩，桩长15m，求空打部分定额单价。

解： 套定额2-40，基价为225.40元/m^3。取其沉管部分的单价为

$$225.40-(4.70\times43+10.03\times40+14.51\times49+1.30\times2.95)/10\approx93.59(元/m^3)$$

3. 地基加固、围护桩及其他定额有关规定

(1) 打、拔钢板桩，定额仅考虑打、拔施工费用，未包括钢板桩使用费，发生时另行计算。

(2) 深层水泥搅拌桩的水泥掺量按加固土重(1800kg/m^3)的13%考虑，如设计不同时按每增(减)1%定额计算。

(3) 单、双头深层水泥搅拌桩定额已综合了正常施工工艺需要的重复喷浆(粉)和搅拌。空搅部分按相应定额人工及搅拌机台班乘以系数0.50计算。

(4) SMW工法搅拌桩定额按二搅二喷施工工艺考虑，如设计不同时，每增(减)一搅一喷按相应定额人工及机械费增(减)40%计算。

(5) SMW工法搅拌桩水泥掺量按加固土重(1800kg/m^3)的13%考虑，如设计不同时按每增(减)1%定额计算。

(6) 地下连续墙导墙土方的运输、回填，套用土方石工程相应定额。

(7) 地下连续墙钢筋笼、钢筋网片及护壁、导墙用钢筋制作、安装定额套用混凝土及钢筋混凝土工程相应定额。

(8) 重锤夯实定额按一遍考虑，设计遍数不同时，每增加一遍，定额乘以系数1.25。

单独打试桩、锚桩，按相应定额的打桩人工及机械乘以系数1.50。在桩间补桩或在地槽(坑)中强夯后的地基打桩时，按相应定额的打桩人工及机械乘以系数1.15，在室内或支

架上打桩可另行补充。定额以打垂直桩为准的，如打斜桩，斜度在 1∶6 以内者，按相应定额的打桩人工及机械乘以系数 1.25；如斜度大于 1∶6 者，其相应定额的打桩人工及机械台班乘以系数 1.43。单位(群体)工程打桩工程量少于表 6-5 所列的数量者，相应定额的打桩人工及机械台班乘以系数 1.25。

表 6-5 各类桩打桩最少工程量

桩 类	工 程 量	桩 类	工 程 量
预制钢筋混凝土方桩、空心方桩	200m³	钢板桩	50t
预应力钢筋混凝土管桩	1000m	深层水泥搅拌桩、冲孔灌注桩、高压旋喷桩、树根桩	100m³
沉管灌注桩、钻孔灌注桩	150m³		
预制钢筋混凝土板桩	100m³		

【例 6-9】 打预制钢筋混凝土方桩，桩长 28m，单节制作，截面积 400mm×400mm，共 30 根，求定额单价。

解： 套定额 2-3，基价为 106.50 元/m³；因单节长度超过 20m，定额乘以系数 1.20；又打桩工程量为 0.40×0.40×28×30=134.40(m³)，小于 200m³，相应定额的打桩人工及机械台班乘以系数 1.25，故换算后基价为

$$(106.50-25.54-75.30)\times1.20+(25.54+75.30)\times1.20\times1.25\approx158.05(\text{元/m}^3)$$

其中，25.54、75.30 分别为人工费和机械费。

6.4.2 工程量计算规则

1. 预制钢筋混凝土方桩工程量计算规则

(1) 打桩是利用桩锤下落产生的冲击能量将桩沉入土中。打、压预制钢筋混凝土方桩(空心方桩)按设计桩长度(包括桩尖)乘桩截面积计算，空心方桩不扣除空心部分的体积。其计算公式如下：

$$V=S(\text{桩截面积})\times L(\text{桩全长})$$

(2) 送桩就是利用送桩器将桩由设计室外地坪送至设计标高，其工程量按桩截面面积乘以送桩长度，送桩长度按设计桩顶标高至自然地坪另加 0.50m 计算。

(3) 当工程需要桩基长超过要求时，可将桩分成几节(段)预制，然后在打桩过程中逐段接长，称为接桩。电焊接桩按施工图图示尺寸以角钢或钢板的重量以吨计算。

2. 预应力钢筋混凝土管桩工程量计算规则

(1) 打、压预应力钢筋混凝土管桩按设计桩长(不包括桩尖)以“延长米”计算。

(2) 送桩长度按设计桩顶标高至自然地坪另加 0.50m 计算。

(3) 桩头灌芯按设计尺寸以灌注实体体积计算。

(4) 管桩桩尖按设计图示重量计算。

3. 沉管灌注桩工程量计算规则

(1) 单桩体积不分沉管方法均按钢管外径截面积(不包括桩箍)乘设计桩长(不包括预制

桩尖)另加加灌长度计算。加灌长度：设计有规定者，按设计要求计算；设计无规定者，按0.50m计算。若按设计规定桩顶标高已达到自然地坪时，不计加灌长度(各类灌注桩均同)。

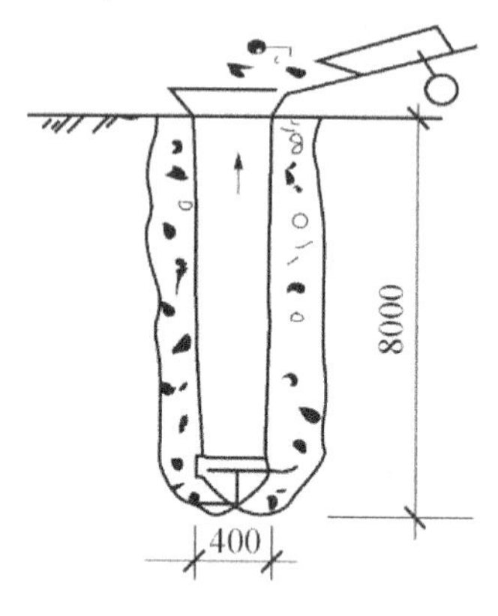

图6-9　扩大桩

(2) 夯扩(静压扩头)桩工程量=桩管外径截面积×(夯扩〈扩头〉部分高度+设计桩长+加灌长度)。

其中，夯扩(扩头)部分高度按设计规定计算。

(3) 扩大桩的体积按单桩体积乘以复打部分乘以系数0.85，如图6-9所示)。

【例6-10】　某工程现场灌注混凝土桩，钢管外径400mm，桩深8m，共50根，采用扩大桩复打一次。计算扩大桩的工程量。

解：每根扩大桩的体积计算式为

$$V=\text{单桩体积}\times(\text{复打次数}\times0.85+1)\times\text{根数}$$

$$=\frac{1}{4}\times3.1416\times0.40\times0.40\times8\times(1\times0.85+1)\times50$$

$$\approx92.99(\text{m}^3)$$

(4) 沉管灌注桩空打部分工程量按自然地坪至设计桩标高的长度减去加灌长度，乘桩截面积计算。

(5) 打孔后先埋入预制混凝土桩尖，再灌注混凝土者，桩尖按钢筋混凝土章节的规定计算体积。

4. 钻(冲)孔灌注桩工程量计算规则

钻孔灌注桩是指先用钻孔机钻孔，然后放入钢筋笼并现浇混凝土而成的桩。包括泥浆护壁成孔的灌注桩、干作业成孔的灌注桩。

(1) 钻孔、旋挖灌注桩成孔工程量按成孔长度乘以设计桩径截面积以“m^3”计算。

(2) 冲孔桩机冲击锤冲孔工程量分别按进入各类土层、岩石层的成孔长度乘设计桩径截面积以“m^3”计算。

(3) 灌注水下混凝土工程量按桩长乘以设计桩截面积计算，其中，桩长=设计桩长+加灌长度，设计未规定加灌长度时，加灌长度(不论有无地下室)按不同设计桩确定：25m以内按0.50m、35m以内按0.80m、35m以上按1.20m计算。

(4) 泥浆池建造和拆除、泥浆运输工程量按成孔工程量以“m^3”计算。

5. 桩孔回填工程量计算规则

桩孔回填工程量按加灌长度顶面至自然地坪的长度乘桩孔截面积计算。

6. 人工挖孔桩工程量计算规则

(1) 人工挖孔工程量按护壁外围截面积乘孔深以“m^3”计算，孔深按自然地坪至设计桩底标高的长度计算。

(2) 挖淤泥、流砂、入岩增加费按实际挖、凿数量以“m^3”计算。

(3) 灌注桩芯混凝土工程量按施工图图示实体体积以“m^3”计算，加灌长度设计无规定时按 0.25 m 计算。护壁工程量按施工图图示实体体积以“m^3”计算。

7. 钻(冲)孔灌注桩、人工挖孔桩设计要求扩底时的工程量计算规则

钻(冲)孔灌注桩、人工挖孔桩设计要求扩底时，如图 6-10 所示，其扩底工程量按设计尺寸计算，并计入相应的工程量内。人工挖孔扩底灌注混凝土桩分圆台、圆柱和球缺三部分。

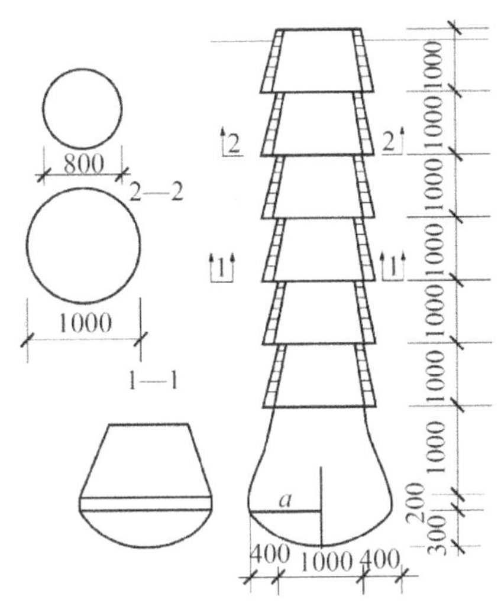

图 6-10 人工挖孔扩底桩

8. 打、拔钢板桩工程量计算规则

(1) 打、拔钢板桩工程量按施工图图示钢板桩重量以吨计算。

(2) 安装刀夹具按施工图图示钢板桩的水平延长米计算。

9. 圆木桩材积计算规则

(1) 圆木桩材积按设计桩长(包括接桩)及梢径，通过运用木材材积表计算，其预留长度的材积已考虑在定额内。

(2) 送桩按大头直径的截面积乘入土深度计算。

10. 深层水泥搅拌桩工程量计算规则

(1) 深层水泥搅拌桩工程量按桩径截面积乘桩长计算。

(2) 桩长按设计顶标高至桩底长度另加 0.50m 计算。

(3) 若设计桩顶标高至自然地坪小于 0.50m 或已达自然地坪时，另加长度应小于 0.50m 或不计。

(4) 空搅部分的长度按设计桩标高至自然地坪的长度减少另加长度计算。

11. 高压旋喷桩工程量计算规则

(1) 钻孔按自然地坪至设计桩底的长度计算。

(2) 喷浆按设计加固桩截面积乘以设计桩长计算。

12. 锚杆桩工程量计算规则

(1) 锚杆钻孔、灌浆按设计图示以延长米计算。
(2) 锚杆制作、安装按设计图示以吨计算。

13. 树根桩工程计算规则

树根桩工程量按设计长度乘桩截面积以“m^3”计算。

14. 压密注浆钻孔工程量计算规则

(1) 压密注浆钻孔按施工图图示深度以米计算，注浆量按下列规定以“m^3”计算。
(2) 施工图样明确加固土体体积的，注浆量按施工图图样注明的体积计算。
(3) 施工图样以布点形式图示土体加固范围的，则按两孔间距的一半作为扩散半径，以布点边线各加扩散半径，形成计算平面计算注浆体积。
(4) 如施工图样注浆在钻孔灌注混凝土桩之间，按两注浆孔距作为每孔的扩散直径，以此圆柱体体积计算注浆体积。

15. 地下连续墙工程量计算规则

(1) 导墙开挖按设计长度乘开挖宽度及深度以“m^3”计算。浇捣按施工图图示以“m^3”计算。
(2) 成槽工程量按设计长度乘墙厚及成槽深度(自然地坪至连续墙深加0.50m)以“m^3”计算。泥浆池建拆、泥浆外运工程量按成槽工程量计算。
(3) 连续墙混凝土浇注工程量按设计长度乘墙厚及墙深加0.50m以“m^3”计算。
(4) 清底置换、接头管按分段施工时的槽壁单元以段计算。

16. 重锤夯实工程量计算规则

重锤夯实按施工图图示夯击范围面积以“m^2”计算。

【例6-11】 某工程C30混凝土钻孔灌注桩60根，桩长30m，桩截面ϕ1000，桩底进入220kg/cm^{2}中等风化岩，入岩深度包括凹底0.30m共1.50m；桩底标高-34.50m，桩顶标高-4.50m，自然地坪标高-0.80m；现拌C30水下混凝土，废弃泥浆外运4km。求打桩直接工程费。

解：(1) 计算计价工程量。

① 钻孔机成孔。

$V_1=[0.50^2\times3.14\times(34.50-0.30-0.80)+(3\times0.50^2+0.30^2)\times3.14\times0.30\div6]\times60\approx1581.05(m^3)$

其中入岩部分：

$$V_2=[0.50^2\times3.14\times(1.50-0.30)+(3\times0.50^2+0.30^2)\times3.14\times0.30\div6]\times60\approx64.43(m^3)$$

② C30水下混凝土灌注成桩：(设计未明确规定桩顶加灌长度，按桩长30m取0.8m计算)。

空钻部分：

$$V_3=0.50^2\times3.14\times(4.50-0.80-0.80)\times60=136.59(m^3)$$

成桩工程量：

$$V_4=1581.05-136.59=1444.46(m^3)$$

③ 泥浆池建造和拆除、泥浆外运：$V_5=1581.05(m^3)$。

(2) 计算直接工程费。

① 钻孔桩成孔(基本成孔)，套用2-53，基价为135.3元/m³。其直接工程费为

$$1581.05\times135.30\approx213916.07(元)$$

② 钻孔桩成孔入岩增加，套用2-57，基价为484.70元/m³。其直接工程费为

$$64.43\times484.70\approx31229.22(元)$$

③ C30水下混凝土灌注，套用2-83，基价为336.80元/m³。其直接工程费为

$$1444.46\times336.80\approx486494.13(元)$$

④ 泥浆池建造和拆除，套用2-92，基价为3.50元/m³。其直接工程费为

$$1581.05\times3.50\approx5533.68(元)$$

⑤ 泥浆外运(4km)，套用2-93，2-94，换算后基价为63.1−3.5=59.60(元/m³)。其直接工程费为

$$1581.05\times59.60=94230.58(元)$$

6.5 砌筑工程

6.5.1 定额说明

砌筑工程定额说明有以下内容。

1. 砖石基础的规定

(1) 砖石基础与墙身的划分以设计室内地坪为界，剧院、会堂等室内地坪有坡度时以地坪最低标高处为界；基础与墙身采用不同材料，位于设计室内地坪±300mm以内时，以不同材料为界，超过±300mm时仍按设计室内地坪为界。舞台地龙墙套用砖基础定额。

(2) 本章垫层定额适用于基础和地面垫层。混凝土垫层套用混凝土及钢筋混凝土工程相应定额。块石基础与垫层的划分，如图样不明确时，砌筑者为基础，铺排者为垫层。

2. 砖墙定额的规定

(1) 砖墙不分清水、混水和艺术形式，不分内外墙，均执行统一定额。定额中砖的用量是按标准和常用规格计算的，规格与定额不同时，砖及砂浆用量应作调整，其余不变。墙厚一砖以上的，除大仓砖外均套用一砖墙相应定额。

(2) 砖墙定额中已包括立门窗框的调直用工以及腰线、门窗线、挑檐等一般出线用工。

3. 砌筑砂浆定额的规定

本定额所列砌筑砂浆型号如设计与定额不同时，应作换算。标准砖、多孔砖、土青砖、大仓砖等砖墙，墙厚大于1/2砖的，如设计采用M2.5砂浆砌筑，除砌筑强度等级换算外，每10 m³砌体另行增加水泥用量11 kg。

【例6-12】 某蒸压多孔砖一砖墙，用M5混合砂浆，求定额单价。

解：因定额砂浆为M7.5混合砂浆，故砂浆应换算。材料单价的换算公式为

换算后单价=原基价+(换入材料单价-换出材料单价)×定额含量

套定额3-71，基价为225.20元/m³。故换算后基价为

$$225.20+(181.66-181.75)\times0.183\approx225.18(元/m^3)$$

式中，181.75——M7.5混合砂浆单价；

181.66——M5混合砂浆单价；

0.183——砂浆的定额含量；材料单价可查定额下册附录。

【例6-13】 某蒸压加气混凝土砌块墙，150厚，用黏结剂，柔性材料嵌缝，求定额单价。

解：定额规定，蒸压加气混凝土砌块墙，若用柔性材料嵌缝，柔性材料嵌缝应按定额规定另列项计算，还应扣除定额中1∶3水泥砂浆0.1m³，人工0.5工日，200L灰浆搅拌机0.02台班。套定额3-81，基价为280.90元/m³。故换算后基价为

$$280.90-0.01\times195.13-0.05\times43-0.002\times58.57\approx276.68(元/m^3)$$

4. *砖砌洗涤池、污水池、垃圾箱、水槽基座、花坛及石墙定额的规定*

砖砌洗涤池、污水池、垃圾箱、水槽基座、花坛及石墙定额中未包括的砖砌门窗口立边、窗台虎头砖及钢筋过梁等砌体，套用零星砌体定额。

5. *夹心保温墙定额规定*

夹心保温墙(包括两侧)套用墙相应定额，人工乘以系数1.15，保温填充料另套用保温隔热工程相应定额。

6. *混凝土小型砌块墙、加气混凝土砌块墙、硅酸盐砌块墙定额的规定*

混凝土小型砌块墙、加气混凝土砌块墙、硅酸盐砌块墙定额已包括镶砌标准砖，混凝土小型砌块墙还包括了填灌细石混凝土。

7. *圆弧形砖(石)砌体定额的规定*

除圆弧形构筑物以外，各类砖(石)砌体定额均按直形编制，如为圆弧形者，按相应定额人工乘以系数1.10，砖(石)及砂浆乘以系数1.03。

【例6-14】 某用M5水泥砂浆砌筑烧结普通砖圆弧形花坛，求定额单价。

解：花坛套用零星砌体定额。

查定额3-54，基价为316.00元/m³。故换算后基价为

$$316.00+(164.87-181.75)\times0.211+78.69\times(1.10-1)+360\times0.546\times(1.03-1)+164.87\times0.211\times(1.03-1)\approx327.25(元/m^3)$$

8. *构筑物包含内容的规定*

构筑物砌筑包括砖砌烟囱、烟道、水塔、储水池、储仓、沉井等。

9. *砌体处理定额的规定*

砌体钢筋加固和墙基、墙身的防潮、防水及构筑物砌筑未包括的土方、基础、垫层、

抹灰、铁件、金属构件的制作、安装、运输、油漆等按有关章节的相应定额及规定计算。

6.5.2 工程量计算规则

1. 砖石基础的工程量计算规则

(1) 条形基础垫层工程量按设计断面积乘长度计算。长度的取定：外墙按外墙中心线长度计算；内墙按内墙基底净长计算；柱网结构的条基垫层不分内外墙均按基底净长计算；柱基垫层工程量按设计垫层面积乘厚度计算。

(2) 地面垫层工程量按地面面积乘厚度计算；地面面积按楼地面工程的工程量计算规则计算。

(3) 条形砖基础、块石基础工程量按断面积乘长度计算。长度的取定：外墙按外墙中心线长度计算；内墙砖基础按内墙净长计算；其余基础按基础底净长计算，按基础底净长计算后应增加的搭接体积按施工图图示尺寸计算。

(4) 计算条形砖(石)基础与垫层长度时，附墙垛凸出部分按折加长度合并计算，不扣除搭接重叠部分的长度，垛的加深部分也不增加。附墙垛折加长度 L 按以下公式计算：

$$L=ab/d$$

式中，a、b——附墙垛凸出部分断面的长、宽；

d——砖(石)墙厚。

(5) 计算条形砖基础工程量时，用下列公式计算：

二边大放脚体积=砖基础长度×大放脚断面积

其中，大放脚断面积按下列公式计算：

等高式：

$$S=n(n+1)ab$$

间隔式：

$$S=\sum(a\times b)+\sum(a/2\times b)$$

式中，n——放脚层数；

a、b——每层放脚的高、宽(凸出部分)。

注： 标准砖基础 a=0.126m(每层二皮砖)；b=0.0625m。

(6) 独立砖柱基础工程量按柱身体积加上四边大放脚体积计算，砖柱基础工程量并入砖柱计算。

四边大放脚体积 V 按以下公式计算：

$$V=n(n+1)ab[2/3(2n+1)b+A+B]$$

式中，A、B——砖柱断面积的长、宽，其余同上。

(7) 地下混凝土及钢筋混凝土构件的砖模、舞台地龙墙的工程量按设计图示尺寸计算。

2. 上部结构的工程量计算规则

(1) 砖砌体及砌块砌体按设计图示尺寸以体积计算。砖砌体及砌块砌体厚度，不论设计有无注明，均按表 6-6 计算。

表 6-6 各类砖墙厚度

项目	砖规格(长×宽×厚)/mm	墙厚(砖数)/mm						
		1/4	1/2	3/4	1	5/4	3/2	2
标准砖	240×115×53	53	115	178	240	—	365	490
多孔砖	240×115×90	—	115	—	240	—	365	490
土青砖	220×105×42	42	105	157	220	—	335	450
大仑砖	250×75×50	50	75	—	250	310	340	—
空心砖(非承重)	240×240×115	—	115	—	240	—	—	—
混凝土小型砌块	390×190×190	—	—	—	190	—	—	—

(2) 墙身高度按下列规定计算。

① 外墙：斜(坡)屋面无檐口天棚者算至屋面板底；有屋架且室内外均有天棚者算至屋架下弦底另加200mm，无天棚者算至屋架下弦底另加300mm，出檐宽度超过600mm时按实砌高度计算；平屋顶算至钢筋混凝土板底。

② 内墙：位于屋架下弦者，算至屋架下弦底；无屋架者算至天棚底另加100mm；有钢筋混凝土楼板隔层者算至楼板顶；有框架梁时算至梁底。

③ 女儿墙：从屋面板上表面算至女儿墙顶面(如有混凝土压顶时算至压顶下表面)。

④ 内、外山墙：按其平均高度计算。

(3) 墙身长度。外墙按外墙中心线长度计算，内墙按净长计算，附墙垛按折加长度合并计算；框架墙不分内、外墙均按净长计算。

(4) 空花墙按设计图示尺寸以空花部分外形体积计算，不扣除空花部分体积。

(5) 空斗墙按设计图示尺寸以空斗墙外形体积计算。空斗墙的内外墙交接处、门窗洞口立边、窗台砖、屋檐处的实砌部分以及过人洞口、墙角、梁支座等的实砌部分和地面以上、圈梁或板底以下三皮实砌砖，均已包括在定额内，其工程量应并入空斗墙内计算；砖垛工程量应另行计算，套实砌墙相应定额。

(6) 地沟的砖基础和沟壁，工程量按设计图示尺寸以体积合并计算，套砖砌地沟定额。

(7) 零星砌体按设计图示尺寸以“m^3”计量。

砌体设置导墙时，砖砌导墙需单独计算，厚度与长度按墙身主体，高度以实际砌筑高度计算，墙身主体的高度相应扣除。

(8) 附墙烟囱、通风道、垃圾道，按外形体积计算工程量并入所附的砖墙内，不扣除每个面积在 $0.10m^2$ 以内的孔道体积，孔道内的抹灰工料亦不增加；应扣除每个面积大于 $0.10m^2$ 的孔道体积，孔内抹灰按零星抹灰计算。附墙烟囱如带有瓦管、除灰门，应另列项目计算。

(9) 石墙、空心砖墙、砌块墙的工程量按设计图示尺寸以体积计算，砌块墙的门窗洞口等镶砌的同类实心砖部分已包含在定额内，不单独另行计算。

(10) 夹心保温墙砌体工程量按图示尺寸计算。

(11) 石挡土墙、石柱、石护坡，按设计图示尺寸以体积计算。

(12) 轻质砌块专用连接件的工程量按实际安放数量以“个”计算。

(13) 柔性材料嵌缝根据设计要求，按轻质填充墙与混凝土梁或楼板、柱或墙之间的缝隙长度以“m”计算。

3. 构筑物的工程量计算规则

1) 砖烟囱、烟道

(1) 砖基础与砖烟囱筒身以设计室外地坪为界。

(2) 砖烟囱筒身、烟囱内衬、烟道及烟道内衬均以实体体积计算。

(3) 砖烟囱筒身原浆勾缝和烟囱帽抹灰，已包括在定额内，不另行计算；如设计规定加浆勾缝者，按抹灰工程相应定额计算，不扣除原浆勾缝的工料。

(4) 如设计采用楔形砖时，其加工数量按设计规定的数量另列项目计算，套用砖加工定额。

(5) 烟囱内衬深入筒身的防沉带(连接横砖)、在内衬上抹水泥排水坡的工料及填充隔热材料所需人工均已包括在内衬定额内，不另计算，设计不同时不作调整。填充隔热材料按烟囱筒身(或烟道)与内衬之间的体积另行计算，应扣除每个面积在 0.30m^2 以上的孔洞所占的体积，不扣除防沉带所占的体积。

(6) 烟囱、烟道内表面涂抹隔绝层，按内壁面积计算，应扣除每个面积在 0.30m^2 以上的孔洞面积。

(7) 烟道与炉体的划分以第一道闸门为界，在炉体内的烟道应并入炉体工程量内，炉体执行安装工程炉窑砌筑相应定额。

2) 砖水塔

(1) 砖基础与砖水塔身以砖基础大放脚顶面为分界；砖水塔身不分厚度、直径均以实体体积计算。砖出檐等并入筒壁体积内，砖拱(砖旋、含平拱) 的支模费已包括在定额内，不另计算。

(2) 砖水塔身中已包括外表面原浆勾缝时，按抹灰工程相应定额计算，不扣除原浆勾缝的工料。

(3) 砖水槽不分内、外壁以实体体积计算。

3) 砖(石)储水池

(1) 砖(石)储水池底、池壁均以实体体积计算。

(2) 砖(石)储水池的砖(石)独立柱，套用本章相应定额。如砖(石)独立柱带有混凝土或钢筋混凝土结构者，其体积分别并入池底及池盖中，不另行列项目计算。

4) 砖砌圆形仓筒壁

砖砌圆形仓筒壁高度自基础板顶面至顶板底面，以实体体积计算。

5) 砖砌沉井

砖砌沉井按施工图图示尺寸以实体体积计算。人工挖土、回填砂石、铁刃脚安装、沉井封底等配套项目按混凝土及钢筋混凝土工程相应定额执行。

4. 砌体工程量计算

计算砌体工程量时，应扣门窗洞口、过人洞、空圈、嵌入墙内的钢筋混凝土柱、梁、圈梁、挑梁、过梁、止水翻边及凹进墙内的壁龛、管槽、暖气槽、消火栓箱和每个面积在 0.30m^2 以上的孔洞所占的体积；但嵌入砌体内的钢筋、铁件、管道、木筋、铁件、钢管、

基础砂浆防潮层及承台桩头、屋架、檩条、梁等伸入砌体的头子、钢筋混凝土过梁板(厚 7cm 内)、混凝土垫块、木楞头、沿缘木、木砖和单个面积≤0.30m² 的孔洞等所占体积不扣；突出墙身的窗台、1/2 砖以内的门窗套、二出檐以内的挑檐等的体积亦不增加。突出墙身的统腰线、1/2 砖以上的门窗套、二出檐以上的挑檐等的体积应并入所依附的砖墙内计算。凸出墙面的砖垛并入墙体体积内计算。

【例 6-15】 计算下列某一小屋工程砖墙工程量，如图 6-11 所示，墙体采用一砖厚 M7.5 混合砂浆多孔砖，在标高为 3.48m 部位设 240mm×300mm 圈梁一道，窗尺寸 C1 为 1200mm×1500mm、C2 为 1500mm×1500mm，门 M1 尺寸为 1000mm×2400mm，门 M2 尺寸为 900mm×2100mm。

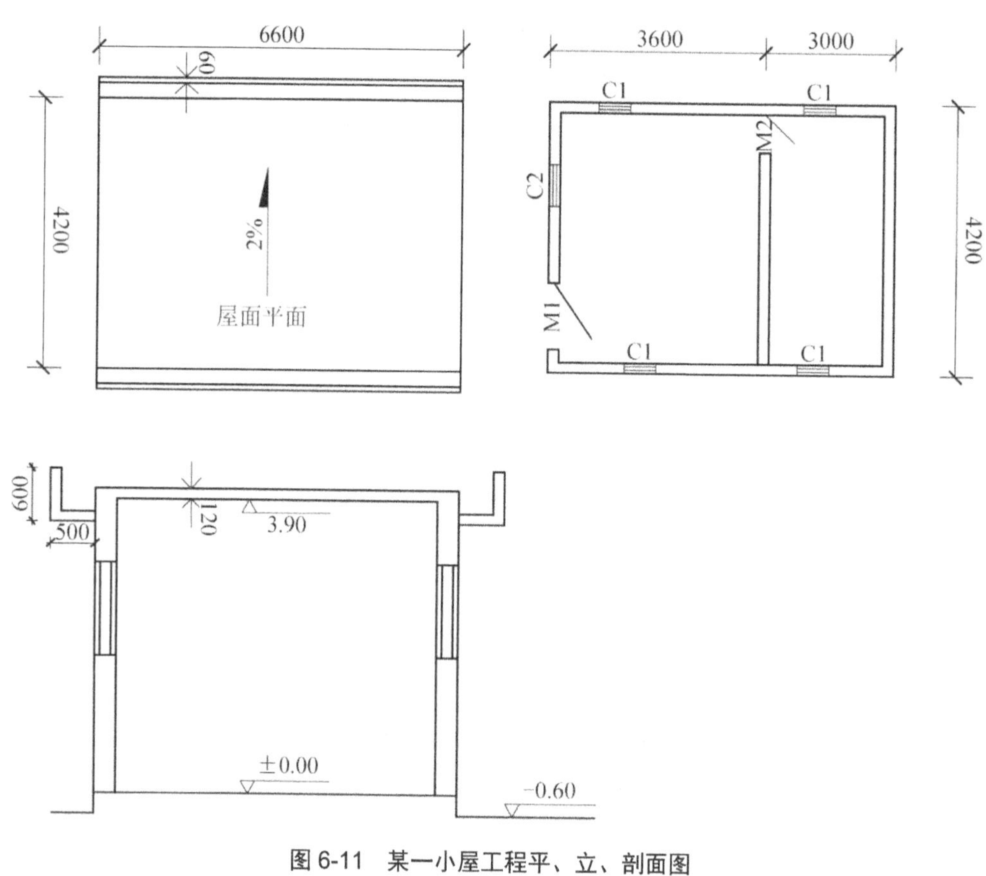

图 6-11 某一小屋工程平、立、剖面图

解：

求圈梁工程量：

$$圈梁工程量=梁截面面积\times梁长$$

$$V=0.24\times0.30\times[(6.60+4.20)\times2+4.20-0.24]\approx1.84(\mathrm{m}^3)$$

求砖墙工程量：

$$砖墙工程量=(墙长\times墙高-门窗洞等应扣面积)\times墙厚-应扣体积$$

$$\begin{aligned}V=&0.24\times[3.90\times(6.60\times2+4.20\times2+4.20-0.24)-\\&1.20\times1.50\times4-1.50\times1.50-1\times2.40-0.90\times2.10]-1.84\\\approx&18.79(\mathrm{m}^3)\end{aligned}$$

6.6　混凝土及钢筋混凝土工程

6.6.1　定额说明

本章定额包括现浇、预制混凝土构件及预应力混凝土构件、钢筋制作与安装、混凝土预制构件运输与安装。

本章内各节有关说明、工程量计算规则，除另有具体规定外均相互适用与第 6 章以外所涉及的相关定额。

1. 现浇混凝土构件

(1) 现浇混凝土构件的模板按照构件不同，分别以组合钢模、复合木模单独列项，模板的具体组成规格、比例、支撑方式、复合模板的材质等，均综合考虑；定额未注明模板类型的，均按木模考虑。

后浇带模板按相应构件模板计算，另行计算增加费。

(2) 现浇混凝土浇捣按现拌混凝土和商品泵送混凝土两部分列项，现拌泵送混凝土按商品泵送混凝土定额执行，混凝土单价按现场搅拌泵送混凝土换算，搅拌费、泵送费按构件工程量套用相应定额。

商品混凝土如非泵送时，套用泵送定额，混凝土单价换算，其人工及振捣器乘以表 6-7 相应系数。

表 6-7　人工及振捣器调整系数

序号	项目名称	人工调整系数	序号	项目名称	人工调整系数
一	建筑物		7	楼梯、雨篷、阳台、栏板及其他	1.05
1	基础与垫层	1.50	二	构筑物	
3	柱	1.05	1	水塔	1.50
4	梁	1.40	2	水(油)池、地沟	1.60
5	墙、板	1.30	3	储仓	2.00

(3) 商品混凝土的添加剂、搅拌、运输及泵送等费用均应列入混凝土单价内。

(4) 定额混凝土的强度等级和石子粒径是按常用规格编制的，当混凝土的设计等级与定额不同时，应作换算。毛石混凝土子目中毛石的投入量按 18%考虑，设计不同时混凝土及毛石按比例换算。

(5) 基础

基础与上部结构的划分以混凝土基础上表面为界。

基础与垫层的划分，一般以设计确定为准，如设计不明确时，以厚度划分：15cm 以内的为垫层，15cm 以上的为基础。有梁式基础模板仅适用于基础表面有梁上凸时，仅带有下凸或暗梁的基础套用无梁式基础定额。

满堂基础及地下室底板已包括给水井模板，不再另行计算；设计为带形基础的单位工程，如仅楼(电)梯间、厨厕间等少量部位采用满堂基础时，其工程量并入带形基础计算。

箱形基础的底板(包括边缘加厚部分)套用无梁式满堂基础定额，其余套用基础柱、梁、板、墙相应定额。

设备基础仅考虑块体形式，其他形式设备基础分别按基础、柱、梁、板、墙等有关规定计算，套用相应定额。

地下构件采用砖模时，套用砌筑工程砖基础相应定额，若做抹灰，则套用墙柱面工程相应定额。

(6) 现浇钢筋混凝土柱(不含构造柱)、梁(不含圈、过梁)、板、墙的支模高度按层高 3.60m 以内编制，超过 3.60m 时，工程量包括 3.60m 以下部分，另按相应超高定额计算；斜板或拱形按平均高度确定支模高度，电梯井壁按建筑物自然层层高确定支模高度。

(7) 异形柱指柱与模板接触超过 4 个面的柱子。一字、L、T 形柱，当 a 与 b(a、b 依次为柱横截面的长和宽)的比值大于 4 时，均套用墙相应定额。

(8) 地圈梁套用基础梁定额；异形梁包括十字、T、L 形梁；梯形、变截面矩形梁套用矩形梁定额；现浇薄腹屋面梁模板套用异形梁定额；单独现浇过梁模板套用矩形梁定额；与圈梁连接的过梁及叠合梁二次浇捣部分套用圈梁定额；预制圈梁的现浇接头套用二次灌浆相应定额。

(9) 混凝土梁、板分别计算套用相应定额；板中暗梁并入板中计算。

楼板及屋面平挑檐外挑檐小于 50cm 时，并入板内计算；外挑檐大于 50cm 时，套用雨篷定额；屋面挑出的带翻檐平挑檐套用檐沟、挑檐定额。薄壳屋面盖模板不分球形、双曲形灯，均套用统一定额；混凝土浇捣套用拱板定额。

(10) 现浇钢筋混凝土板坡度在 10°以内时按定额执行；坡度大于 10°，在 30°以内时，相应定额中钢支撑含量乘以系数 1.30，人工含量乘以系数 1.10；坡度大于 30°，在 60°以内时，相应定额中钢支撑含量乘以系数 1.50，人工含量乘以系数 1.20；坡度大于 60°以上时，按墙相应定额执行。压型钢板上浇捣混凝土板，套用板的相应定额。

【例 6-16】 求斜屋面(坡度 32°)现浇板复合木模板的单价。

解：套定额 4-174H，基价为 25.10 元/m²；坡度 32°，相应定额中钢支撑含量乘以系数 1.50，人工含量乘以系数 1.20。故换算后基价为

$$25.10+0.4932\times(1.50-1)\times4.60+9.46\times(1.20-1)\approx28.13(\text{元}/\text{m}^2)$$

【例 6-17】 求斜屋面(坡度 32°) C20(40)现浇板的混凝土单价。

解：套定额 4-14H，基价为 273.40 元/m³；坡度 32°，相应定额中人工含量乘以系数 1.20，将材料分析中 C20(20)的混凝土换成 C20(40)的混凝土。故换算后基价为

$$273.40+41.19\times(1.20-1)+1.015\times(-203.41+192.94)\approx271.01(\text{元}/\text{m}^3)$$

(11) 地下室内墙、电梯井壁套用一般墙相应定额；屋面女儿墙高度大于 1.20m 时套用墙相应定额，小于 1.20m 时套用栏板相应定额。

(12) 阳台、雨篷定额不分弧形、直形，弧形阳台、雨篷另外计算弧形板增加费。水平遮阳板、空调板套用雨篷相应定额；拱形雨篷套用拱形板定额。非悬挑式阳台、雨篷及外挑梁板式阳台、雨篷，按梁、板有关规则计算套用相应定额。

(13) 楼梯设计指标超过表 6-8 定额取定值时，混凝土浇捣定额按比例调整，其余不变。

表 6-8 楼梯底板厚度取定值

项目名称	指标名称	取 定 值	备 注
直形楼梯	底板厚度/cm	18	梁式楼梯的梯段梁并入底板内计算折实厚度
弧形楼梯		30	

注：弧形楼梯指梯段为弧形的；仅平台弧形的，按直形楼梯定额执行，平台另计弧形板增加费。

【例 6-18】 C30(40)混凝土现拌现浇整体楼梯，底板厚度为 22cm，求现浇整体楼梯的混凝土单价。

解： 套定额 4-22H，基价为 69.70 元/m^3。故换算后基价为

$$[69.70+0.243\times(216.47-192.94)]\times22/18\approx92.18(元/m^3)$$

(14) 自行车坡道带有台阶的，按楼梯相应定额执行；无底模的自行车坡道及 4 步以上的混凝土台阶，其模板按楼梯相应定额乘以 0.20 计算。

(15) 栏板(含扶手)及翻沿净高按 1.20m 以内考虑，超过时套用墙相应定额。

(16) 现浇屋脊、斜脊并入所依附的板内计算，单独屋脊、斜脊按压顶考虑套用定额。

(17) 屋面内天沟按梁、板规则计算，套用梁、板相应定额。雨篷与檐沟相连时，梁板式雨篷按雨篷规则计算并套用相应定额，板式雨篷并入檐沟计算。

(18) 小型池槽外形体积大于 2m^3 时套用构筑物水(油)池相应定额；梁板墙结构式水池分别套用梁、板、墙相应定额。

(19) 地池、电缆沟断面内空面积大于 0.40m^2 时套构筑物地池相应定额。

(20) 小型构件包括压顶、单独扶手、窗台、窗套线及定额未列项目且单件构件体积在 0.05m^3 以内的其他构件。

(21) 屋顶水箱工程包括底、壁、现浇顶盖及支撑柱等全部现浇构件，预制构件另行计算；砖砌支座套用砌筑工程零星砌体定额；抹灰、刷浆、金属件制作与安装等套用相应章节定额。

(22) 采用无粘结、有粘结的后张预应力现浇构件，套用普通现浇混凝土构件相应定额。

(23) 滑升钢模板定额内已包括提升支撑杆用量，并按不拔出考虑，如需拔出，收回率及拔杆费另行计算；设计利用提升支撑杆作结构钢筋时，不得重复计算。

(24) 用滑升钢模施工的构筑物按无井架施工考虑，并已综合了操作平台，不另计算脚手架及竖井架。

(25) 倒锥形水塔塔身滑升钢模定额，也适用于一般水塔塔身滑升钢模工程。

(26) 烟囱滑升钢模定额均已包括筒身、牛腿、烟道口；水塔滑升钢模已包括直筒、门窗洞口等模板用量。

(27) 构筑物基础套用建筑物基础相应定额。

(28) 列有滑模定额的构筑物子目，采用翻模施工时，可按相近构件模板定额执行。

2. 预制混凝土构件

(1) 先张预应力预制混凝土构件是按加工厂制作考虑，模板已综合考虑地、胎模摊销，其余各类预制混凝土构件是按现场预制考虑的，模板不包含地、胎模，实际施工需要地、胎模时，按施工组织设计实际发生的地、胎模面积套用相应定额计算。

(2) 混凝土构件如采用蒸汽养护时，加工厂预制者，按实际蒸养构件数量46元/m^3(其中：煤90kg)计算；现场蒸养费按实计算。

(3) 后张预应力构件制作浇捣定额不包括孔道灌浆，该工作内容已列入钢筋制安定额，不单独另计。

(4) 混凝土及钢筋混凝土预制构件工程量，应按施工图构件净用量加表6-9所列损耗计算。其计算公式如下：

混凝土及钢筋混凝土预制构件工程量=施工图构件净用量×(1+总损耗率)

表6-9 混凝土及钢筋混凝土预制构件损耗表

构 件 名 称	制品废品率/%	运输、堆放损耗率/%	安装、打桩损耗率/%	总损耗率/%
预制钢筋混凝土桩	0.1	0.4	1	1.5
除预制桩外各类预制构件	0.2	0.8	0.5	1.5

(5) 预制构件桩、柱、梁、屋架等定额中未编列起重机、垫木等成品堆放费的项目，是按现场就位预制考虑的，如实际发生构件运输时，套用构件运输相应定额。

(6) 小型构件是指定额未列项目且每件体积在0.05m^3以内的其他构件。

3. 钢筋

(1) 钢筋工程按不同钢种，以现浇构件、预制构件、预应力构件分别列项，定额中钢筋的规格比例、钢筋品种按常规工程综合考虑。

(2) 预应力混凝土构件中的非预应力钢筋套用普通钢筋相应定额。

(3) 除定额规定单独列项计算以外，各类钢筋、埋件的制作成形、绑扎、安装、接头、固定所用工料机消耗均已列入相应定额，多排钢筋的垫铁在定额损耗中已综合考虑，发生时不另计算。螺旋箍筋的搭接已综合考虑在灌注桩钢筋笼圆钢定额内，不再另行计算。

(4) 定额已综合考虑预应力钢筋的拉设备，但未包括预应力筋的人工时效费用，如设计有要求时，另行计算。

(5) 除模板所用铁件及成品构件内已包括的铁件以外，定额均不包括混凝土构件内的预埋铁件，发生时应按设计图样另行计算。

(6) 地下连续墙钢筋网片制作定额未考虑钢筋网片的制作平台。

(7) 本章定额钢筋机械连接所指的是套筒冷压、锥螺纹和直螺纹钢筋接头，焊接是指电渣压力焊和气压焊方式钢筋接头。

(8) 植筋定额不包括钢筋主材费，钢筋按设计长度计算套现浇构件定额。

表6-10所列的构件，其钢筋可按该表所列系数调整人工、机械用量。

表6-10 人工、机械用量调整系数

项　目	预 制 构 件		构 筑 物	
系数范围	拱形、梯形屋架	托架梁	储仓	
			矩形	圆形
人工、机械调整系数	1.16	1.05	1.25	1.50

4. 构件运输、安装

(1) 本定额仅适用于混凝土预制构件运输，划分为以下四类。Ⅰ、Ⅱ类构件符合其中一项指标的，均套用同一定额。

Ⅰ类构件：单件体积≤1m^3以内、面积≤5m^2、长度≤6m。

Ⅱ类构件：单件体积＞1m^3以内、面积＞5m^2、长度＞6m。

Ⅲ类构件：大型屋面板、空心板、楼面板。

Ⅳ类构件：小型构件。

(2) 本定额适用于混凝土构件，由构件堆放场地或构件加工厂运至施工现场的运输；定额已综合考虑城镇、现场运输道路等级、道路状况等不同因素。

(3) 构件运输基本运距为5km，如工程实际运距不同，按每增减1km定额调整。本定额不适用于运距超过35km的构件运输。

(4) 本定额不包括改装车辆、搭设特殊专用支架、桥洞、涵洞、道路加固、管线、路灯迁移及因限载、限高而发生的加固、扩宽、公交管理部门措施费用等，发生时另行计算。

(5) 小型构件包括桩尖、窗台板、压顶、踏步、过梁、围墙柱、地坪混凝土板、地沟盖板、池槽、浴厕隔断、窨井圈盖、通风道、烟道、花格窗、花格栏杆、碗柜、壁及单件体积小于0.05m^3的其他构件。

(6) 现场集中预制的构件，是按吊装机械回转半径就地预制考虑的，如因场地条件限制，构件就位距离超过15m须用起重机移运就位的，且运距在50m以内的，起重机械乘以1.25，运距超过50m，按构件运输相应定额计算。

(7) 现场集中预制的构件采用汽车运输时，按本章相应定额执行，运距在500m以内，定额乘以系数0.50。

(8) 构件吊装采用的吊装机械种类、规格按常规施工方法取定；如采用塔吊或卷扬机时，应扣除定额中的起重机台班，人工乘以系数(塔吊 0.66、卷扬机 1.30)调整，以人工代替机械时，按卷扬机计算。

(9) 定额按单机作业考虑，如因构件超重须双机抬吊时(包括按施工方案相关工序涉及的构件)，套相应定额，其人工、机械乘以系数1.20。

(10) 构件如须采用跨外吊装时，除塔吊施工以外，按相应定额乘以系数1.15。

(11) 构件安装高度以20m以内为准，如檐高在20m以内，构件安装高度超过20m时，除塔吊施工以外，相应定额乘以系数1.20。

(12) 定额不包括安装过程中起重机械、运输机械场内行驶道路的修整、铺垫工作，发生时按实际内容另行计算。

(13) 现场制作采用砖胎膜的构件，安装相应人工、机械乘以系数1.10。

(14) 构件安装定额已包括灌浆所需消耗，不另计算。

(15) 构件安装需另行搭设的脚手架按施工组织设计要求计算，并套用脚手架工程相应定额。

【例6-19】 C25(40)现浇混凝土矩形柱，求单价。

解： 套定额4-7H，换算后基价为

$$280.30+(207.37-192.94)\times1.015\approx294.95(\text{元}/m^3)$$

【例 6-20】 C25(16)现拌现浇屋面外挑 1.20m 无翻檐的平挑檐，求单价。

解：套定额 4-27H，换算后基价为

$$346.0+(222.09-208.32)\times 1.015 \approx 359.98(\text{元}/\text{m}^2)$$

【例 6-21】 塔式起重机吊装 T 形吊车梁(2.50m^3/根，现场砖胎膜制作)，求单价。

解：套定额 4-458H，换算后基价为

$$144.9-0.0452\times 1131.55+41.97\times 0.66\times (1.10-1)+(57.23-0.0452\times 1131.55)\times (1.10-1)\approx 97.13(\text{元}/\text{m}^3)$$

6.6.2 工程量计算规则

1. 混凝土构件工程量计算的一般规定

除定额另有规定外、混凝土构件工程量均按施工图图示尺寸计算。

2. 墙、板上有孔时的工程量计算规则

(1) 计算墙、板工程量时，应扣除单孔面积大于 0.30m^2 以上的孔洞，孔洞侧边工程量另加。

(2) 不扣除单孔面积小于 0.30m^2 以内的孔洞，孔洞侧边工程量也不增加。

3. 现浇混凝土构件的工程量计算规则

(1) 除定额注明外，混凝土浇捣工程量均按图示尺寸以实体积计算，不扣除混凝土内钢筋、预埋铁件等所占体积；型钢劲性构件混凝土浇捣工程量应扣除型钢构件所占混凝土体积，钢管柱内混凝土灌注按钢柱内空断面积乘以柱灌注高度计算。

现浇混凝土构件模板工程量按混凝土与模板接触面的面积以“m^2”计量，应扣除构件平行交接及 0.30m^2 以上构件垂直交接处的面积。

模板工程量也可参考构件混凝土含模量计算，但除本定额规则特别指定以外，一个工程的模板工程量只应采用一种计算规则。

(2) 梁、板、墙设后浇带时，模板工程量不扣除后浇带部分，后浇带另行按延长米(含梁宽)计算增加费；混凝土浇捣工程量应扣除后浇带体积，后浇带体积单独计算套用相应定额。

(3) 基础与垫层。

基础垫层及各类基础按图示尺寸计算，不扣除嵌入承台基础的桩头所占体积。

地面垫层发生模板时按基础垫层模板定额计算，工程量按实际发生部位的模板与混凝土接触面展开计算。

带形基础长度：外墙按中心线、内墙按基底净长线计算，独立柱基间带形基础按基底净长线计算，附墙垛折加长度合并计算；垫层不扣除重叠部分的体积，基础搭接体积按图示尺寸计算。

有梁带基梁面以下凸出的钢筋混凝土柱并入相应基础内计算；满堂基础的柱墩并入满堂基础内计算。

基础侧边弧形增加费按弧形接触面长度计算，每个面计算一道。

【例 6-22】 条件同例 6-6，求垫层、基础的混凝土工程量。

解：① C10 素混凝土垫层 J-1 土方工程量：

$$V=0.10\times2.60\times2.60\times4\approx2.70(\text{m}^3)$$

DL 土方工程量：

$$V=0.10\times0.65\times40.75\approx2.65(\text{m}^3)$$

② C25 基础梁 DL 土方工程量：

$$V=0.45\times0.75\times40.75+(0.15+0.50)\times1/2\times(1.20-0.325)\times0.45\times8\approx14.78(\text{m}^3)$$

③ C25 独立基础 J-1 土方工程量：

$$V=[0.35/3\times(0.65^2+2.40^2+\sqrt{0.65^2\times2.40^2})+2.40\times2.40\times0.25]\times4\approx9.37(\text{m}^3)$$

(4) 现浇混凝土框架结构分别按柱、梁、墙的有关规定计算。

(5) 柱。柱高按基础顶面或楼板上表面算至柱顶面或上一层楼板上表面，无梁板柱高按基础顶面(或楼板上表面)算至柱帽下表面。

依附于柱上的牛腿并入柱内计算。

构造柱高度按基础顶面或楼面至框架梁、连续梁等单梁(不含圈、过梁)底标高计算，与墙咬接的马牙槎按柱高每侧模板以 6cm、混凝土浇捣以 3cm 合并计算，模板套用矩形柱定额。

预制框架结构的柱、梁现浇接头按实捣体积计算，套用框架柱接头定额。

【例 6-23】 某砖混结构住宅，有 10 根构造柱，均设在 L 形墙的转角处，断面为 240 mm×240mm，柱高 3.60m，求其构造柱混凝土浇捣工程量。

解：构造柱混凝土浇捣工程量为

$$(0.24+0.03\times2)\times0.24\times3.60\times10\approx2.59(\text{m}^3)$$

(6) 梁。梁与柱、次梁与主梁、梁与混凝土墙交接时，按净空长度计算；伸入砌筑墙体的梁头及现浇的梁垫并入梁内计算。

圈梁与板整体浇捣的，圈梁按断面高度计算。

(7) 板。

① 板按梁、墙间净距尺寸计算；板垫及板翻沿(净高 250mm 以内的)并入板内计算；板上单独浇捣的墙内素混凝土翻沿按圈梁定额计算。

② 无梁板的柱帽并入板内计算。

③ 柱的断面积超过 1m² 时，板应扣除与柱重叠部分的工程量。

④ 依附于拱形板、薄壳屋盖的梁及其他构件工程量均并入所依附的构件内计算。

⑤ 弧形板并入板内计算，另按弧长计算弧形板增加费。梁板结构的弧形板弧长工程量应包括梁板交接部位的弧线长度。

⑥ 预制板之间的现浇板带宽在 8cm 以上时，按一般板计算，套用板的相应定额；宽度在 8cm 以内的已包括在预制板安装灌浆定额内，不另行计算。

(8) 墙。

① 墙高按基础顶面(或楼板上表面)算至上一层楼板上表面；平行嵌入墙上的梁不论凸出与否，均并入墙内计算。

② 附墙柱、暗墙并入墙内计算。

(9) 楼梯。楼梯按水平投影面积计算。工程量包括休息平台、平台梁、楼梯段、楼梯与楼面板连接的梁，无梁连接时，算至最上一级踏步沿加 30cm 处。不扣除宽度小于 50cm 的楼梯井，伸入墙内部分不另行计算；但与楼梯休息平台脱离的平台梁按梁或圈梁计算。

直形楼梯与弧形楼梯相连者，直形、弧形应分别计算套用相应定额。

单跑楼梯上下平台与楼梯段等宽部分并入楼梯内计算面积。

楼梯基础、梯柱、栏板、扶手另行计算。

【例 6-24】 某砖混结构住宅，有一现浇板式楼梯，如图 6-12 所示，求其混凝土的工程量。

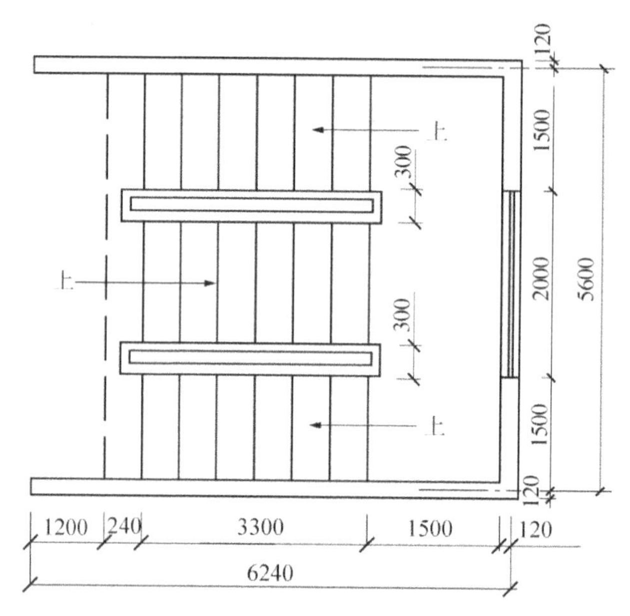

图 6-12 楼梯平面示意图

解：楼梯井宽度小于 500mm，故不扣楼梯井面积。楼梯与现浇楼层以梯梁为分界线，无梯梁连接时按楼层的最后一个踏步外边缘加 30cm 为界。整体楼梯工程量按水平投影面积计算如下：

$$S=(6.24-1.20-0.12)\times(5.60-0.24)\approx 26.37(\text{m}^2)$$

(10) 凸出的线条模板增加费以凸出棱线的道数不同分别按延长米计算，两条及多条线条相互之间净距小于 100mm 的，每两条线条按一条计算工程量。

(11) 悬挑阳台、雨篷。混凝土浇捣按挑出墙(梁)外体积计算，外挑牛腿(挑梁)、台口梁、高度小于 250mm 的翻沿均合并在阳台、雨篷内计算；模板按阳台、雨篷挑梁及台口梁外侧面范围的水平投影面积计算，阳台、雨篷外梁上外挑有线条时，另行计算线条模板增加费。

阳台栏板、雨篷翻沿高度超过 250mm 的，全部翻沿另行按栏板、翻沿计算。

阳台、雨篷梁按过梁相应规则计算，伸入墙内的拖梁按圈梁计算。

(12) 栏板、翻沿。栏板、单独扶手均按外围长度乘以设计断面计算体积；花式栏板应扣除面积在 0.30m^2 以上非整浇花饰孔洞所占面积，孔洞侧边模板并入计算，花饰另计。

栏板柱并入栏板内计算。弧形、直形栏板连接时，分别计算。

翻沿净高度小于 25cm 时，并入所依附的构件内计算。

(13) 檐沟、挑檐。檐沟、挑檐工程量包括底板、侧板及与板整浇的挑梁。

(14) 小型池槽、地沟、电缆沟。小型池槽包括底、壁工程量。地沟、电缆沟包括底、壁及整浇的顶盖工程量。预制混凝土盖板另行计算。

(15) 构筑物工程量按以下规定计算。

① 除定额另有规定外，构筑物工程量均同建筑物计算规则。

② 用滑模施工的构筑物，模板工程量按构件体积计算。

③ 水塔塔身与槽底以与槽底相连的圈梁为分界，圈梁底以上为槽底，以下为塔身；依附于水箱壁上的柱、梁等构件均并入相应水箱壁计算；水箱槽底、塔顶分别计算，工程量包括所依附的圈梁及挑檐、挑斜壁等；倒锥形水塔水箱模板按水箱混凝土体积计算，提升容积以座计算。

④ 水(油)池、地沟池的底、壁、盖分别计算工程量；依附于池壁上的柱、梁等附件并入池壁计算；依附于池壁上的沉淀池槽另行列项计算；肋型盖的梁与板工程量合并计算；无梁池盖柱的柱高自池底表面算至池盖的下表面，工程量包括柱墩、柱帽的体积。

⑤ 储仓的立壁、斜壁混凝土浇捣合并计算，基础、底板、柱浇捣套用建筑物现浇混凝土相应定额；圆形仓模板按基础、底板、顶板、仓壁分别计算；隔层板、顶板梁与板合并计算。

(16) 设备基础二次灌浆按施工图图示尺寸计算，不扣螺栓及预埋铁件体积。

(17) 沉井按以下规定计算。

① 依附于井壁上的柱、垛、止沉板等均并入井壁计算。

② 挖土按刃脚底外围面积乘以自然地面至刃脚底平均深度计算。

③ 铺抽枕木、回填砂石井壁周长中心线长度计算。

④ 沉井封底按井壁(或刃脚内壁)面积乘以封底厚度计算。

⑤ 铁刃脚安装已包括刃脚制作，工程量按施工图图示净用量计算。

⑥ 井壁防水层按设计要求，套用相应章节定额，工程量按相关规定计算。

4. 预制混凝土构件的工程量计算规则

(1) 预制构件模板及混凝土浇捣除定额注明外，均按施工图图示尺寸以体积计算。

(2) 空心构件工程量按实体体积计算，应扣除空心部分体积。

(3) 预制方桩按设计断面乘以桩长计算，不扣除桩尖虚体积。

(4) 除注明外，板厚度在4cm以内者为薄板，4cm以上为平板；窗台板、窗套板、无梁水平遮阳板套用薄板定额；带梁水平遮阳板套用肋形板定额；垂直遮阳板套用平板或薄板定额。

(5) 屋架中的钢拉杆制作另行计算。

(6) 花格窗及花格栏杆按外窗面积计算，折实厚度大于4cm时，定额按比例调整。

(7) 后张预应力构件不扣除灌浆孔道所占体积。

5. 钢筋

(1) 钢筋工程应区别构件及钢种，以理论质量计算。理论质量按设计图示长度、数量乘以钢筋单位理论质量计算，包括设计要求锚固、搭接和钢筋超定尺长度必须计算的搭接用量；钢筋的冷拉加工费不计，延伸率不扣。

(2) 设计套用标准图集时，按标准图集所列钢筋(铁件)用量表内数量计算；标准图集未列钢筋(铁件)用量表时，按标准图集图示及本规则计算。

(3) 计算钢筋用量时应扣除保护层厚度。

(4) 钢筋的搭接长度及数量应按设计图示、标准图集和规范要求计算，遇设计图示、标准图集和规范要求不明确时，钢筋的搭接长度及数量可按以下规则计算。

① 灌注桩钢筋笼纵向钢筋、地下连续墙的钢筋网片钢筋按焊接考虑，搭接长度按 $10d$ 计算；

② 建筑物柱、墙构件竖向钢筋搭接按自然层计算；

③ 钢筋单根长度超过 8m 时计算一个因超出定尺长度引起的搭接，搭接长度为 $35d$；

④ 当钢筋接头设计要求采用机械连接、焊接时，应按实际采用接头种类和个数列项计算，计算该接头后不再计算该处的钢筋搭接长度。

(5) 箍筋(板筋)、拉筋的长度及数量应按设计图示、标准图集和规范要求计算，遇设计图示、标准图集和规范要求不明确时，箍筋(板筋)、拉筋的长度及数量可按以下规则计算。

① 墙板 s 形拉结钢筋长度按墙板厚度扣保护层加两端弯钩计算。

② 弯起钢筋不分弯起角度，每个斜边增加长度按梁高(或板厚)乘以 0.40 计算。

③ 箍筋(板筋)排列根数为柱、梁、板净长除以箍筋(板筋)的设计间距；设计有不同间距时，应分段计算。柱净长按层高计算，梁净长按混凝土规则计算，板净长指主(次)梁与主(次)梁之间的净长；计算中有小数时，向上取整。

④ 桩螺旋箍筋长度等于螺旋箍筋长度加水平箍筋长度。

$$\text{螺旋箍筋长度}=\sqrt{((D-2C+d)\times\pi)^2+h^2}\times n$$

$$\text{水平箍筋长度}=\pi(D-2C+d)\times(1.50\times 2)$$

其中，D——桩直径(m)；

C——主筋保护层厚度(m)；

d——箍筋直径(m)；

h——箍筋间距(m)；

n——箍筋道数(桩中箍筋配置范围除以箍筋间距，计算中有小数时，向上取整)。

(6) 双层钢筋撑脚按设计规定计算，设计未规定时，均按同板中小规格主筋计算，基础底板 1 只/m^2，长度按底板厚乘以 2 再加 1m 计算；板 3 只/m^2，长度按板厚度乘以 2 再加 0.10m 计算。双层钢筋的撑脚布置数量均按板(不包括柱、梁)的净面积计算。

(7) 后张预应力构件不能套用标准图集计算时，其预应力筋按设计构件尺寸，并区别不同的锚固类型，分别按下列规定计算。

① 低合金钢筋两端均采用螺杆锚具时，钢筋长度按孔道长度减 0.35m 计算。

② 低合金钢筋一端采用镦头插片、另一端采用螺杆锚具时，钢筋长度按孔道长度计算，螺杆另行计算。

③ 低合金钢筋一端采用镦头插片，另一端采用帮条锚具时，钢筋长度按孔道长度增加 0.15m 计算；两端均采用帮条锚具时，钢筋长度按孔道长度增加 0.30m 计算。

④ 低合金钢筋采用后张混凝土自锚时，钢筋长度按孔道长度增加 0.35m 计算。

⑤ 低合金钢筋(钢绞线)采用 JM、XM、QM 型锚具，孔道长度在 20m 以内时，钢筋(钢绞线)长度按孔道长度增加 1m 计算；孔道长度在 20m 以上时，钢筋(钢绞线)长度按孔道长度增加 1.80m 计算。

⑥ 碳素钢丝采用锥形锚具，孔道长度在 20m 以内时，钢丝束长度按孔道长度增加 1m

计算；孔道长度在 20m 以上时，钢丝束长度按孔道长度增加 1.8m 计算。

⑦ 碳素钢丝束采用镦头锚具时，钢丝束长度按孔道长度增加 0.35m 计算。

(8) 变形钢筋的理论质量按实计算，制作绑扎变形钢筋套用螺纹钢相应定额。

(9) 混凝土构件及砌体内预埋的铁件均按图示尺寸以净重量计算。

(10) 墙体加固筋及墙柱拉接筋并入现浇构件钢筋内计算。

(11) 沉降观测点列入钢筋(或铁件)工程量内计算。

6. 构件运输与安装

(1) 构件运输、安装统一按施工图工程量以“m^3”计算，制作工程量以“m^2”计算的，按 $0.1m^3/m^2$ 折算。

(2) 屋架工程量按混凝土构件体积计算，钢拉杆运输、安装不另计算。

(3) 住宅排烟(气)道按设计高度按“m”计算，住宅排烟(气)帽按按“座”计算。

【例 6-25】 图 6-13 为某二楼结构平面图，底层地面为±0.00，楼面标高为 4.50m，四周梁下为 240 墙体，墙外与梁外侧平齐，室内无墙体。

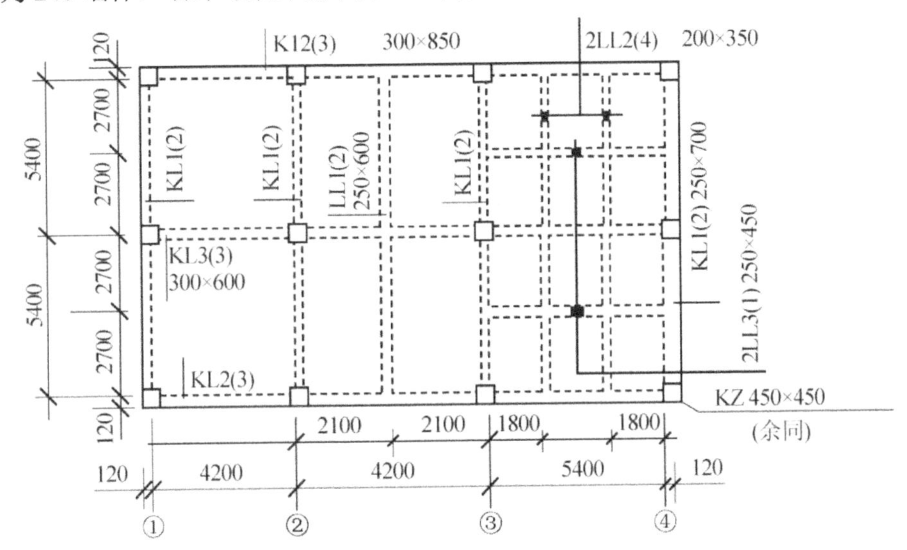

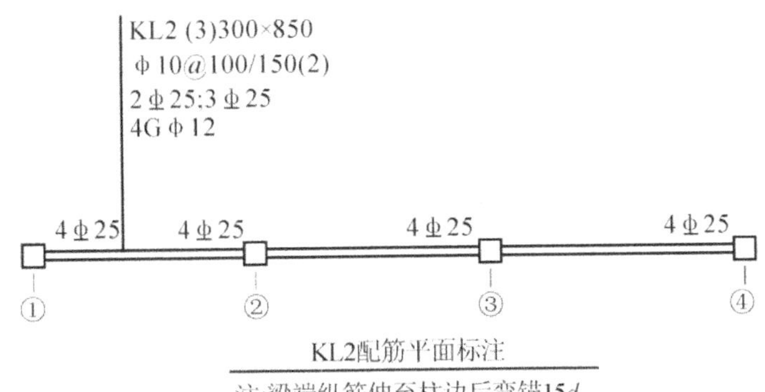

图 6-13 二楼结构平面图

问题 1：计算该楼层梁板现浇现拌 C25 混凝土浇捣、复合模板(按含模量参考表)工程量，结果填入表 6-11，并注写套用的定额编号。

问题 2：按附图计算 KJ2 钢筋制作、安装工程量，并以定额取定价格列表计算基价直接费。(提示：支座纵筋延伸第一排长度为 $Ln/3$、第二排长度为 $Ln/4$，箍筋加密范围为梁高的 1.5 倍；构造筋锚入柱内 $15d$，拉筋规格同箍筋，间距大一倍)

问题 1 解：

(1) C25 现拌现浇混凝土矩形梁浇捣工程量。

KL1　$V=(11.04-0.45\times3)\times0.70\times0.25\times4\approx6.78\ (m^3)$　(梁高 0.60m 以上)

KL2　$V=(14.04-0.45\times4)\times0.85\times0.30\times2\approx6.24\ (m^3)$　(梁高 0.60m 以上)

KL3　$V=(14.04-0.45\times4)\times0.60\times0.30\approx2.20\ (m^3)$　(梁高 0.60m 以内)

LL1　$V=(11.04-0.30\times3)\times0.60\times0.25\approx1.52\ (m^3)$　(梁高 0.60m 以内)

$$\sum V=6.78+6.24+2.20+1.52=16.74\ (m^3)$$

(2) C25 现拌现浇混凝土板浇捣工程量。

①～③板　$V=(8.40-0.13-0.25\times2-0.125)\times(11.04-0.30\times3)\times0.12\approx9.30\ (m^3)$　(板厚 120 mm)

(3) C25 现拌现浇混凝土井字板浇捣工程量。

因③～④轴梁格间距＞1 m，但网格面积 $1.80\times2.70=4.86(m^2)\leqslant5m^2$，应按井字板规则计算：

LL2　$V=(11.04-0.30\times3-0.25\times2)\times0.35\times0.20\times2\approx1.35\ (m^3)$

LL3　$V=(5.40-0.125-0.13)\times0.45\times0.25\times2\approx1.16\ (m^3)$

③~④板　$V=(5.40-0.125-0.20\times2-0.13)\times(11.04-0.30\times3-0.25\times2)\times0.09\approx4.12\ (m^3)$

$$\sum V=1.35+1.16+4.12=6.63\ (m^3)$$

(4) 矩形梁模板工程量(层高 4.50m)。

梁高 0.6m 以上　$S=(6.78+6.24)\times8.10\approx105.46\ (m^2)$

梁高 0.6m 以内　$S=(2.20+1.52)\times10.60\approx39.43\ (m^2)$

合计　$S=105.46+39.43=144.89\ (m^2)$

(5) 一般混凝土板模板工程量(层高 4.50m)。

板厚=120mm，$S=9.30\times8.04\approx74.77\ (m^2)$

(6) 井字有梁板模板工程量(层高 4.50m)。

$$S=6.63\times10=66.30(m^2)$$

(7) 楼层梁板工程项目列入表 6-11。

表 6-11　楼层梁板列项及工程量表

序号	定额编号	项 目 名 称	单位	工 程 量
1	6-165+1+4-172H	矩形梁模板及层高 4.50m 超 3.60m 增加费	m^2	144.89
2	4-174H+4-180H	一般混凝土板模板及层高 4.50m 超 3.60m 增加费	m^2	74.77
3	4-174H+4-180H	井字板模板及层高 4.50m 超 3.60m 增加费	m^2	66.30
4	4-11H	C25 现拌现浇混凝土矩形梁浇捣	m^3	16.74
5	4-14H	C25 现拌现浇混凝土板浇捣	m^3	9.30
6	4-14H	C25 现拌现浇混凝土井字板浇捣	m^3	6.63

问题2解：

工程量计算。

梁上通长筋：2ϕ25

$$L=(14.04-0.025\times2+15\times0.025\times2+35\times0.025)\times2\times2=62.46(\text{m})$$

支座上部加筋：2ϕ25

$$L=(1.215+0.425+15\times0.025+1.25\times2+0.45+1.615\times2+0.45+1.615+0.425+15\times0.025)\times2\times2=44.24(\text{m})$$

梁下通长筋：3ϕ25

$$L=(14.04-0.025\times2+15\times0.025\times2+35\times0.025)\times3\times2=93.69(\text{m})$$

构造筋：4ϕ12

$$L=(14.04-0.45\times2+15\times0.012\times2+12.50\times0.012+35\times0.012)\times4\times2=112.56(\text{m})$$

箍筋：ϕ10@100/150(2)

只数=(1.275/0.10+1) ×6+(3.645−1.275×2−0.05×2)/0.15−1+(3.75−1.275×2−0.10)/0.15−1+(4.845−1.275×2−0.10)/0.15−1≈111(只)

$$L=(0.30+0.85)\times2\times111\times2=510.60(\text{m})$$

构造筋拉筋：ϕ10@300

只数=(3.545/0.30+1+(3.65/0.30+1)+(4.745/0.30+1)≈13+14+17=44(只)

$$L=(0.30-0.05+0.125)\times44\times2\times2=66.00(\text{m})$$

现浇构件Ⅰ级普通圆钢：

$$W=112.56\times0.888+(510.6+66)\times0.617\approx455.72(\text{kg})$$

现浇构件Ⅱ级螺纹钢：

$$W=(62.46+44.24+93.69)\times3.85\approx771.50(\text{kg})$$

6.7 木结构工程

6.7.1 定额说明

(1) 本章定额是按机械和手工操作综合编制的，实际应用不同之处均按定额执行。

(2) 本章定额采用的木材木种，除另有注明外，均按一、二类为准。如采用三、四类木种时，木材单价调整，门相应定额制作人工和机械乘以系数1.30。

(3) 定额所注的木材断面、厚度均以毛料为准，设计为净料时，应另加刨光损耗，板枋材单面3mm，双面刨光加5mm，圆木直径加5mm。屋面木基层中的椽子断面是按杉圆木ϕ70mm对开、松枋40mm×60mm确定的，如设计不同，木材用量按比例计算，其余用量不变。屋面木基层中屋面板的厚度是按15mm确定的，实际厚度不同，单价换算。

(4) 定额中的金属件已包括刷一遍防锈漆的工料。

(5) 设计木构件中的钢构件及铁件用量与定额不同时，按设计图示用量调整。

6.7.2 工程量计算规则

(1) 计算木材材积，均不扣除孔眼、开榫、切肢、切边的体积。

(2) 屋架材积包括剪刀撑、挑檐木、上下弦之间的拉杆、夹木等，不包括中立人在下弦上的硬木垫块。气楼屋架、马尾屋架、半屋架均按正屋架计算。檩条垫木包括在檩木定额中，不另计算体积。单独挑檐木，每根材积按 0.018m³ 计算，套用檩木定额。

(3) 屋面木基层的工程量，按屋面水平投影面积(气楼挑檐重叠部分面积应另加)乘屋面坡度系数计算。不扣除附墙烟囱、竖风道、风帽底座和斜沟等所占的面积。

(4) 封檐板按延长米计算，木楼地楞材积按“m³”计算。木楼地楞定额已包括平撑、剪刀撑、沿油木的材积。

(5) 木楼梯按水平投影面积计算，不扣除宽度小于 300mm 的楼梯井，其踢脚、平台和伸入墙内部分，不另行计算；但楼梯扶手、栏手按第十章中的相关内容另行计算。

6.8 金属结构工程

6.8.1 定额说明

1. 构件制作的有关说明

(1) 本定额适用于现场加工制作，也适用于企业附属加工厂制作的金属构件。

(2) 本定额的制作是按焊接编制的，钢材材料以 Q235 为准，如设计采用 Q345 材料等，钢材单价作相应调整，用量不变。

(3) 除机械加工件及螺栓、铁件以外，设计钢材规格、比例与定额不同时，可按时调整。

【例 6-26】 求轻钢屋架制作单价(其中设计钢材用量比例：角钢 50%、钢板 30%、圆钢 20%)。

解： 套定额 6-4H，定额中钢材用量比例：角钢 0.866t，钢板 0.194t，用钢总量为 0.866+0.194=1.060(t)，故换算后基价为

$$5482+(1.06\times50\%-0.866)\times3650+(1.06\times30\%-0.194)\times3800+1.06\times20\%\times3850=5543.00(\text{元/t})$$

(4) 构件制作包括分段制作和整体预装配的工料及机械台班，整体预装配及锚固零星构件使用的螺栓已包括在定额内。现场制作用的台座，按实际发生另行计算。

(5) 定额内 H 型钢构件是按钢板焊接考虑编制的，如为定型 H 型钢，除主材价格进行换算外，人工、机械及其他材料乘以系数 0.95。

(6) 本定额中的网架，系平面网络结构，如设计成筒壳、球壳及其他曲面状，制作定额的人工乘以系数 1.30。

(7) 焊接空心球网架的焊接球壁、管壁厚度大于 12mm 时，其焊条用量乘以系数 1.40，其余不变。

(8) 本定额中按重量划分的子目均指设计规定的单只构件重量。

(9) 轻钢屋架是指单榀重量在 1t 以内，且用小型角钢或钢筋、管材作为支撑拉杆的钢屋架。

(10) 型钢混凝土劲性构件的钢构件套用本章相应定额子目，定额未考虑开孔费，如需开孔，钢构件定额的人工乘以系数 1.15。

(11) 钢栏杆(护栏)定额适用于钢楼梯及钢平台、钢走道板上的栏杆。其他部位的栏杆、扶手应套楼地面工程相应定额。

(12) 零星构件是指晒衣架、垃圾门、烟囱紧固件及定额未列项目且单件重量在 50kg 以内的小型构件。

(13) 本定额金属构件制作、安装均已包括焊缝无损探伤及被检构件的退磁费用。如构件需做第三方检测，相应费用另行计算。

(14) 钢支架套用钢支撑定额。

(15) 本定额构件制作项目，均已包括刷一遍红丹防锈漆的工料。如设计要求刷其他防锈漆，应扣除定额内红丹防锈漆、油漆溶剂油含量及人工(1.2 工日/t)，其他防锈漆另行套用油漆工程定额。

(16) 本定额构件制作已包括一般除锈工艺，如设计有特殊要求除锈(机械除锈、抛丸除锈等)，另行套用定额。

(17) 本定额中的桁架为直线型桁架，如设计为曲线、折线型桁架，制作定额的人工乘以系数 1.30。

2. 构件安装的有关说明

(1) 本章未涉及的相关内容，按混凝土及钢筋混凝土构件安装定额的有关规定执行。

(2) 网架安装如需搭设脚手架，可按脚手架相应定额执行。

(3) 构件安装高度均按檐高 20m 以内考虑，如檐高在 20m 以内，构件安装高度超过 20m 时，除塔吊施工以外，相应安装定额子目的人工、机械乘以系数 1.20。檐高超过 20m 时，有关费用按定额相应章节另行计算。

(4) 钢柱安装在钢筋混凝土柱上，其人工、机械台班乘以系数 1.43。

高层金属构件拼装、安装适用于檐高 20m 以上的金属结构构件。

3. 构件运输的有关说明

(1) 本章定额适用于构件从加工地点到现场安装地点的场外运输，未涉及的相关内容，按混凝土及钢筋混凝土构件运输有关规定执行。

(2) 构件运输按表 6-12 分类，套用相应定额。

表 6-12 金属结构构件分类

类别	构件名称
一	钢柱、屋架、托架梁、桁梁、球节点网架
二	吊车梁、制动梁、型钢檩条、钢支撑、上下档、钢拉杆、栏杆、扶手、钢盖板、钢平台、操作台、钢梯，零星构件
三	墙架、挡风架、天窗架、组合檩条、轻型屋架，其他构件

6.8.2 工程量计算规则

(1) 金属构件制作工程量，按设计图样的全部钢材几何尺寸以吨计算，不扣除孔眼、切边、切肢的重量，焊条、螺栓等重量不另增加。不规则或多边形钢板的重量均按其面积乘以厚度计算。

(2) 依附在钢柱上的牛腿及悬臂梁等并入钢柱工程量内。

(3) 钢管柱上的节点板、加强环、内衬管、牛腿等并入钢管柱工程量内。

(4) 制动梁、制动板、制动桁架、车挡并入钢吊车梁工程量内。

(5) 依附钢漏斗的型钢并入钢漏斗工程量内。

(6) 钢平台的柱、梁、板、斜撑等的重量应并入钢平台重量内计算。依附于钢平台上的钢扶梯及平台栏杆重量，应按相应的构件另行列项计算。

(7) 钢楼梯的重量，应包括楼梯平台、楼梯梁、楼梯踏步等重量。钢楼梯上的扶手、栏杆另行列项计算。

(8) 钢栏杆的重量应包括扶手工程量，如为型钢栏杆、钢管扶手，则工程量应合并计算，套用钢管栏杆定额。

(9) 屋楼面板按设计图示尺寸以铺设面积计算。不扣除单个面积小于或等于 $0.3m^2$ 的柱、垛及孔洞所占面积。

(10) 墙面板按设计图示尺寸以铺挂面积计算。不扣除单个面积小于或等于 $0.30m^2$ 的梁、孔洞所占面积，包角、包边、窗台泛水等不另加面积。

(11) 机械除锈、构件运输、安装工程量同构件制作工程量。

(12) 不锈钢天沟、彩钢板天沟、泛水、包边、包角，按图示延长米计算。

(13) 高强螺栓及栓钉按设计图示以“套”计算。

6.9 屋面及防水工程

6.9.1 定额说明

(1) 刚性屋面。

① 细石混凝土防水层定额，已综合考虑了檐口滴水线加厚和伸缩缝翻边加高的工料，但伸缩缝应另列项目计算；细石混凝土内的钢筋，按第四章相应定额另行计算。

② 水泥砂浆保护层定额已综合了预留伸缩缝的工料，掺防水剂时材料费另加。

(2) 瓦屋面。

① 本定额瓦规格按以下考虑：彩色水泥瓦 420mm×330mm、彩色水泥天沟瓦及脊瓦 420mm×220mm、小青瓦 200mm×(180～200)mm、黏土平瓦(380～400mm)×240mm、黏土脊瓦 460mm×200mm、石棉水泥瓦及玻璃钢瓦 1800mm×720mm 如设计规格不同，瓦的数量按比例调整，其余不变。

② 瓦的搭接按常规尺寸编制，除小青瓦按 2/3 长度搭接，搭接不同可调整瓦的数量，其余瓦的搭接尺寸均按常规工艺要求综合考虑。

③ 瓦屋面定额未包括木基层，发生时另按第五章相应定额执行；未包括抹瓦出线，发

生时按实际延长米计算，套水泥砂浆泛水定额。

(3) 覆土屋面的挡土构件及人行道板等，发生时按其他章节相应定额执行。

(4) 屋面金属面板泛水未包括基层做水泥砂浆，发生时另按水泥砂浆泛水计算。

(5) 防水工程由屋面防水及平立面防水两部分组成。

① 防水卷材的附加层、接缝、收头、冷底子油等工料已计入定额内，不另行计算。设计有金属压条时，另行计算。

② 防水定额中的涂刷厚度(除注明外)已综合取定。

③ 冷底子油定额适用于单独刷冷底子油。

(6) 设计采用的卷材及涂膜材料品种与定额取定不同时，材料及价格按实调整换算，其余不变。

(7) 本章定额不包括找平层，发生时按相应定额执行。

(8) 变形缝适用于伸缩缝、沉降缝、防震缝。

6.9.2 工程量计算规则

工程量计算时不扣除屋面排烟道、通风孔、伸缩缝、屋面检查及 0.30m^2 以内孔洞所占面积，洞口翻边也不加面积。

1. 屋面

(1) 刚性屋面按设计图示面积计算，细石混凝土防水层的滴水线、伸缩缝翻边加厚加高不另行计算；屋面检查洞盖另列项目计算。

(2) 瓦屋面按设计图示以斜面积计算；屋面挑出墙外的尺寸，按设计规定计算，如设计无规定时，彩色水泥瓦、黏土平瓦按水平尺寸加 70mm、小青瓦按水平尺寸加 50mm 计算。多彩油毡瓦工程量计算规则同屋面防水定额。

(3) 覆土屋面按实铺面积乘以设计厚度计算。

(4) 屋面金属板排水、泛水按延长米乘展开宽度计算，其他泛水按延长米计算。

2. 防水防潮

(1) 屋面防水卷材和涂膜按露面实铺面积计算，不扣除房上烟囱、风(烟)道、风帽底座、屋面小气窗和斜沟等所占面积。天沟、挑檐按展开面积计算并入屋面防水工程量。伸缩缝、女儿墙和天窗处的弯起部分，按图示尺寸计算；设计无规定时，伸缩缝、女儿墙的弯起部分按 150mm、天窗的弯起部分按 500mm 计算，并入屋面防水工程量。

(2) 涂膜屋面的油膏嵌缝、塑料油膏玻璃布盖缝按延长米计算。

(3) 平面防水、防潮层，按主墙间净面积计算，应扣除凸出地面的构筑物、设备基础等所占的面积，不扣除柱、垛、间壁墙、附墙烟囱及每个面积在 0.30m^2 内的孔洞所占面积。

(4) 立面防水、防潮层，按实铺面积计算，应扣除每个面积在 0.30m^2 以上的孔洞面积，孔侧展开面积并入计算。

(5) 平面与立面连接处高度在 500mm 以内的立面面积应并入平面防水项目计算；立面高度在 500mm 以上的，其立面部分均按立面防水项目计算。

(6) 防水砂浆防潮层按图示面积计算。

3. 变形缝

变形缝以延长米计算，断面或展开尺寸与定额不同时，材料用量按比例换算。

6.10 保温隔热、耐酸防腐工程

6.10.1 定额说明

本章定额中保温砂浆及耐酸材料的种类、配合比及保温板材料的品种、型号、规格和厚度等与设计不同时，应按设计规定进行调整。

1. 保温隔热

(1) 墙体保温砂浆子目按外墙外保温考虑，如实际为外墙内保温，人工乘以系数0. 75，其余不变。

(2) 抗裂防护层中抗裂砂浆厚度设计与定额不同时，抗裂砂浆及搅拌机台班定额用量按比例调整，其余不变。

(3) 抗裂防护层网格布(钢丝网)之间的搭接及门窗洞口周边加固，定额中已综合考虑，不另行计算。

(4) 本章中未包含基层界面剂涂刷、找平层、基层抹灰及装饰面层，发生时套用相应子目另行计算。

(5) 弧形墙、柱、梁等保温砂浆抹灰、抗裂防护层抹灰、保温板铺贴按相应项目人工乘以系数1.15，材料乘以系数1.05。

(6) 保温层排气管按ϕ50UPVC管及综合管件编制。排气孔：ϕ50UPVC管按180°单出口考虑(2只90°弯头组成)，双出口时应增加三通1只；ϕ50钢管、不锈钢管按180°煨制弯曲度考虑，当采用管件拼接时另增加弯头2只，管件用量乘以系数0.70。管材、管件的规格、材质不同时，单价换算，其余不变。

(7) 天棚保温吸音层、超细玻璃棉、袋装矿棉、聚苯乙烯泡沫板厚度均按50mm计算，厚度不同时单价可换算。

(8) 本章定额中采用石油沥青作为胶结材料的子目均指适用于有保温、隔热要求的工业建筑及构筑物工程。

2. 耐酸防腐

(1) 耐酸防腐整体面层、隔离层不分平面、立面，均按材料做法套用同一定额；块料面层以平面铺贴为准，立面铺贴套用平面定额，人工乘以系数1.38，踢脚板人工乘以系数1.56，其余不变。

(2) 水玻璃面层及结合层定额中，均已包括涂稀胶泥工料，树脂类及沥青均未包括树脂打底及冷底子油工料，发生时应另列项目计算。

(3) 耐酸定额按自然养护考虑。如需要特殊养护者，费用另计。

(4) 耐酸面层均未包括踢脚线。如设计有踢脚线时，套用相应面层定额。

(5) 防腐卷材接缝、附加层、收头等人工材料已计入定额中，不再另行计算。

6.10.2 工程量计算规则

1. 保温隔热

(1) 墙柱面保温砂浆、聚氨酯喷涂、保温板铺贴面积按设计图示尺寸的保温层中心线长度乘以高度计算，应扣除门窗洞口和 0.30m。以上的孔洞所占面积，不扣除踢脚线、挂镜线和墙与构件交接处面积。门窗洞口的侧壁和顶面、附墙柱、梁、垛、烟道等侧壁并入相应的墙面面积内计算。

(2) 按“m^3”计算的隔热层，外墙按围护结构的隔热层中心线、内墙按隔热层净长乘以图示尺寸的高度及厚度以“m^2”计算。应扣除门窗洞口、管道穿墙洞口所占体积。

(3) 屋面保温砂浆、聚氨酯喷涂、保温板铺贴按设计图示面积计算，不扣除屋面排烟道、通风孔、伸缩缝、屋面检查洞及 0.30m。以内孔洞所占面积，洞口翻边也不增加。

(4) 天棚保温隔热、隔音按设计图示尺寸以水平投影面积计算，不扣除间壁墙(包括半砖墙)、垛、柱、附墙烟囱、检查口和管道所占的的面积。带梁天棚，梁侧面的工程量并入天棚内计算。

(5) 楼地面的保温隔热层面积按围护结构墙间净面积计算，不扣除柱、垛及每个面积 0.30m^2 内的孔洞所占面积。

(6) 保温隔热层的厚度，按隔热材料净厚度(不包括胶结材料厚度)尺寸计算。

(7) 柱包隔热层按图示柱的隔热层中心线的展开长度乘以图示高度及厚度计算。

(8) 软木板铺贴墙柱面、天棚，按图示尺寸以“m”计算。

(9) 柱帽保温隔热按设计图示尺寸并入天棚保温隔热工程量内。

(10) 池槽保温隔热，池壁并入墙面保温隔热工程量内，池底并入地面保温隔热工程量内。

(11) 保温层排气管按图示尺寸以延长米计算，不扣除管件所占长度，保温层排气孔按不同材料以“个”计算。

2. 耐酸防腐

(1) 耐酸防腐工程项目应区分不同材料种类及其厚度，按设计实铺面积以“m^2”计算。其平面项目应扣除凸出地面的构筑物、设备基础等所占的面积，但不扣除柱、垛所占面积；柱、垛等突出墙面部分，按展开面积计算，并入墙面工程量内。

(2) 踢脚板按实铺长度乘高以“m^2”计算，应扣除门洞所占的面积，并相应增加壁展开面积。

(3) 平面砌双层耐酸块材料时，按单层面积乘以系数 2.00 计算。

(4) 硫黄胶泥二次灌缝按实体体积计算。

6.11 附属工程

6.11.1 定额说明

(1) 本定额适用于一般工业与民用建筑的厂区、小区及房屋附属工程；超出本定额范围的项目套用市政工程定额相应子目。

(2) 本定额所列排水管、窨井等室外排水定额仅为化粪池配套设施用，不包括土方及垫层，如发生立按有关章节定额另列项目计算。

(3) 窨井按2004浙Sl、S2标准图集编制，如设计不同，可参照相应定额执行。

(4) 排水管每节实际长度不同不作调整。

(5) 砖砌窨井按内径周长套用定额，井深按1m编制，实际深度不同，套用“每增减20cm”定额按比例进行调整。

(6) 化粪池按2004浙Sl、S2标准图集编制，如设计采用的标准图不同，可参照容积套用相应定额。隔油池按93S217图集编制。隔油池池顶按不覆土考虑。

【例6-27】 标准砖砌窨井，井内壁净空为490mm×490mm，井深1.28m，求其单价。

解： 套定额(9-10)+(9-14)，换算后基价为

$$554+82\times0.28/0.20=668.80(元/个)$$

(7) 小便槽不包括端部侧墙，侧墙砌筑及面层按设计内容另列项目计算，套用相应定额。

(8) 单独砖脚定额适用于成品水池下的砖脚。

(9) 本章台阶、坡道定额均未包括面层，如发生，应按设计面层做法，另行套用楼地面工程相应定额。

6.11.2 工程量计算规则

(1) 地坪铺设按图示尺寸以“m^2”计算，不扣除$0.50m^2$以内各类检查井所占面积。

(2) 铸铁花饰围墙按图示长度乘以高度计算。

(3) 排水管道工程量按图示尺寸以延长米计算。管道铺设方向窨井内空尺寸小于50cm时不扣窨井所占长度；大于50cm时，按井壁内空尺寸扣除窨井所占长度。

(4) 洗涤槽以延长米计算，双面洗涤槽工程量以单面长度乘以2计算。

(5) 墙脚护坡边明沟长度按外墙中心线长度计算，墙脚护坡按外墙中心线乘以宽度计算，不扣除每个长度在5m以内的踏步或斜坡。

(6) 台阶及防滑坡道按水平投影面积计算。如台阶与平台相连时，平台面积在$10m^2$以内时按台阶计算；平台面积在$10m^2$以上时，平台按楼地面工程计算套用相应定额，工程量以最上一级30cm处为分界。

(7) 台阶及防滑坡道按水平投影面积计算。如台阶与平台相连时，平台面积在$10m^2$以内时按台阶计算；平台面积在$10m^2$以上时，平台按楼地面工程量计算套用相应定额，工程量以最上一级30cm处为分界。

(8) 砖砌翼墙，单面为一座，双面按两座计算。

6.12 楼地面工程

6.12.1 定额说明

本章定额中凡砂浆、混凝土的厚度、种类、配合比及装饰材料的品种、型号、规格、

间距设计与定额不同时，可按设计规定调整。

1. 整体面层

(1) 整体面层设计厚度与定额不同时，根据厚度每增减子目按比例调整。

(2) 整体面层、块料面层中的楼地面项目，均不包括找平层，发生时套用找平层相应子目。

(3) 块料面层粘结层厚度设计与定额不同时，按水泥砂浆找平层厚度每增减子目进行调整换算。

(4) 块料面层结合砂浆如采用干硬性水泥砂浆的，除材料单价换算外，人工乘以系数 0.85。

(5) 除整体面层(水泥砂浆、现浇水磨石)楼梯外，整体面层、块料面层及地板面层等楼地面和楼梯子目均不包括踢脚线。水泥砂浆、现浇水磨石及块料面层的楼梯均包括底面及侧面抹灰。

(6) 楼地面找平层上如单独找平扫毛，每平方米增加人工费 0.04 工日，其他材料费 0.50 元。

(7) 现浇水磨石项目已包括养护和酸洗打蜡等内容。

2. 块料面层

(1) 块料面层铺贴定额子目包括块料安装的切割，未包括块料磨边及弧形块的切割。如设计要求磨边者套用磨边相应子目，如设计弧形块贴面时，弧形切割费另行计算。

(2) 块料面层铺贴，设计有特殊要求的，可根据设计图样调整定额损耗率。

(3) 块料离缝铺贴灰缝宽度均按 8mm 计算，设计块料规格及灰缝大小与定额不同时，面砖及勾缝材料用量作相应调整。

(4) 块料面层点缀适用于每个块料在 $0.05m^2$ 以内的点缀项目。

(5) 防静电地板、玻璃地面等定额均按成品考虑。

(6) 广场砖铺贴定额中所指拼图案，指铺贴不同颜色或规格的广场砖形成环形、菱形等图案。分色线性铺装按不拼图案定额套用。

3. 楼梯、扶手等

(1) 踢脚线高度超过 30cm 者，按墙、柱面工程相应定额执行。弧形踢脚线按相应项目人工乘以系数 1.10，材料乘以系数 1.02。

(2) 螺旋形楼梯的装饰，按相应定额子目，人工与机械乘以系数 1.10，块料面层材料用量乘以系数 1.15，其他材料用量乘以系数 1.05。

【例 6-28】 螺旋形楼梯水泥砂浆铺设花岗岩饰面，求单价。

解： 套定额 10-80H，换算后基价为

$305.32+(44.69+0.35)\times0.10+160\times0.15\times1.54+(260.28-160\times1.54)\times0.05\approx347.48(元/m^2)$

其中，305.32 为定额基价，44.69 为人工费，0.35 为机械费，1.54 为花岗岩定额含量，260.28 为材料费。

(3) 木地板铺贴基层如采用毛地板的，套用细木工板基层定额，除材料单价换算外，

人工含量乘以系数1.05。

(4) 不锈钢踢脚线折边、铣槽费另行计算。

(5) 扶手、栏板、栏杆的材料品种、规格、用量设计与定额不同时，按设计有关规定调整。铁艺栏杆、铜艺栏杆、铸铁栏杆、车花木栏杆等定额均按成品考虑。

(6) 扶手、栏杆、栏板定额适用于楼梯、走廊、回廊及其他装饰性扶手、栏杆、栏板，定额已包括扶手弯头制作安装需增加的费用。但遇木扶手、大理石扶手有整体弯头时，弯头另行计算，扶手工程量计算时扣除整体弯头的长度，设计不明确者，每只整体弯头按400mm扣除。

(7) 零星装饰项目适用于楼梯、台阶侧面装饰及0.50m^{2}以内少量分散的楼地面装修项目。

6.12.2 工程量计算规则

1. 楼地面及踢脚线工程量计算规则

(1) 整体面层楼地面按主墙间的净面积计算，应扣除凸地面的构筑物、设备基础、室内铁道、地沟等所占面积，不扣除柱、垛、间壁墙、附墙烟囱及面积在0.30m^{2}以内的孔洞所占面积，但门洞、空圈的开口部分也不增加。

(2) 块料、橡胶及其他材料等面层楼地面按施工图图示尺寸以“m^2”计算、门洞、空圈的开口部分工程量并入相应面层内计算，不扣除点缀所占面积，点缀按个计算。

(3) 镶贴块料拼花图案的工程量，按施工图图示的面积计算。

(4) 水泥砂浆、水磨石的踢脚线按延长米乘高度计算，不扣除门洞、空圈的长度，门洞、空圈和垛的侧壁也不增加。

(5) 块料面层、金属板、塑料板踢脚线按设计图示尺寸以“m^2”计算。

(6) 木基层踢脚线的基层按设计图示尺寸计算，面层按展开面积以“m^2”计算。

2. 楼梯、扶手等工程量计算规则

(1) 楼梯装饰的工程量按施工图图示尺寸以楼梯(包括踏步、休息平台以及500mm以内的楼梯井) 水平投影面积计算；楼梯与楼面相连时算至楼口梁外侧边沿，无楼口梁者，算至最上一级踏步边沿加300mm。

(2) 台阶、看台的工程量按设计图示尺寸以展开面积计算。台阶、看台与平台相连时算至最上层踏步边沿加300mm。

(3) 楼梯、台阶块料面层打蜡面积按水平投影面积以“m^2”计算。

(4) 扶手、栏板、栏杆按设计图示尺寸扶手中心线长度，以延长米计算。

【例6-29】 条件同例6-15，面砖采用防滑地砖面层，20mm厚水泥砂浆找平，80mm厚C15混凝土垫层，70mm厚碎石垫层，踢脚材质同地面高度为150mm，求楼地面工程量。

解： 300 mm×300 mm地砖：

$$S=(3.60-0.24)\times(4.20-0.24)+(3-0.24)\times(4.20-0.24)+0.24\times(1+0.90)\approx24.69\ (\text{m}^2)$$

水泥砂浆找平：

$$S=(3.60-0.24)\times(4.20-0.24)+(3-0.24)\times(4.20-0.24)\approx 24.24\ (m^2)$$

C15 素混凝土垫层：

$$S=0.08\times 24.69\approx 1.98(m^3)$$

碎石垫层：

$$S=0.07\times 24.69\approx 1.73(m^3)$$

地砖踢脚线：

$$S=0.15\times(3.36\times 2+3.96\times 2+2.76\times 2+3.96\times 3-0.90\times 2-1+0.24\times 2)\approx 4.46\ (m^2)$$

6.13 墙柱面工程

6.13.1 定额说明

1. *砂浆、装饰材料定额*

(1) 本章定额中凡砂浆的厚度、种类、配合比及装饰材料的品种、型号、规格、间距等设计与定额不同时，可按设计规定调整。

【例 6-30】 某墙面采用木龙骨九夹板平面基层，铝塑板平面面层，木龙骨间距250mm×250mm，求单价。

解： 墙饰面木龙骨间距按 300mm×300mm 考虑(见定额下册 P79)，故木龙骨的含量应按比例调整。套定额 11-113H+11-25，换算后基价为

$$43.01+0.0108\times 1450\times[(300\times 300)/(250\times 250)-1]+88.35\approx 138.25(元/m^2)$$

其中，43.01 元/m^2 为基层的基价，88.35 元/m^2 为铝塑板平面面层的基价。

(2) 墙柱面一般抹灰定额均注明不同砂浆抹灰厚度；抹灰遍数除定额另有说明外，均按三遍考虑。实际抹灰厚度及遍数与设计不同时按以下原则调整。

① 抹灰厚度设计与定额不同时，按抹灰砂浆厚度每增减 1mm 定额进行调整。

② 抹灰遍数设计与定额不同时，每 100m^2 人工另增加(或减少)4.89 工日。

(3) 墙柱面抹灰，设计基层需涂刷水泥浆或界面剂的，按本章相应定额执行。

(4) 水泥砂浆抹底灰定额适用于镶贴块料面的基层抹灰，定额按两遍考虑。

(5) 女儿墙、阳台栏板的装饰按墙面相应定额执行；飘窗、空调搁板粉刷按阳台、雨篷粉刷定额执行。

(6) 阳台、雨篷、檐沟抹灰定额中，雨篷翻檐高 250mm 以内(从板顶面起算)、檐沟侧板高 300mm 以内定额已综合考虑，超过时按每增加 100mm 计算；如檐沟侧板高度超过1200mm 时，套墙面相应定额。

(7) 阳台、雨篷、檐沟抹灰包括底面和侧板抹灰；檐沟包括细石混凝土找坡。水平遮阳板抹灰套用雨篷定额。檐沟宽以 500mm 以内为准，如宽度超过 500mm 时，定额按比例换算。

(8) 一般抹灰的“零星项目”适用于各种壁柜、碗柜、过人洞、暖气壁龛、池槽以及1m^2 以内的抹灰。

(9) 雨篷、檐沟等抹灰，如局部抹灰种类不同时，另按相应“零星项目”计算差价。

(10) 凸出柱、梁、墙、阳台、雨篷等的混凝土线条，按其凸出线条的棱线道数不同套用相应的定额，但单独窗台板、栏板扶手、女儿墙压顶上的单阶凸出不计线条抹灰增加费。线条断面为外凸弧形的，一个曲面按一道考虑。

2. 抹灰、镶贴块料定额

(1) 块料镶贴和装饰抹灰的“零星项目”适用于挑檐、天沟、腰线、窗台线、门(窗)套线、扶手、雨篷周边等。

(2) 干粉黏结剂粘贴块料定额中黏结剂的厚度，除花岗岩、大理石为6mm外，其余均为4mm。设计与定额不同时，应进行调整换算。

(3) 外墙面砖灰缝均按8mm计算，设计面砖规格及灰缝大小与定额不同时，面砖及勾缝材料作相应调整。

(4) 弧形的墙、柱、梁等抹灰、镶贴块料定额按相应项目人工乘以系数1.10，材料定额乘以系数1.02。

【例6-31】 某弧形砖墙面抹水泥砂浆，求单价。

解：套定额11-2H，换算后基价为

$$12.02+7.13\times0.10+4.66\times0.02\approx12.83(元/m^2)$$

3. 饰面定额

(1) 木龙骨基层定额中的木龙骨按双向考虑，如设计采用单向时，人工乘以系数0. 75，木龙骨用量作相应调整。

(2) 饰面、隔断定额内，除注明者外均未包括压条、收边、装饰线(板)，如设计有要求时，应按相应定额执行。

(3) 不锈钢板、钛金板、铜板等的折边费另计。

4. 玻璃幕墙

(1) 玻璃幕墙在设计有窗时，仍执行幕墙定额，窗五金相应增加，其他不变。

(2) 玻璃幕墙定额中的玻璃是按成品考虑的；幕墙中的避雷装置、防火隔离层定额已综合，但幕墙的封边、封顶等未包括在内。

(3) 弧形幕墙套幕墙定额，面板单价调整，人工乘以系数1.15，骨架弯弧费另行计算。

6.13.2 工程量计算规则

1. 抹灰面的工程量计算规则

(1) 墙面抹灰按设计图示尺寸以面积计算。扣除墙裙、门窗洞口及单个0.30m² 以外的孔洞面积，不扣除踢脚线、装饰线以及墙与构件交接处的面积，门窗洞口和孔洞的侧壁及顶面不增加面积。附墙柱、梁、垛、烟囱侧壁并入相应的墙面面积内。内墙抹灰有天棚而不抹到顶者，高度算至天棚底面。

(2) 女儿墙(包括泛水、挑砖)、栏板的内侧抹灰(不扣除0.30m² 以内的花格孔洞所占面积)按投影面积乘以系数1.10计算，带压顶者乘以系数1.30。

(3) 阳台、雨篷、水平遮阳板抹灰面积，按水平投影面积计算；檐沟、装饰线条的抹

灰长度按檐沟及装饰线条的中心线长度计算。

(4) 凸出的线条抹灰增加费以凸出棱线的道数不同分别按延长米计算，两条及多条线条相互之间净距 100mm 以内的，每两条线条按一条计算工程量。

(5) 柱面抹灰按施工图图示尺寸以柱断面周长乘高度计算；零星抹灰按施工图图示尺寸以展开面积计算。

2. 镶贴块料及饰面的工程量计算规则

(1) 墙、柱、梁面镶贴块料按施工图图示尺寸以实铺面积计算；附墙、柱、梁等侧壁并入相应的墙面面积内计算。

(2) 大理石(花岗岩)柱墩、柱帽按其设计最大外径周长乘以高度以“m^2”计算。

(3) 墙面饰面的基层与面层面积按施工图图示尺寸净长乘净高计算，扣除门窗洞口及每个在 $0.30m^2$ 以上孔洞所占的面积；增加层按相应增加部分计算工程量。

(4) 柱梁饰面面积按施工图图示外围饰面面积计算。

3. 柱墩、柱帽的工程量计算规则

抹灰、镶贴块料及饰面的柱墩、柱帽(大理石、花岗石柱墩、柱帽除外)其工程量并入相应柱内计算，每个柱墩、柱帽另增加人工，即抹灰增加 0.25 工日，镶贴块料增加 0.38 工日，饰面增加 0.5 工日。

4. 隔断的工程量计算规则

隔断的工程量按施工图图示尺寸以框外围面积计算，扣除门窗洞口及每个在 $0.30m^2$ 以上孔洞所占面积。浴厕的材质与隔断相同时，门的面积并入隔断面积内计算。

5. 幕墙的工程量计算规则

幕墙面积按施工图图示尺寸以外围面积计算。全玻幕墙带肋部分并入幕墙面积内计算。

【例 6-32】 条件同例 6-15，内墙面为混合砂底纸筋灰面抹灰，外墙水泥砂抹面刷丙烯酸涂料，求墙面装饰工程量。

解： 外墙面水泥砂浆抹灰：

$S=(6.60+0.24+4.20+0.24)\times2\times(3.90+0.60)-(1.20\times1.50\times4+1.50\times1.50+1\times2.40)=89.67(m^2)$

内墙面混合砂浆抹灰：

$S=(3.36+3.96)\times2\times(3.90-0.12)-1.20\times1.50\times2-1.50\times1.50-1\times2.40-0.90\times2.10+(2.76+3.96)\times2\times(3.90-0.12)-1.20\times1.50\times2-0.90\times2.10\approx90.51(m^2)$

6.14 天棚工程

6.14.1 定额说明

(1) 天棚抹灰厚度及砂浆配合比如设计与定额不同时可以换算。楼梯底面单独抹灰，套用天棚抹灰定额。

(2) 天棚抹灰，设计基层需涂刷水泥浆或界面剂的，按第十一章相应定额执行，人工乘以系数1.10。

(3) 楼梯底面单独抹灰，套用天棚抹灰定额。

(4) 本章定额龙骨、基层、面层材料的品种、间距、规格和型号，如设计与定额不同时，按设计规定调整。

(5) 本章吊顶的吊杆定额按打膨胀螺栓考虑，如设计为预埋铁件时另行换算。

(6) 在夹板基层上贴石膏板，套用每增加一层石膏板定额。

(7) 天棚不锈钢板嵌条、镶块等小型块料套用零星、异形贴面定额。

(8) 定额中玻璃按成品玻璃考虑，送风口和回风口按成品安装考虑。

(9) 定额已综合考虑石膏板、木板面层上开灯孔、检修孔等孔洞的费用，如在金属板、玻璃、石材面板上开孔时，费用另行计算。检修孔、风口等洞口加固的费用已包含在吊天棚定额中。

(10) 天棚吊筋高按1.50m以内综合考虑。如设计需做二次支撑时，应另行计算。

(11) 灯槽内侧板高度在15cm以内的套用灯槽子目，高度大于15cm的套用天棚侧板子目。

6.14.2 工程量计算规则

1. 天棚抹灰工程量计算规则

天棚抹灰面积按设计图示尺寸以水平投影面积计算，不扣除间壁墙、垛、柱、附墙烟囱、检查口和管道所占的面积，带梁天棚梁两侧抹灰面积并入天棚面积内，板式楼梯底面抹灰按斜面积计算，锯齿形楼梯底板抹灰按展开面积计算。

2. 天棚吊顶工程量计算规则

(1) 天棚吊顶不分跌级天棚与平面天棚，基层和饰面板工程量均按设计图示尺寸以展开面积计算，不扣除间壁墙、检查口、附墙烟囱、柱、垛和管道所占面积，扣除单个0.30m^{2}以外的独立柱、孔洞(石膏板、夹板天棚面层的灯孔面积不扣除)及与天棚相连的窗帘盒所占的面积。

(2) 天棚侧龙骨工程量按跌级高度乘以相应的跌级长度以“m^2”计算。

(3) 拱形及下凸弧形天棚在起拱或下弧起止范围内，按展开面积以“m^2”计算。

(4) 灯槽按展开面积以“m^2”计算。

6.15 门窗工程

6.15.1 定额说明

本章中木门窗、厂库房大门等定额按现场制作安装编制；金属门窗定额按现场制作安装与成品安装两种形式编制；金属卷帘门、特种门等定额按成品安装编制。

1. 木门窗定额的有关规定

(1) 本章采用一、二类木材木种编制的定额，如设计采用三、四类木种时，除木材单价调整外，定额人工和机械台班乘以系数1.35。

【例6-33】 单独硬木木门框制作、安装，求单价。

解： 套定额13-32H，换算后基价为

$$16.57+0.00649\times(3600-1450)+(5.005+0.2283)\times(1.35-1)\approx 32.36(\text{元}/\text{m}^2)$$

其中，3600为硬木单价。

(2) 定额所注木材断面、厚度均以毛料为准，如设计为净料，应另加刨光损耗。板枋材单面加3mm，双面加5mm，其中普通门门板双面刨光加3mm，木材断面、厚度如设计与表6-13不同时，木材用量按比例调整，其余不变。

表6-13 木材断面表

(单位：cm)

门窗名称		门窗框	门窗扇立梃	纱门窗立梃	门板
普通门	镶板门	5.50×10	4.50×8	3.50×8	1.50
	胶合板门		3.90×3.90		
	半玻门		4.50×10		1.50
自由门	全玻门	5.50×12	5×10.50		
	带玻胶合板门	5.50×10	4.50×6.50		
普通窗	平开窗	5.50×8	4.50×6	3.50×6	
	翻窗	5.50×9.50			

(3) 装饰木门门扇与门框分别立项，发生时应分别套用。

【例6-34】 单独木门框制作、安装，设计净料断面6cm×12cm(四面刨光)，求单价。

解： 套定额13-32H，毛料断面为

$$(6+0.50)\times(12+0.50)=81.25(\text{cm}^2)$$

换算后基价为

$$16.57+[(6.50\times12.50)/(5.50\times10)]\times0.00649\times1450-0.00649\times1450\approx 21.06(\text{元}/\text{m}^2)$$

(4) 厂库房大门、特种门定额取定的钢材品种、比例与设计不同时，可按设计比例调整；设计木门中的钢构件及铁件用量与定额不同时，按设计图示用量调整。

(5) 厂库房大门、特种门定额中的金属件已包括刷一遍防锈漆的工料。

(6) 普通木门窗一般小五金，如普通折页、蝴蝶折页、铁插销、风钩、铁拉手、木螺丝等已综合在五金材料费内，不另行计算。地弹簧、门锁、门拉手、闭门器及铜合页另套用相应定额计算。

(7) 木门窗、金属门窗、塑钢门窗定额采用普通玻璃，如设计玻璃品种与定额不同时，单价调整；厚度增加时，另按定额的玻璃面积每10m^{2}增加玻璃工0.73工日。

【例6-35】 某平开木窗用5mm厚普通玻璃，求单价。

解： 套定额13-90H，换算后基价为

$$116.79+0.74\times(28-23)+0.74\times0.073\times50\approx 123.19(\text{元}/\text{m}^2)$$

2. 其他门窗定额的有关规定

(1) 铝合金门窗制作安装定额子目中，如设计门窗所用的型材重量与定额不同时，定额型材用量进行调整，其他不变；设计玻璃品种与定额不同时，玻璃单价进行调整。

(2) 断桥铝合金门窗成品安装套用相应铝合金门窗定额，除材料单价换算外，人工乘以系数1.10。

(3) 弧形门窗套用相应定额，人工乘以系数 1.15；型材弯弧形费用另行增加；内开内倒窗套用平开窗相应定额，人工乘以系数1.10。

(4) 门窗木贴脸、装饰线套用第十五章“其他工程”中相应定额。

6.15.2 工程量计算规则

1. 门窗工程量计算规则

(1) 普通木门窗按设计门窗洞口面积计算，单独木门框按设计框外围尺寸以延长米计算。装饰木门扇工程量按门扇外围面积计算。成品木门安装工程量按“扇”计算。

(2) 金属门窗安装，工程量按设计门窗洞口面积计算。其中，纱窗扇按扇外围面积计算，防盗窗按外围展开面积计算，不锈钢拉栅门按框外围面积计算。

(3) 金属卷帘门按设计门洞口面积计算。电动装置按“套”计算，活动小门按“个”计算。

(4) 木板大门、钢木大门、特种门及铁丝门的制作与安装工程量，均按设计门洞口面积计算。无框门按扇外围面积计算。

(5) 全钢板大门及大门钢骨架制作工程量，按设计图样的全部钢材几何尺寸以“t”计算，不包括电焊条重量，不扣除孔眼、切肢、切边的重量。

(6) 电子电动门按“樘”计算。

(7) 无框玻璃门按门扇外围面积计算,固定门扇与开启门扇组合时,应分别计算工程量。

(8) 无框玻璃门门框及横梁的包面工程量以实包面积展开计算。

(9) 弧形门窗工程量按展开面积计算。

(10) 门与窗相连时，应分别计算工程量，门算至门框外边线。

2. 其他

(1) 门窗套按设计图示尺寸以展开面积计算。

(2) 窗帘盒基层工程量按单面展开面积计算，饰面板按实铺面积计算。

6.16 油漆、涂料、裱糊工程

6.16.1 定额说明

(1) 油漆不分高光、半哑光、哑光，定额中已综合做了考虑。

(2) 本定额未考虑做美术图案，发生时另行计算。

(3) 调和漆定额按二遍考虑，聚酯清漆、聚酯混漆定额按三遍考虑，磨退定额按五遍考虑。硝基清漆、硝基混漆按五遍考虑，磨退定额按十遍考虑。木材面漆(金漆)按底漆一遍、面漆(金漆)二遍考虑。过氯乙烯漆做法为底漆一遍，磁漆二遍，清漆二遍，设计遍数与定额取定不同时，按每增减一遍定额调整计算。

【例 6-36】 木扶手刷五遍聚脂漆，求单价。

解：套定额 14-38+14-39，换算后基价为

$$7.26+1.37\times2=10.00(元/m^2)$$

(4) 裂纹漆做法为腻子两遍，硝基色漆三遍，喷裂纹漆一遍和喷硝基清漆三遍。

(5) 木线条、木板条适用于单独木线条、木板条油漆。

(6) 隔墙、护壁、柱、天棚面层及木地板刷防火涂料，执行其他木材面刷防火涂料相应子目。

(7) 乳胶漆定额中的腻子按满刮一遍、复补一遍考虑。

(8) 乳胶漆线条定额适用于木材面、抹灰面的单独线条面刷乳胶漆项目。

(9) 金属镀锌定额是按热镀锌考虑的。

(10) 本定额中的氟碳漆子目仅适用于现场涂刷。

6.16.2 工程量计算规则

(1) 楼地面、墙柱面、天棚的喷(刷)涂料及抹灰面油漆，其工程量的计算，除本章定额另有规定外，按设计图示尺寸以面积计算。

(2) 混凝土栏杆、花格窗按单面垂直投影面积计算；套用抹灰面油漆时，工程量乘以系数 2.50。

(3) 木材面、金属面、抹灰面油漆、涂料的工程量分别按表 6-14～表 6-20 中的计算方法计算。

① 木材面油漆、涂料。

套用单层木门定额，其定额为工程量乘以表 6-14 所示系数。

表 6-14 单层木门定额系数

定额项目	项目名称	系数	工程量计算规则
单层木门	单层木门	1.00	按门洞口面积
	双层(一板一纱)木门	1.36	
	全玻自由门	0.83	
	半玻自由门	0.93	
	半百叶门	1.30	
	厂库大门	1.10	
	带框装饰门(凹凸、带线条)	1.10	
	无框装饰门、成品门	1.10	按门扇面积

套用单层木窗定额，其定额为工程量乘以表 6-15 所示系数。

表 6-15　单层木窗定额系数

定额项目	项目名称	系数	工程量计算规则
单层木窗	单层玻璃框	1.00	按窗洞口面积
	双层(一玻一纱)窗	1.36	
	三层(一玻一纱)窗	2.60	
	单层组合窗	0.83	
	木百叶窗	1.50	
	木推拉窗	1.00	

套用木扶手、木线条、木板条定额，其定额为工程量乘表 6-16 中的系数。

表 6-16　木扶手、木线条、木板条定额系数

定额项目	项目名称	系数	工程量计算规则
木扶手	木扶手	1.00	按延长米计算
	木扶手(带托板)	2.60	
	封檐板、顺水板	1.74	
	挂衣板、黑板框	0.52	
木线条	宽度 60mm 以内	1.00	按延长米计算
木板条	宽度 100mm 以内	1.30	

套用其他木材面定额，定额为其工程量乘表 6-17 中的系数。

表 6-17　其他木材面系数

定额项目	项目名称	系数	工程量计算规则
其他木材面	木板、纤维板、胶合板、吸音板、天棚	1.00	按相应装饰饰面工程量
	带木线的板饰面、墙裙、柱面	1.07	
	窗台板、窗帘箱、门窗套、踢脚板	1.10	
	木方格吊顶天棚	1.30	
	清水板条天棚、檐口	1.20	
	木间壁、木隔断	1.90	
	玻璃间壁露明墙筋	1.65	
	木栅栏、木栏杆(带扶手)	1.82	按单面外围面积计算
	衣柜、壁柜	1.05	按展开面积计算
	零星木装修	1.15	
	屋面板(带檩条)	1.11	斜长×宽
	木屋架	1.79	跨度(长)×中高×1/2

套用木地板定额，其定额为工程量乘表 6-18 中的系数。

表 6-18　木地板系数

定额项目	项目名称	系数	工程量计算规则
木地板	木地板	1.00	按地板工程量
	木地板打蜡	1.00	
	木楼梯(不包括底面)	2.30	按水平投影面积计算

② 金属面油漆。

套用单层钢门窗定额，其定额为工程量乘表 6-19 中的系数。

表 6-19 单层钢门窗系数

定额项目	项目名称	系数	工程量计算规则
钢门窗	单层钢门窗	1.00	按门窗洞口面积
	双层(一玻一纱) 钢门窗	1.48	
	钢百叶门	2.74	
	半截钢百叶门	2.22	
	满钢门或包铁皮门	1.63	
	钢折门	2.30	
	半玻钢板门或有亮钢板门	1.00	
	单层钢门窗带铁栅	1.94	
	铁栅栏门	1.10	
	射线防护门	2.96	框(扇)外围面积
	厂库平开、推拉门	1.70	
	铁丝网大门	0.81	
	间壁	1.85	按面积计算
	平板屋面	0.74	斜长×宽
	瓦垄板屋面	0.89	
	排水、伸缩缝盖板窗栅	0.78	展开面积
	窗栅	1.00	

套用金属面其他金属面定额，其定额为工程量乘表 6-20 中的系数。

表 6-20 金属面系数

定额面积	项目名称	系数	工程量计算规则
其他金属面	干挂钢骨架	0.82	按质量(t)计算
	钢栏杆	1.71	
	操作台、走台、制动梁、钢梁车挡	0.71	
	钢爬梯	1.18	
	踏步式钢扶梯	1.05	
	零星铁件	1.32	

6.17 其他工程

6.17.1 定额说明

(1) 柜类、货架、家具设计使用的材料品种、规格与定额取定不同时，按设计调整。

(2) 住宅及办公家具柜除注明者外，定额均不包括柜门，柜门另套用相应定额，柜内除注明者外，定额也均不考虑饰面，发生时另行计算。五金配件、饰面板上贴其他材料的花饰，发生时另列项目计算。弧形家具(包括家具柜类及服务台)，定额乘以系数1.15。

(3) 各种装饰线条定额均按成品安装考虑，装饰线条做图案者，人工乘以系数1.80，材料乘以系数1.10。

(4) 弧形石材装饰线条安装，套相应石装饰线条定额，石线条用量不变，单价换算，人工乘以系数1.10，其他材料乘以系数1.05。

(5) 石材磨边、磨斜边、磨半圆边、块料倒角磨边、铣槽及台面开孔子目均考虑现场磨制。石材、块料磨边定额按磨单边考虑，设计图样为双边叠合板磨边时，定额乘以系数1.85。

(6) 平面招牌是指直接安装在墙上的平板式招牌；箱式招牌是指直接安装在墙上或挑出墙面的箱体招牌。

(7) 平面招牌定额分钢结构及木结构，又分一般与复杂，复杂指平面招牌基层有凸凹或造型等复杂情况。

(8) 招牌的灯饰均不包括在定额内。招牌面层套用天棚或墙面相应子目。

(9) 美术字不分字体，定额均按成品安装考虑。美术字安装基层分混凝土面、砖墙面及其他面，混凝土面、砖墙面包括粉刷或贴块料后的基层，其他面指铝合金扣板面、幕墙玻璃面、塑铝板面等。

(10) 本定额中铁件已包括刷防锈漆一遍，若刷防火漆、镀锌等另列项目计算。

(11) 本定额拆除子目适用于建筑物非整体拆除，饰面拆除子目包含基层拆除工作内容。门窗套拆除包括与其相连的木线条拆除。

(12) 混凝土拆除项目中未考虑钢筋、铁件等的残值回收费用。

(13) 垃圾外运按人工装车、5t以内自卸汽车考虑。

6.17.2 工程量计算规则

(1) 货架、收银台按正立面面积计算(包括脚的高度在内)。

(2) 柜台、吧台、服务台等以延长米计算，石材台面以“m^2”计算。

(3) 家具衣柜、书柜按图示尺寸的正立面面积计算。电视柜、矮柜、写字台等以延长米计算，博古架、壁柜、家具门等按设计图示尺寸以“m^2”计算。

(4) 除定额注明外，住宅及办公家具中五金配件按设计单独列项计算。

(5) 大理石洗漱台按设计图示尺寸的台面外接矩形面积计算，不扣除孔洞面积及挖弯、削角面积，挡板、挂板面积并入台面面积内计算。

(6) 石材磨边按设计图示按延长米计算。

(7) 镜面玻璃按设计图示尺寸的边框外围面积计算，成品镜箱安装以“个”计算。

(8) 压条、装饰条按图示尺寸以延长米计算。

(9) 吊挂雨篷按设计图示尺寸的水平投影面积计算。

(10) 空调管洞按设计图示以“个”计算。

(11) 平面招牌基层按正立面面积计算，复杂形的凹凸造型部分不增减。

(12) 钢结构招牌基层按设计图示钢材的净用量计算。

(13) 招牌、灯箱面层按展开面积以“m^2”计算。

(14) 美术字安装按字的最大外围矩形面积以“个”计算。

(15) 饰面拆除，按装饰工程相应工程量计算规则计算。栏板、窗台板、门窗套等拆除项目工程量按延长米计算。

6.18 脚手架工程

6.18.1 定额说明

(1) 本章定额适用于房屋工程、构筑物及附属工程的脚手架。

(2) 本章定额脚手架不分搭设材料及搭设方法，均执行同一定额。

1. 综合脚手架

(1) 综合脚手架定额适用于房屋工程及地下室脚手架。不适用于房屋加层脚手架、构筑物及附属工程脚手架，以上应套用单项脚手架相应定额。

(2) 本定额已综合内、外墙砌筑脚手架，外墙饰面脚手架，斜道和上料平台。高度在3.6m以内的内墙及天棚装饰脚手架费已包含在定额内。

(3) 地下室综合脚手架中已综合了基础超深脚手架。

(4) 本定额房屋层高以6m以内为准，层高超过6m，另按每增加lm以内定额计算；檐高30m以上房屋，层高超过6m时，按檐高30m以内每增加1m定额执行。

(5) 本定额未包括高度在 3.60m 以上的内墙和天棚饰面或吊顶安装脚手架、基础深度超过2m(自设计室外地坪起)的混凝土运输脚手架、电梯安装井道脚手架、人行过道防护脚手架，发生时，按单项脚手架规定另列项目计算。

(6) 综合脚手架定额是按不同檐高划分的，同一建筑物檐高不同时，应根据不同高度的垂直分界面分别计算建筑面积，套用相应定额。

2. 单项脚手架

(1) 外墙脚手架定额未综合斜道和上料平台，发生时另列项目计算。

(2) 高度超过3.60m至5.20m以内的天棚饰面或吊顶安装，按满堂脚手架基本层计算。高度超过5.20m另按增加层定额计算。

如仅勾缝、刷浆或油漆时，按满堂脚手架定额，人工乘以系数0.40，材料乘以系数0.10。满堂脚手架在同一操作地点进行多种操作时(不另行搭设)，只可计算一次脚手架费用。

(3) 外墙外侧饰面应利用外墙砌筑脚手架，如不能利用须另行搭设时，按外墙脚手架定额，人工乘以系数0.60，材料乘以系数0.30。如仅勾缝、刷浆、油漆时，人工乘以系数0.40，材料乘以系数0.10。采用吊篮施工时，应按施工组织设计规定计算并套用相应定额。吊篮安装、拆除以“套”为单位计算，使用以套·天计算，如采用吊篮在另一垂直面上工作的方案，所发生的整体挪移费按吊篮安拆定额扣除载重汽车台班后乘以系数0.70计算。

(4) 高度在 3.60m 以上的内墙饰面脚手架，如不能利用满堂脚手架，须另行搭设时，按内墙脚手架定额，人工乘以系数0.60，材料乘以系数0.30。如仅勾缝、刷浆、或油漆时，人工乘以系数 0.40，材料乘以系数 0.10。

(5) 砖墙厚度在一砖半以上，石墙厚度在 40cm 以上，应计算双面脚手架，外侧套用外脚手架，内侧套内用墙脚手架定额。

(6) 电梯井高度按井坑底面至井道顶板底的净空高度再减去 1.50m 计算。

(7) 防护脚手架定额按双层考虑，基本使用期为 6 个月，不足或超过 6 个月按相应定额调整，不足一个月按一个月计算。

(8) 砖柱脚手架适用于高度大于 2m 的独立砖柱；房上烟囱高度超出屋面 2m 者，套用砖柱脚手架定额。

(9) 围墙高度在 2 m 以上的，套内墙脚手架定额。

(10) 基础深度超过 2m 时(自设计室外地坪起)应计算混凝土运输脚手架(使用泵送混凝土除外)，按满堂脚手架基本层定额乘以系数 0.60。深度超过 3.60m 时，另按增加层定额乘以系数 0.60。

(11) 构筑物钢筋混凝土贮仓(非滑模的)、漏斗、风道、支架、通廊、水(油)池等，构筑物高度在 2m 以上者，每 10m^3 混凝土(不论有无饰面)的脚手架费按 99 元(其中人工 1.2 工日)计算。

(12) 网架安装脚手架高度(指网架最低支点的高度)按 6 m 以内为准，超过 6 m 按每增加 1m 定额计算。

(13) 钢筋混凝土倒锥形水塔的脚手架，按水塔脚手架的相应定额乘以系数 1.30。

(14) 屋面构架等建筑构造的脚手架，高度在 5.20m 以内时，按满堂脚手架基本层计算。高度超过 5.20m 另按增加层定额计算。其高度在 3.60m 以上的装饰脚手架，如不能利用满堂脚手架，须另行搭设时，按内墙脚手架定额，人工乘以系数 0.60，材料乘以系数 0.30。构筑物砌筑按单项定额计算砌筑脚手架。

(15) 二次装饰、单独装饰工程的脚手架，按施工组织设计规定的内容计算单项脚手架。

(16) 钢结构专业工程的脚手架发生时套用相应的单项脚手架定额。对有特殊要求的钢结构专业工程脚手架应根据施工组织设计规定计算。

6.18.2 工程量计算规则

1. 综合脚手架工程量计算规则

(1) 工程量按房屋建筑面积计算，有地下室时，地下室与上部建筑面积分别计算，套用相应定额。半地下室并入上部建筑物计算。

(2) 以下内容并入综合脚手架计算。

① 骑楼、过街楼下的人行通道和建筑物通道，以及建筑物底层无围护结构的架空层，层高在 2.2m 及以上者按墙(柱)外围水平面积计算；层高不足 2.20m 者计算 1/2 面积。

② 设备管道夹层(原称技术层)层高在 2.20m 及以上者按墙外围水平面积计算；层高不足 2.20m 者计算 1/2 面积。

③ 有墙体、门窗封闭的阳台，按其外围水平投影面积计算。

以上涉及面积计算的内容，仅适用于计取综合脚手架、垂直运输费和建筑物超高施工用水加压增加的水泵台班费用。

2. 单项脚手架工程量计算规则

(1) 砌墙脚手架工程量按内、外墙面积计算(不扣除门窗洞口、空洞等面积)。外墙乘以系数1.15，内墙乘以系数1.10。

(2) 围墙脚手架高度自设计室外地坪算至围墙顶，长度按围墙中心线计算，洞口面积不扣，砖垛(柱)也不折加长度。

(3) 满堂脚手架工程量按天棚水平投影面积计算，工作面高度为房屋层高；斜天棚(屋面)按房屋平均层高计算；局部层高超过3.60m以上的房屋，按层高超过3.60m以上部分的面积计算。

无天棚的屋面构架等建筑构造的脚手架，按施工组织设计规定的脚手架搭设的外围水平投影面积计算。

(4) 电梯安装井道脚手架，按单孔(一座电梯)以座计算。

(5) 人行过道防护脚手架，按水平投影面积计算。

(6) 砖(石)柱脚手架按柱高以米计算。

(7) 基础深度超过2m的混凝土运输满堂脚手架工程量，按底层外围面积计算；局部加深时，按加深部分基础宽度每边各增加50cm计算。

3. 构筑物工程量计算规则

(1) 混凝土、钢筋混凝土构筑物高度在2m以上，混凝土工程量包括2m以下至基础顶面以上部分体积。

(2) 烟囱、水塔脚手架分别根据高度按座计算。

(3) 采用钢滑模施工的钢筋混凝土烟囱筒身、水塔筒式筒身、储仓筒壁是按无井架施工考虑的，除设计采用涂料工艺外不得再计算脚手架或竖井架工程量。

(4) 网架安装脚手架按网架水平投影面积计算。

【例6-37】 如图6-14所示，某市区临街公共建筑工程，各层(包括地下室)建筑面积均为1200m^2，屋顶电梯机房建筑面积60m^2；基坑底标高-4.20m，自然地坪标高-0.45m；各层天棚投影面积为960m^2；临街过道防护架280m^2，使用期9个月。求脚手架费用。

解： 建筑物檐高为36.80+0.45=37.25(m)＜40m，按建筑面积计算的工程量如下。

地下室：S=1200m^2

地上首层以上：S=1200×9+60=10860(m^2)。

其中，层高是4.8m时：S=1200×2=2400(m^2)；层高是5.60m时：S=1200(m^2)。

地下室综合脚手架：套用定额16-26，合价=1200×9=10800(元)。

房屋综合脚手架：套用定额16-9，合价=10860×22.7=246522(元)。

天棚超高满堂脚手架：

h=4.80-0.12=4.68(m)时，S=960×2=1920(m^2)，套用定额16-40，合价=1920×6.03≈11578(元)；

h=5.60-0.12=5.48(m)时，S=960m^2，套用定额16-40+16-41，合价=960×[6.03+1.24×1]≈6979(元)。

临街防护架：S=280m^2，使用期9个月，超过6个月，增加3个月，套用定额16-61+16-

62×3，合价=(22.63+2.59×3)×280=8512(元)。

综合脚手架费用=10800+246522=257322(元)；满堂脚手架费用=11578+6979=18557(元)；

临街防护架费用=8512 元。

脚手架费用合计：257322+18557+8512=284391(元)。

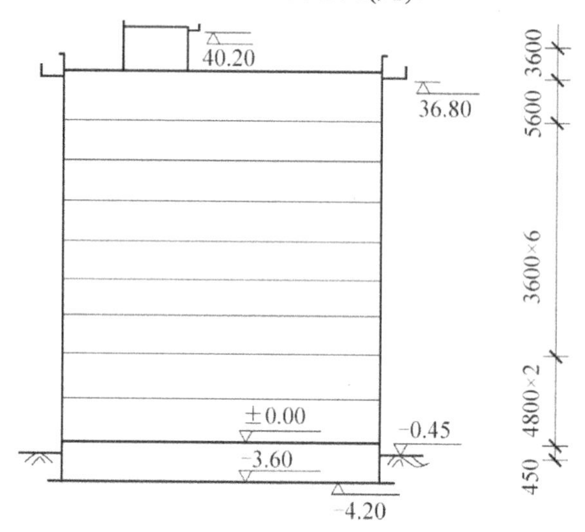

图 6-14　某临街公共建筑剖面图

6.19　垂直运输工程

6.19.1　定额说明

1. 定额适用范围

垂直运输工程定额适用于房屋工程、构筑物工程的垂直运输。

2. 房屋工程

(1) 本定额包括单位工程在合理工期内完成全部工作所需的垂直运输机械台班，但不包括大型机械的场外运输、安装拆卸和基础等费用，发生时另按相应定额计算。

(2) 建筑物的垂直运输，定额按常规方案以不同机械综合考虑，除另有规定或特殊要求者外，均按定额执行。

(3) 垂直运输机械采用卷扬机带塔时，定额中塔吊台班单价换算，其数量按塔吊台班数量乘以系数 1.50。

(4) 檐高 3.60m 以内的单层建筑物，不计算垂直运输机械台班。

(5) 建筑物层高超过 3.60m 时，按每增加 1m 相应定额计算；超过 1m 的，每增加 1m 相应定额按比例调整。地下室层高已经综合考虑。

(6) 同一建筑物檐高不同时，应根据不同高度的垂直分界面分别计算建筑面积，套用相应定额。

(7) 如执行现浇商品混凝土(泵送)定额时，定额子目中的塔吊台班应乘以系数 0.98。

(8) 加层工程按加层建筑面积及房屋总高套用相应定额。

3. 构筑物

(1) 构筑物高度指设计室外地坪至结构最高点的高度。

(2) 钢筋混凝土水(油)池套用储仓定额乘以系数 0.35 计算。储仓或水(油)池池壁高度小于 4.50m 时，不计算垂直运输费用。

(3) 滑模施工的储仓定额只适用于圆形仓壁，其底板及顶板套用普通储仓定额。

6.19.2 工程量计算规则

1. 房屋工程工程量计算规则

(1) 地下室垂直运输以首层室内地坪以下的建筑面积计算，半地下室并入上部建筑物计算。

(2) 上部建筑物的垂直运输以首层室内地坪以上建筑面积计算，另应增加按房屋综合脚手架计算规则规定增加内容的面积。

2. 构筑物工程量计算规则

(1) 非滑模施工的烟囱、水塔，根据高度按座计算；钢筋混凝土水(油)池及储仓按基础底版以上实体积以“m^3”计算。

(2) 滑模施工的烟囱、水塔、筒仓，按筒座或基础底板上表面以上的筒身实体积以“m^3”计算，其中水塔应包括水塔水箱及所有依附构件体积。

【例 6-38】 条件同例 6-37，求垂直运输费。

解：垂直运输费包括以下两项。

① 地下室垂直运输：套用定额 17-1，合价=1200×29.37=35244(元)。

② 地上建筑垂直运输：

层高≤3.60m 基本层，套用定额 17-6，合价=10860×27.4=297564(元)。

层高=4.80m 增加，套用定额 17-24H，合价=[(4.80-3.60)/1]×2.97×2400≈8554(元)。

层高=5.60m 增加，套用定额 17-24H，合价=[(5.60-3.60)/1]×2.97×1200=7128(元)。

垂直运输费用合计：35244+297564+8554+7128=348490(元)。

6.20 建筑物超高施工增加费

6.20.1 定额说明

(1) 建筑物超高施工增加费定额适用于建筑物檐高20m以上的工程。

(2) 同一建筑物檐高不同时，应分别计算套用相应定额。

(3) 建筑物层高超过3.60m时，按每增加1m相应定额计算，超高不足1m的，每增加1m相应定额按比例调整。

6.20.2 工程量计算规则

(1) 各项降效系数中包括的内容指建筑物首层室内地坪以上的全部工程项目，不包括垂直运输、各类构件单独水平运输、各项脚手架、预制混凝土及金属构件制作项目。

(2) 人工降效按规定内容中的全部人工费乘以相应子目系数计算。

(3) 机械降效按规定内容中的全部机械台班费乘以相应子目系数计算。

(4) 建筑物有高低层时，应根据不同高度建筑物面积占总建筑物面积的比例，分别计算不同高度的人工费及机械台班费。

建筑物施工用水加压增加的水泵台班，按首层室内地坪以上垂直运输工程量的面积计算。

【例6-39】 条件同例6-37，求建筑物超高施工增加费。假设作为施工超高降效计算基数的人工费为280万元、机械费为110万元。

解： 建筑物超高施工增加费包括以下三项。

① 人工降效费：套定额18-2，合价=280×454=127120(元)。

② 机械降效费：套用定额18-20，合价=110×454=49940(元)。

③ 加压水泵等增加费：

层高≤3.60m基本层，套用定额18-38，合价=10860×2.89≈31385(元)。

层高=4.80m增加，套用定额18-55H，合价=0.11×[(4.80-3.60)/1]×2400≈317(元)。

层高=5.60m增加，套用定额18-55H，合价=0.11×[(5.60-3.60)/1]×1200=264(元)。

建筑物超高施工增加费合计127120+49940+31385+317+264≈209026(元)。

本 章 小 结

本章是该课程重点内容，要求结合本章内容按照本地区的建筑工程预算定额学习，要求会计算工程量，会套定额，会换算和计算直接工程费。学习者要掌握施工图预算的概念、内容及编制依据，掌握编制施工图预算的步骤，掌握定额的计算说明、计算和换算规则要点和定额的使用。

习　　题

一、单选题

1. 建筑面积计算以层高(　　)为全计或半计面积的界线。

A. 1.50m　　B. 2m　　C. 2.10m　　D. 2.20m

2. 雨篷结构的外边线至外墙结构外边线的宽度超过(　　)者，应按雨篷结构板的水平投影面积的1/2计算。

A. 1.50m　　B. 2m　　C. 2.10m　　D. 2.20m

3. 门厅、大厅按照(　　)计算建筑面积。

A. 一层　　B. 一层的1/2

C. 建筑物的总层数　　D. 总层数的1/2

4. 利用坡屋顶内空间时净高在(　　)的部位应计算1/2面积。

A. 1.20m以下　　B. 1.20m至2.10m

C. 2.10m至2.20m　　D. 大于2.20m

5. 高低联跨的建筑物，应以(　　)为界分别计算建筑面积；其高低跨内部连通时，其变形缝应计算在低跨面积内。

A. 高跨结构外边线　　B. 高跨结构内边线

C. 高跨结构中心线　　D. 变形缝中心线

6. 混凝土灌注桩预算工程量以(　　)为单位计算。

A. m^2　　B. m^3　　C. m　　D. t

7. 矩形柱断面：500mm×500mm，层高3.60m，共10根，其工程量是(　　)m^3。

A. 5　　B. 7　　C. 8　　D. 9

8. 下列方法正确的是(　　)。

A. 梁柱相交时，梁长算至柱侧面

B. 主次梁相交时，次梁长算至主梁侧面

C. 伸入墙内的梁头，应计算在墙之内

D. 现浇的梁垫，其体积并入梁内计算

9. 下列(　　)现浇钢筋混凝土构件的工程量不是按照水平投影面积计算。

A. 雨篷　　B. 基础　　C. 楼梯　　D. 阳台

10. 满堂脚手架工程量，按室内净面积计算，其基本层高度为(　　)，超过该高度计算增加费。

A. ≤3.60m　　B. ≤5.20m　　C. 3.60～5.20m　　D. 3.60～6m

11. 基础深度超过(　　)，应计算混凝土运输脚手架。

A. 1m　　B. 2m　　C. 3m　　D. 3.60m

12. 基础混凝土运输脚手架按照满堂脚手架基本层乘以系数(　　)。

A. 0.30　　B. 0.50　　C. 0.60　　D. 1.00

13. 低合金钢筋两端采用螺杆锚具时，预应力的钢筋按(　　)。

A．预留孔道长度减0.35m计算，螺杆另行计算
B．预留孔道长度减0.35m计算，螺杆不计算
C．预留孔道长度加0.35m计算，螺杆另行计算
D．预留孔道长度加0.35m计算，螺杆不计算

14．按施工图计算时，梁的钢筋长度要扣除(　　)的保护层。
A．15mm　　B．20mm　　C．25mm　　D．30mm

15．按施工图计算时，板的钢筋长度要扣除(　　)的保护层。
A．15mm　　B．20mm　　C．25mm　　D．30mm

16．单根钢筋长度超过(　　)时，增加一个搭接。
A．5m　　B．7m　　C．8m　　D．9m

17．垂直构件有楼层时，层高(　　)以上，钢筋长度每一层增加一个搭接。
A．5m　　B．4m　　C．3.60m　　D．3m

18．构造柱与墙咬接的马牙槎按柱高每侧增加(　　)计算。
A．5cm　　B．4cm　　C．3.60cm　　D．3cm

19．屋面女儿墙高度大于1.20m，套用(　　)定额。
A．墙　　B．栏板　　C．栏杆　　D．雨篷

20．屋面女儿墙高度小于1.20m，套用(　　)定额。
A．墙　　B．栏板　　C．栏杆　　D．雨篷

二、判断题

1．凡图示基槽底宽在3m以内，且沟槽长大于槽宽三倍以上的为基槽。(　　)

2．定额土方体积均按天然密实体积计算(除松填外)。(　　)

3．干湿土以地质资料提供的地下常水位为分界线，地下常水位以上为干土，以下为湿土，如用人工降低地下水位时，干湿土划分仍以地下常水位为准。(　　)

4．箱形基础的底板套用板相应定额。(　　)

5．打预制钢筋混凝土桩的体积，按设计桩长(包括桩尖，不扣除桩尖虚体积)乘以桩截面面积计算，管桩的空心体积应扣除。(　　)

6．电焊接桩按设计接头，以个计算；硫黄胶泥接桩按桩断面面积以“m^2”计算。(　　)

7．混凝土桩、砂桩、碎石桩的体积，按设计规定的桩长(包括桩尖，不扣除桩尖虚体积)乘以钢管管箍外径截面面积计算。(　　)

8．基础与墙身使用不同材料时，位于设计室内地面±300mm以内时，以不同材料为分界线， 超过±300mm时，以设计室内地面为分界线。(　　)

9．定额所列砌筑砂浆如设计与定额不同时，应作换算。(　　)

10．圆弧形砌筑物按相应定额人工、材料乘以系数1.10。(　　)

11．墙身长度外墙均按外墙外边线长度计算，内墙按内墙中心线计算。(　　)

12．基础与墙身使用不同材料时，以设计室内地面为分界线。(　　)

13．砖基础工程量应扣除嵌入基础内的钢筋、铁件、基础砂浆防潮层的体积。(　　)

14．计算柱混凝土工程量时，当柱的截面不同时，按柱最大截面计算。 ( )

15．混凝土灌注桩按设计图示尺寸以桩长(包括桩尖)或根数计算。 ( )

16．现浇混凝土基础按设计图示尺寸以体积计算。不扣除构件内钢筋、预埋铁件和伸入承台基础的桩头所占体积。 ( )

17．现浇混凝土柱框架柱高应自柱基上表面至柱顶高度计算。 ( )

18．现浇混凝土柱构造柱高按全高计算，嵌接墙体部分不应计入柱身体积。 ( )

19．现浇混凝土楼梯按平面形式可分为直形楼梯和弧形楼梯。 ( )

20．现浇及预制构件钢筋。工程量按设计图示钢筋(网)实际重量以千克计算。( )

21．现浇混凝土模板按照不同构件，分别以组合钢模、钢模、复合木模、木模共四类单独列项。 ( )

22．定额混凝土的强度等级和石子粒径是按常用规格编制的，当混凝土等级不同时，不作换算。 ( )

23．屋面女儿墙套用墙相应定额。 ( )

24．构造柱与墙咬接的马牙槎不予计算，模板套用框架柱定额。 ( )

25．预制框架结构的柱、梁现浇接头按实捣体积计算，套用矩形柱接头定额。( )

26．钢筋的工程量计算时，单根钢筋的连续长度每超过 8m 增加一个搭接。 ( )

27．钢筋的工程量计算时，一般的双肢箍筋长度按构件断面周长计算，弯钩不加。 ( )

28．定额采用的木材木种，均按三、四类为准，采用一、二类的，木材单价调整。 ( )

三、思考题

1．如何区别平整场地、挖土方、挖槽沟及挖地坑？

2．实砌砖石墙体工程量计算中，墙体中哪些埋件所占体积应扣除？哪些埋件所占体积不扣除？

3．试计算柱基断面为490mm×365mm、基础高度为1.90m、大放脚为等高六层的五个砖柱工程量。

4．现浇、预制钢筋混凝土工程，哪些结构构件工程量按体积以“m^3”计算？哪些结构构件工程量按水平投影面积以“m^2”计算？

5．钢筋混凝土基础、柱、梁、板的工程量如何计算？

6．平屋顶、坡屋顶卷材屋面防水的工程量应如何计算？

7．如何计算内墙、外墙抹灰工程量？抹灰面积中哪些所占面积应扣除？哪些所占面积不应扣除？

第7章 工程量清单计价

教学目标

本章主要介绍工程量清单计价的方法、目的和意义，参照《浙江省建设工程工程量清单计价指引》介绍工程量清单计价的计算。通过本章教学，让学习者掌握工程量清单计价法计算的各种方法，掌握工程清单的编制方法，熟悉工程量清单计价的程序和格式，了解工程量清单计价的意义及与定额计价法的区别。

教学要求

知识要点	能力要求	相关知识
工程量清单计价	(1) 掌握工程量清单计价与定额计价的区别 (2) 掌握工程量清单计价的作用 (3) 掌握项目编码的方法	(1) 工程量清单 (2) 项目编码
工程量清单计价的编制方法	(1) 掌握分部分项工程量清单的编制 (2) 掌握措施清单的编制 (3) 掌握其他、规费、税金项目清单的编制	(1) 分部分项工程量清单 (2) 措施清单 (3) 其他、规费、税金项目清单
工料单价法 综合单价法 全费用综合单价法	(1) 掌握工料单价法、综合单价法、全费用综合单价法的计价方法 (2) 掌握工程量清单计价的格式 (3) 掌握工程量清单报价的程序	(1) 工料单价法 (2) 综合单价法 (3) 全费用综合单价法

基本概念

工程量；工程量清单；措施清单；工程量清单计价；定额计价；清单计价指引；工料单价法；综合单价法；参数法；实物量法；风险费用；暂列金额；总包服务费

引例

前六章讲解了以定额的方法编制工程造价，但是现在国内外市场都以工程量清单计价的方法来编制工程造价，那么什么是工程量清单？什么是工程量清单计价？在有些国家没有工程定额又如何计价？国外工程量清单计价投标以什么为基础来询价？带着这些问题，这里以浙江省工程量清单计价的常用组价方法为例，即以人工费和机械台班费为计算基础的工料单价法计价来表述组成造价的程序如下。

序　号	费用项目	计算方法	备　注
1	直接工程费	按预算表	
2	其中人工费和机械台班费	按预算表	
3	措施费	按规定标准计算	
4	其中人工费和机械台班费	按规定标准计算	
5	小计	(1)+(3)	
6	人工费和机械台班费小计	(2)+(4)	
7	间接费	(6)×相应费率	
8	利润	(6)×相应利润率	
9	合计	(5)+(7)+(8)	
10	含税造价	(9)×(1+相应税率)	

7.1 工程量清单计价方法概述

7.1.1 工程量清单计价方法概念

为规范工程计价行为，统一建设工程工程量清单的编制和计价方法，根据《中华人民共和国建筑法》、《中华人民共和国合同法》、《中华人民共和国招标投标法》等法律法规，中华人民共和国住房和城乡建设部与中华人民共和国国家质量监督检验检疫总局联合发布了国家标准《建设工程工程量清单计价规范》(GB 50500—2008)(以下简称《计价规范》)。

工程量清单计价方法是指建设工程招投标中，招标人按照国家统一的工程量计算规则提供工程数量，由投标人依据工程量清单自主报价，并按照经评审的低价中标的工程造价计价方式。

工程量清单计价有以下几个方面的概念。

(1) 工程量清单计价虽属招标投标范畴，但相应的建设工程施工合同签订、工程竣工结算均应执行该计价相关规定。

(2) 工程量清单由招标人提供，招标标底及投标标价均应据此编制。投标人不得改变工程量清单中的数量。工程量清单要遵守《计价规范》中规定的规则。

(3) 根据“国家宏观调控，市场竞争形成价格”的原则，国家不再统一定价，工程造价由投标人自主确定。

(4)“低价中标”是核心。为了有效控制投资，制止哄抬标价，有的地区规定招标人应公布控制价或标底(称为“拦标价”)，凡是投标报价高于“拦标价”的，其投标应予拒绝。

(5) 低价中标的低价是指经过评标委员会评定的合理低价，并非恶意低价。对于恶意低价中标造成不能正常履约的，法律上以履约保证金来制约。

7.1.2 工程量清单计价与预算定额计价的比较

1. 工程量清单计价的特点和优势

工程量清单计价是市场形成工程造价的主要形式，它给企业自主报价提供了空间，实现了从政府定价到市场定价的转变。工程量清单计价是一种既符合建筑市场竞争规则、经济发展需要，又符合国际惯例的计价办法。与原有定额计价模式相比，工程量清单计价具有以下特点和优势。

1) 充分体现施工企业自主报价，市场竞争形成价格

工程量清单计价法完全突破了我国传统的定额计价管理方式，是一种全新的计价管理模式。它的主要特点是依据建设行政主管部门颁布的工程量计算规则，按照施工图样、施工现场、招标文件的有关规定要求，由施工企业自主报价。计价依据可以不再套用统一的定额和单价，所有工程中人工、材料、机械台班费用价格都由市场价格来确定，真正体现了企业自主报价、市场竞争形成价格的崭新局面。

2) 搭建了一个平等竞争平台，满足充分竞争的需要

在工程招投标中，投标报价往往是决定是否中标的关键因素，而影响投标报价质量的是工程量计算的准确性。工程预算定额计价模式下：工程量由投标人各自测算，企业是否中标，很大程度上取决于预算编制人员的素质，最后，工程招标投标，变成施工企业预算编制人员之间的竞争，而企业的施工技术、管理水平无法得以体现。实现工程量清单计价模式后，招标人提供工程量清单，对所有投标人都是一样的，不存在工程项目、工程数量方面的误差，有利于公平竞争。所有投标人根据招标人提供的统一的工程量清单，根据企业管理水平和技术能力，考虑各种风险因素，自主确定人工、材料、施工机械台班消耗量及相应价格，自主确定企业管理费、利润，这样，投标人便有了充分竞争的环境。

3) 促进施工企业整体素质提高，增强竞争能力

工程量清单计价反映的是施工企业个别成本，而不是社会的平均成本。投标人在报价时，必须通过对单位工程成本、利润进行分析，统筹兼顾，精心选择施工方案，并根据投标人自身的情况综合考虑人工、材料、施工机械等要素的投入与配置，优化组合，合理确定投标价，以提高投标竞争力。工程量清单报价体现了企业的施工、技术管理水平等综合实力，这就要求投标人必须加强管理，改善施工条件，加快技术进步，提高劳动生产率，鼓励创新，从技术中要效率，从管理中要利润；同时要注重市场信息的搜集和施工资料的积累，推动施工企业编制自己的消耗量定额，全面提升企业素质，增强综合竞争能力，才

能在激烈的市场竞争中不断发展和壮大，使企业立于不败之地。

4) 有利于招标人对投资的控制，提高投资效益

采用工程预算定额计价模式，发包人对设计变更等所引起的工程造价变化不敏感，往往等到竣工结算时才知道这些变更对项目投资的影响程度，但为时已晚。而采用了工程量清单计价模式后，工程变更对工程造价的影响一目了然，这样发包人就能根据投资情况来决定是否变更或进行多方案比选，以决定最恰当的处理方法。同时工程量清单为招标人的期中付款提供了便利，用工程量清单计价更简单、明了，只要完成的工程数量与综合单价相乘，即可计算工程造价。

另一方面，采用工程量清单计价模式后，投标人没有以往工程预算定额计价模式下的约束，完全根据自身的技术装备、管理水平自主确定工、料、机消耗量及相应价格和各项管理费用，有利于降低工程造价，节约了资金，提高了资金使用效益。

5) 风险分配合理化，符合风险分配原则

建设工程一般都比较复杂，建设周期长，工程变更多，因而风险比较大，采用工程量清单计价模式后，招标人提供工程量清单，对工程数量的准确性负责，承担工程项目、工程数量误差风险；投标人自主确定项目单价，承担单价计算风险。这种格局符合风险合理分配与责权利关系对等的一般原则。合理的风险分配，可以充分发挥发承包双方的积极性，降低工程成本，提高投资效益，达到双赢的结果。

6) 有利于简化工程结算，正确处理工程索赔

工程量清单计价模式为确定工程变更造价提供了有利条件。施工过程中发生的工程变更，包括发包人提出工程设计变更、工程质量标准及其他实质性变更。工程量清单计价具有合同化的法定性，投标时的分项工程单价在工程设计变更计价、进度报表计价、竣工结算计价时是不能改变的，从而大大减少了双方在单价上的争议，简化了工程项目各个阶段的预结算编审工作。除了一些隐蔽工程或一些不可预测的因素外，工程量都可依据图样或实测实量。因此，在结算时能够做到清晰、快捷。

2. 预算定额计价的特点和缺陷

现行的“定额计价”模式在建设工程招标投标中虽也起到了很大的推动作用，但与国际接轨还相距甚远。预算定额计价的特点和缺陷如下。

(1) 定额项目是以国家规定的工序为划分原则，施工工艺、施工方法是根据大多数企业的施工方法综合确定的。

(2) 工、料、机消耗量是根据“社会平均水平”综合测定的。取费标准是根据不同地区价格水平平均测算的。因此企业自主报价的空间太小，不能结合项目具体情况、自身技术管理水平和市场价格自主报价，缺乏市场竞争力，不能充分调动企业加强管理、降低工程造价的积极性。

(3) 不能满足招标人对建筑产品质优价低的需求。业主总是希望工程工期短、质量好、价格低，而这需要施工企业加大投入。但是以“定额计价”确定的工程造价在投标中不包括此项投入，虽然政府部门允许双方在自愿的原则下商议工程的补偿费问题，但如协商不成，就容易造成业主以种种理由，拒绝或拖欠补偿费用，从而不能达到招标人和投标人双赢的目的。

(4) 计价基础不统一，不利于招标工作的规范性。从理论上讲，一样的图样计算的工程量是一致的，套用的定额是一样的，公布的信息价也是相同的，所得的结果应该是一样的。但是由于预算人员对定额理解不同以及水平差异，往往得出的结果不能体现企业的综合实力和竞争能力，使市场竞争机制在工程造价和招投标工作中得不到充分体现。

(5) 工程结算繁琐、时间长。在建筑工程完工后进行结算时，一般都会根据实际完成的工程量按合同约定的办法进行调整。“预算定额计价法”编制施工图预算，主要是采用了各地区、各部门统一编制的预算单价，便于造价管理部门统一管理。但在人工、材料、机械台班等市场价格波动较大的情况下，采用此方法计算的结果往往会偏离实际造价水平，这已成为工程结算争议的焦点之一。

7.1.3 工程量清单计价与定额计价的区别

1. 计价模式不同

工程量清单计价与传统计价模式即定额计价的不同主要表现在以下几个方面。

(1) 费用构成形式不同。定额计价模式下费用构成的数学模式如下：

工程造价=直接费+间接费+利润+税金

清单计价模式下费用构成的数学模式如下：

工程造价=分部分项工程费+措施项目费+其他项目费+规费+税金+风险费

(2) 计价依据不同。定额计价模式下，其计价依据的是各地区行政主管部门颁布的预算定额及费用定额。工程量清单计价模式下，其计价依据是各投标单位所编制的企业定额和市场价格信息。

(3)“量”、“价”确定的方法不同。影响工程价格的两大因素：分部分项工程数量和其相应的单价。

定额计价模式下，招投标工作中，分部分项工程数量由各投标单位分别计算，相应的单价按统一规定的预算定额计取。

工程量清单计价模式下，招投标工作中，分部分项工程数量由招标人按照国家规定的统一工程量计价规则计算，并提供给各投标人，各投标单位在“量”一致的前提下，根据各企业的技术、管理水平的高低，材料、设备的进货渠道和市场价格信息，同时考虑竞争的需要，自主确定“单价”，且竞标过程中，合理低价中标。

2. 反映的成本价不同

定额计价反映的是社会平均成本。各个投标人根据相同的预算定额及估价表投标报价，所报的价格基本相同，不能真正反映中标单位的实力。

工程量清单计价反映的是个别成本。各个投标人根据市场的人工、材料、机械台班价格行情、自身技术实力和管理水平投标报价，其价格有高有低，呈现多样性。招标人在考虑投标单位的综合素质的同时选择合理的工程造价。

3. 风险承担人不同

定额计价模式下承发包计价、定价，其风险承担人是由合同价的确定方式决定的。而采用固定价合同时，其风险由投标人承担；采用可调价合同时，其风险由招、投标人共担。

工程量清单计价模式的工程承发包计价、定价，由招标人提供工程量清单，投标人自主报价，招标人承担提供“量”的风险，投标人承担报“价”的风险。投标人只对自己所报的成本、单价负责，而对工程量变更或计算错误不负责任，这部分风险则由招标人(业主)负责。综合单价一经确定，结算时只要工程量变更的幅度在合同约定的范围内，其单价不可以调整。因而工程量清单计价模式的工程承发包计价、定价、风险共担，这种格局符合风险合理分担与责权利关系对等的原则。

4. 项目名称划分不同

两种不同计价模式项目划分不同表现在以下几个方面。

(1) 定额计价模式中项目名称按“分项工程”划分，而工程量清单计价模式中项目名称按“工程实体”划分。例如，在定额计价模式下，楼(地)面工程按垫层、找平层、防水层、面层等分别编码列项；而在工程量清单计价模式下，楼(地)面工程将定额计价模式下的各分项综合起来，列为楼(地)面面层一项。

(2) 定额计价模式中项目内含施工方法因素，而工程量清单计价模式中不含。例如，定额计价模式下的基础挖土方项目，分为人工挖、机械挖以及何种机械挖；而工程量清单计价模式下，只有基础挖土方项目。

(3) 定额计价模式下，实体和措施项目相结合。而工程量清单计价模式下，实体和措施项目相分离，体现在《计价规范》中，将工程量清单分为分部分项工程量清单和措施项目清单(如模板工程、脚手架工程、垂直运输工程等)，且措施项目清单中工程数量列为“一项”，即具体工程数量由投标人根据所采用的不同施工方案，确定实际发生的工程数量，其数量计算不做统一规定。

5. 工程量计算规则在工程数量上不同

按照定额计价模式中的工程量计算规则计算的工程数量，是设计图样中所表现的工程实际数量，而清单计价模式中的工程量计算规则，所计算的工程数量是实体净量。

6. 合同价形成过程不同

定额计价模式下合同价形成过程：得到招标文件→编制施工图预算(包括计算工程量、确定直接费、工料分析、计算材差、计算建筑安装工程造价)→投标报价→中标(接近标底价)→形成合同价。

清单计价模式下合同价形成过程：得到招标文件(包含工程量清单)→投标人自主报价→合理低标价中标→形成合同价。

7.1.4 工程量清单计价与预算定额计价的联系

工程量清单计价的依据是《计价规范》，预算定额计价的依据主要是各地区颁发的《建筑工程预算定额》(2010 版)。前者是在现行《全国统一建筑工程基础定额》(1995 版)的基础上通过综合和扩大编制而成的，其中的项目划分、计量单位、工程量计算规则等，都尽可能多地与《全国统一建筑工程基础定额》进行了衔接，而各地区的建筑工程预算定额都是在《全国统一建筑工程基础定额》基础上编制的。

采用工程量清单计价模式，投标人自主报价时，《建筑工程预算定额》中的人工、材料、机械台班消耗量仍然可作为投标人报价时的参考量。目前，在很多企业还没有编制出适合于自身企业报价的企业定额时，《建筑工程预算定额》不失为一个好的参考资料。

7.1.5 实行工程量清单计价的目的和意义

(1) 实行工程量清单计价，是社会主义市场经济发展的需要。2008 年修订了《建设工程工程量清单计价规范》作为国家标准在全国推行。在这一计价模式中，把有利于企业降低工程造价的施工措施项目从实体项目中分离了出来，把定价权交给了企业，在招投标过程中，经评审合理低价者中标。市场经济的特点就是竞争，工程量清单计价模式满足了市场经济发展的需要。

(2) 实行工程量清单计价，是适应我国加入世界贸易组织(WTO)，融入世界大市场的需要。我国加入世界贸易组织(WTO)后，建设市场将进一步对外开放。国外的企业以及投资的项目越来越多地进入国内市场，与此同时，我国建筑企业走出国门在海外投资和经营的项目也在增加。为了适应这种对外开放的建设市场的新形势，就必须与国际通行的计价方法相适应，为建设市场主体创造一个与国际惯例接轨的公平竞争环境。工程量清单计价是国际通行的计价做法，在我国实行工程量清单计价，有利于提高国内建设各方主体参与国际竞争的能力，有利于提高工程建设的管理水平。

(3) 实行工程量清单计价，是促进建设市场有序竞争和企业健康发展的需要。采用工程量清单计价模式进行招投标时，招标人在招标文件中需要提供工程量清单，由于工程量清单是公开的，增加了招标、投标透明度，又因为招标的原则是合理低价中标，因而能避免工程招标中的弄虚作假、暗箱操作等不规范行为，有利于规范建设市场秩序，促进建设市场有序竞争，同时促使施工企业不断进取，提高企业施工管理水平，努力降低工程成本，增加利润，在行业中保持领先地位。

(4) 实行工程量清单计价，是适应我国工程造价管理政府职能转变的需要。实行工程量清单计价，由过去制定政府控制的指令性定额转变为制定适应市场经济规律需要的工程量清单计价原则和方法，引导和指导全国实行工程量清单计价，是适应建设市场发展的需要；由过去行政直接干预转变为对工程造价依法监管，有效地强化政府对工程造价的宏观调控。

7.2 工程量清单计价

7.2.1 掌握工程量清单的作用

《计价规范》适用于建设工程工程量清单计价活动。全部使用国有资金投资或国有资金投资为主(以下二者简称“国有资金投资”)的工程建设项目，必须采用工程量清单计价。非国有资金投资的工程建设项目，可采用工程量清单计价。工程量清单、招标控制价、投标报价、工程价款结算等工程造价文件的编制与核对应由具有相应资格的工程造价专业人员承担。建设工程工程量清单计价活动应遵循客观、公正、公平的原则。《计价规范》的附录A、附录B、附录C、附录D、附录E、附录F应作为编制工程量清单的依据。附录A为建筑工程工程量清单项目及计算规则，适用于工业与民用建筑物和构筑物工程；附录B为装饰装修工程工程量清单项目及计算规则，适用于工业与民用建筑物和构筑物的装饰装修工程；附录C为安装工程工程量清单项目及计算规则，适用于工业与民用安装工程；附录D为市政工程工程量清单项目及计算规则，适用于城市市政建设工程；附录E为园林绿化工程工程量清单项目及计算规则，适用于园林绿化工程；附录F为矿山工程工程量清单项目及计算规则，适用于矿山工程。

工程量清单是指建设工程的分部分项工程项目、措施项目、其他项目、规费项目和税金项目的名称和相应数量等的明细清单。工程量清单是工程量清单计价的基础，应作为编制招标控制价、投标报价、计算工程量、支付工程款、调整合同价款、办理竣工结算以及工程索赔等的依据。工程量清单的主要作用如下。

(1) 工程量清单为投标人的投标竞争提供了一个平等和共同的基础。工程量清单是由招标人编制，将要求投标人完成的工程项目及相应工程实体数量全部列出，为投标人提供拟建工程的基本内容、实体数量和质量要求等的基础信息，这样，在建设工程的招标投标中，投标人的竞争活动就有了一个共同基础，投标人机会均等。工程量清单使所有参加投标的投标人均在拟完成相同的工程项目、相同的工程实体数量和质量要求的条件下进行公平竞争，每一个投标人所掌握的信息和受到的待遇是客观、公正和公平的。

(2) 工程量清单是建设工程计价的依据。在招投标过程中，招标人根据工程量清单编制招标工程的招标控制价；投标人按照工程量清单所属的内容，依据企业定额计算投标价格，自主填报工程量清单所列项目的单价与合价。

(3) 工程量清单是工程付款和结算的依据。在工程的施工阶段，发包人工程量清单规定的内容以及投标时在工程量清单中所报的单价作为支付工程进度款和进行结算的依据。工程结算时，发包人按照工程量清单计价表中的序号对已实施的分部分项工程或计价项目，按合同单价和相关的合同条款计算应支付给承包人的工程款项。

(4) 工程量清单是调整工程量、进行工程索赔的依据。在发生工程变更、索赔、增加新的工程项目等情况时，可以选用或者参照工程量清单中的分部分项工程或计价项目与合同单价来确定变更项目或索赔项目的单价和相关费用。

7.2.2 掌握工程量清单的编制方法

工程量清单应由具有编制能力的招标或受其委托，具有相应资质的工程造价咨询人编制。采用工程量清单方式招标，工程量清单必须作为招标文件的组成部分，其准确性和完整性由招标人负责。工程量清单应由分部分项工程量清单、措施项目清单、其他项目清单、规费项目清单、税金项目清单组成。编制工程量清单应依据以下内容。

(1) 《计价规范》。

(2) 国家或省级、行业建设主管部门颁布的计价依据和办法。

(3) 建设工程设计文件。

(4) 与建设工程项目有关的标准、规范、技术资料。

(5) 招标文件及其补充通知、答疑纪要。

(6) 施工现场情况、工程特点及常规施工方案。

(7) 其他相关资料。

7.2.3 分部分项工程量清单的编制

分部分项工程量清单应包括项目编码、项目名称、项目特征、计量单位和工程量。分部分项工程量清单应根据附录规定的项目编码、项目名称、项目特征、计量单位和工程量计算规则进行编制。

1. 项目编码

分部分项工程量清单的项目编码应采用十二位阿拉伯数字表示。一至九位应按附录的规定设置，十至十二位应根据拟建工程的工程量清单项目名称设置，同一招标工程的项目编码不得有重码。各级编码代表的含义如下。

(1) 第一级表示工程分类顺序码(分二类)：建筑工程为 01、装饰装修工程为 02、安装工程为 03、市政工程为 04、园林绿化工程为 05。

(2) 第二级表示专业工程顺序码(分二位)。

(3) 第三级表示分部工程项目顺序码(分二位)。

(4) 第四级表示分项工程项目顺序码(分三位)。

(5) 第五级表示工程量清单项目顺序码(分三位)。

项目编码结构如图 7-1 所示(以建筑工程为例)。

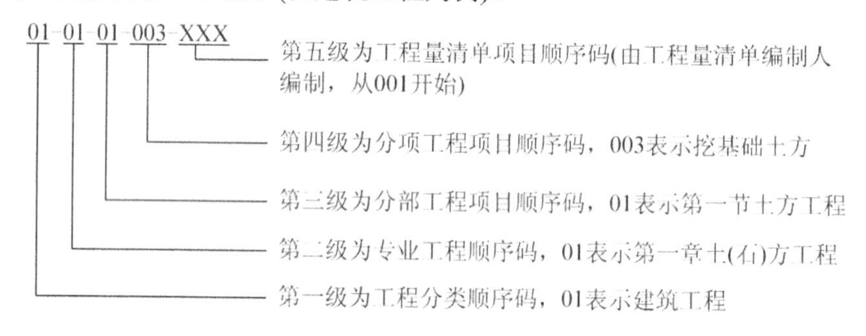

图 7-1 项目编码结构

2. 项目名称

分部分项工程量清单的项目名称应按附录的项目名称结合拟建工程的实际确定。《计价规范》附录表中的“项目名称”为分项工程项目名称，是形成分部分项工程量清单项目名称的基础，分项工程项目名称一般以工程实体来命名，项目名称如有缺项，招标人可按相应的原则进行补充，并报当地工程造价管理部门备案。

3. 项目特征

分部分项工程量清单项目特征应按附录中规定的项目特征，结合拟建工程项目的实际予以描述。分部分项工程量清单的项目特征是确定一个清单项目综合单价的重要依据，在编制的工程量清单中必须对其项目特征进行准确和全面的描述。工程量清单项目特征描述的重要意义有以下几点。

(1) 项目特征是区分清单项目的依据。工程量清单项目特征是用来表述分部分项清单项目的实质内容，用于区分计价规范中同一清单条目下各个具体的清单项目。没有项目特征的准确描述，对于相同或相似的清单项目名称，就无从区分。

(2) 项目特征是确定综合单价的前提。由于工程量清单项目的特征决定了工程实体的实质内容，必然直接决定了工程实体的自身价值。因此，工程量清单项目特征描述得准确与否，直接关系到工程量清单项目综合单价的准确确定。

(3) 项目特征是履行合同义务的基础。实行工程量清单计价，工程量清单及其综合单价则构成施工合同的组成部分。因此，如果工程量清单项目特征的描述不清甚至漏项、错误，就会引起在施工过程中的更改，从而引起分歧、导致纠纷。

由此可见，清单项目特征的描述，应根据计价规范附录中有关项目特征的要求，结合技术规范、标准图集、施工图样，按照工程结构、使用材质及规格或安装位置等，予以详细而准确的表述和说明。一旦离开了清单项目特征的准确描述，清单项目就将没有生命力。

清单项目特征主要涉及项目的自身特征(材质、型号、规格、品牌)、项目的工艺特征以及对项目施工方法可能产生影响的特征。例如，锚杆支护项目特征描述为：锚孔直径，锚孔平均深度，锚固方法、浆液种类，支护厚度、材料种类，混凝土强度等级，砂浆强度等级。其自身特征为孔径、孔深、支护厚度、各种材料种类；工艺特征为锚固方法；对项目施工方法可能产生影响的特征为土质情况。这些特征对投标人的报价影响很大。特征描述不清，将导致投标人对招标人的需求理解不全面，达不到正确报价的目的。对清单项目特征不同的项目应分别列项，如基础工程，仅混凝土强度等级不同，足以影响投标人的报价，故应分开列项。

4. 计量单位

分部分项工程量清单的计量单位应按附录中规定的计量单位确定。除各专业另有特殊规定外均按以下单位计量。

(1) 以重量计算的项目——吨或千克(t或kg)。

(2) 以体积计算的项目——立方米(m^3)。

(3) 以面积计算的项目——平方米(m^2)。

(4) 以长度计算的项目——米(m)。

(5) 以自然计量单位计算的项目——个、套、块、组、台等。

(6) 没有具体数量的项目——宗、项等。

以“吨”为计量单位的应保留小数点三位，第四位小数四舍五入；以“立方米”、“平方米”、“米”、“千克”为计量单位的应保留小数点二位，第三位小数四舍五入；以“项”、“个”等为计量单位的应取整数。

5. 工程数量的计算

分部分项工程量清单中所列工程量应按附录中规定的工程量计算规则计算。《计价规范》明确了清单项目的工程量计算规则，其实质是以形成工程实体为准，并以完成后的净值来计算。这一计算方法与之前执行的综合定额有着本质的区别，综合定额除了计算净值外，还包括因施工方案所采用的施工方法而导致的工程量的增加。如基坑开挖工程，其施工方案可能采用放坡开挖方法或采用其他的结构围护形式(视工程地质情况和承包商的经验实力而定)，若采用放坡开挖方法施工，则土方工程量的计算结果是基坑开挖土方量净值与因放坡而增加的土方工程量之和；采用其他结构围护形式施工的工程量计算结果更是不同。即同一项工程，不同的承包商计算出来的工程量可能不同，同一承包商因采用的施工方案不同，其工程量的计算结果也不同。但是，采用了工程量清单计价法，严格执行计价规范的工程量计算规则，工程实体的工程量是唯一的，而将施工方案引起工程费用的增加折算到综合单价，或因措施费用的增加放到措施项目清单中。统一的清单工程量为各投标人提供了一个公平竞争的平台。

工程量计算规则包括建筑工程、装饰装修工程、安装工程、市政工程、园林绿化工程和矿山工程。

(1) 建筑工程包括土(石)方工程，桩与地基基础工程，砌筑工程，混凝土及钢筋混凝土工程，厂库房大门、特种门、木结构工程，金属结构工程，屋面及防水工程，防腐、隔热、保温工程。

(2) 装饰装修工程包括楼地面工程，墙柱面工程，天棚工程，门窗工程，油漆、涂料、裱糊工程，其他装饰工程。

(3) 安装工程包括机械设备安装工程，电气设备安装工程，热力设备安装工程，炉窑砌筑工程，静置设备与工艺金属结构制作安装工程，工业管道工程，消防工程，给排水、采暖、燃气工程，通风空调工程，自动化控制仪表安装工程，通信设备及线路工程，建筑智能化系统设备安装工程，长距离输送管道工程。

(4) 市政工程包括土石方工程，道路工程，桥涵护岸工程，隧道工程，市政管网工程，地铁工程，钢筋工程，拆除工程。

(5) 园林绿化工程包括绿化工程，园路、园桥、假山工程，园林景观工程。

(6) 矿山工程包括露天工程，井巷工程。

7.2.4 措施项目清单的编制

措施项目是指为完成工程项目施工，发生于该工程施工准备和施工过程中的技术、生活、安全、环境保护等方面的非工程实体项目。措施项目清单应根据拟建工程的实际情况列项。通用措施项目可按表 7-1 选择列项，专业工程的措施项目可按附录中规定的项目选择列项。若出现《计价规范》未列的项目，可根据工程实际情况补充。

表 7-1　通用项目一览表

序　　号	项 目 名 称
1	安全文明施工(含环境保护、文明施工、安全施工、临时施工)
2	夜间施工
3	二次搬运

续表

序　号	项 目 名 称
4	东雨季施工
5	大型机械设备进出场及安拆
6	施工排水
7	施工降水
8	地上、地下设施。建筑物的临时保护设施
9	已完工程及设备保护

“08年计价规范”对“03年计价规范”中的通用措施项目做了一些调整：一是将环境保护、文明施工、安全施工、临时设施合并定义为安全文明施工；二是增加了冬雨季施工，地上、地下设施，建筑物的临时保护设施；三是将施工排水与施工降水分列；四是将混凝土、钢筋混凝土模板及支架与脚手架分别列于附录A等专业工程的措施项目中。

措施项目中可以计算工程量的项目清单宜采用分部分项工程量清单的方式编制，列出项目编码、项目名称、项目特征、计量单位和工程量计算规则；不能计算工程量的项目清单，以“项”为计量单位。

《计价规范》将工程实体项目划分为分部分项工程量清单项目，非实体项目划分为措施项目。所谓非实体性项目，一般来说，其费用的发生和金额的大小与使用时间、施工方法或者两个以上工序相关，与实际完成的实体工程量的多少关系不大，如大型机械设备进出场及安拆，安全文明施工等。但有的非实体性项目，如混凝土浇筑的模板工程，与完成的工程实体具有直接关系，并且是可以精确计量的项目，用分部分项工程量清单的方式，采用综合单价更有利于合同管理。

措施项目清单的设置需要做到以下几点。

(1) 参考拟建工程的常规施工组织设计，以确定环境保护、文明安全施工、临时设施、材料的二次搬运等项目。

(2) 参考拟建工程的常规施工方案，以确定大型机械设备进出场及安拆、混凝土模板及支架、脚手架、施工排水、施工降水、垂直运输机械、组装平台等项目。

(3) 参阅相关的施工规范与工程验收规范，以确定施工方案没有表述的但为实现施工规范与工程验收规范要求而必须发生的技术措施、设计文件中不足以写进施工方案但要通过一定的技术措施才能实现的内容、招标文件中提出的需通过一定的技术措施才能实现的要求等项目。

7.2.5 其他项目清单的编制

其他项目清单是指分部分项工程量清单、措施项目清单所包含的内容以外，因招标人的特殊要求而发生的与拟建工程有关的其他费用项目和相应数量的清单。其他项目清单宜按照下列内容列项。

(1) 暂列金额。

(2) 暂估价，包括材料暂估单价、专业工程暂估价。

(3) 计日工。

(4) 总承包服务费。

出现《计价规范》未列的项目，可根据工程实际情况补充。

1) 暂列金额

暂列金额是指招标人在工程量清单中暂定并包括在合同价款中的一笔款项。用于施工合同签订时尚未确定或者不可预见的所需材料、设备、服务的采购，施工中可能发生的工程变更、合同约定调整因素出现时的工程价款调整以及发生的索赔、现场签证确认等的费用。

2) 暂估价

暂估价是指招标人在工程量清单中提供的用于支付必然发生但暂时不能确定价格的材料的单价以及专业工程的金额。

“暂估价”是在招标阶段预见肯定要发生，只是因为标准不明确或者需要由专业承包人完成，暂时又无法确定具体价格时采用的一种价格形式。

3) 计日工

在施工过程中，完成发包人提出的施工图样以外的零星项目或工作，按合同中约定的计日工综合单价计价。

计日工是为了解决现场发生的零星工作的计价而设立的。国际上常见的标准合同条款中，大多数都设立了计日工(daywork)计价机制。计日工以完成零星工作所消耗的人工工时、材料数量、机械台班进行计量，并按照计日工表中填报的适用项目的单价进行计价支付。计日工适用的所谓零星工作一般是指合同约定之外的或者因变更而产生的、工程量清单中没有相应项目的额外工作，尤其是那些时间不允许事先商定价格的额外工作。计日工为额外工作和变更的计价提供了一个方便快捷的途径。但是，在以往的实践中，计日工经常被忽略。其中一个主要原因是因为计日工项目的单价水平一般要高于工程量清单项目单价的水平。理论上讲，合理的计日工单价水平一定是高于工程量清单的价格水平，其原因在于计日工往往是用于一些突发性的额外工作，缺少计划性，承包人在调动施工生产资源方面难免不影响已经计划好的工作，生产资源的使用效率也有一定的降低，客观上造成超出常规的额外投入。另一方面，计日工清单往往忽略给出一个暂定的工程量，无法纳入有效的竞争，也是造成计日工单价水平偏高的原因之一。因此，为了获得合理的计日工单价，计日工表中一定要给出暂定数量，并且需要根据经验，尽可能估算一个比较贴近实际的数量。当然，尽可能把项目列全，防患于未然，也是值得充分重视的工作。

4) 总承包服务费

总承包服务费是为了解决招标人在法律、法规允许的条件下进行专业工程发包以及自行采购供应材料、设备时，要求总承包人对发包的专业工程提供协调和配合服务(如分包人使用总包人的脚手架、水电接驳等)；对供应的材料、设备提供收发和保管服务以及对施工现场进行统一管理；对竣工资料进行统一汇总整理等发生并向总承包人支付的费用。招标人应当预计该项费用并按投标人的投标报价向投标人支付该项费用。

7.2.6　规费项目清单

规费是指根据省级政府或省级有关权力部门规定必须缴纳的，应计入建筑安装工程造价的费用。

规费项目清单应按照下列内容列项。

(1) 工程排污费。

(2) 工程定额测定费。

(3) 社会保障费，包括养老保险费、失业保险费、医疗保险费、工伤保险费。

(4) 住房公积金。

(5) 危险作业意外伤害保险。

7.2.7　税金项目清单

税金是指国家税法规定的应计入建筑安装工程造价内的营业税、城市维护建设税及教育费附加等。

税金项目清单应包括营业税、城市维护建设税、教育费附加。

7.3　掌握工程量清单计价的方法

7.3.1　工程量清单计价的建筑安装工程造价组成

《计价规范》规定建筑安装工程费用项目(工程造价)由分部分项工程费、措施项目费、其他项目费、规费和税金组成，如图 7-2 所示。

从图 7-2 中可以看出，与《建筑安装工程费用项目组成》(建标[2003]206 号)包含的内容并无实质差异。《建筑安装工程费用项目组成》主要表述的是建筑安装工程费用项目的组成，而《计价规范》的建筑安装工程造价要求的是建筑安装工程在工程交易和工程实施阶段工程造价的组价要求，包括索赔等，内容更全面、更具体。二者在计算建筑安装工程造价的角度上存在差异。

采用工程量清单计价，建设工程造价由分部分项工程费、措施项目费、其他项目费、规费和税金组成。

在工程量清单计价中，如按分部分项工程单价组成来分，工程量清单报价主要有工料单价法，综合单价法，全费用综合单价法三种形式，其计算公式分别如下：

工料单价=人工费+材料费+机械使用费

综合单价=人工费+材料费+机械使用费+管理费+利润

全费用综合单价法=人工费+材料费+机械使用费+措施项目费+管理费+规费+利润+税金

分部分项工程量清单应采用综合单价计价。《计价规范》中的工程量清单综合单价是指完成一个规定计量单位的分部分项工程量清单项目或措施清单项目所需的人工费、材料费、施工机械使用费和企业管理费与利润，以及一定范围内的风险费用。该定义并不是真正意义上的全费用综合单价，而是一种狭义上的综合单价，规费和税金等不可竞争的费用并不包括在项目单价中。

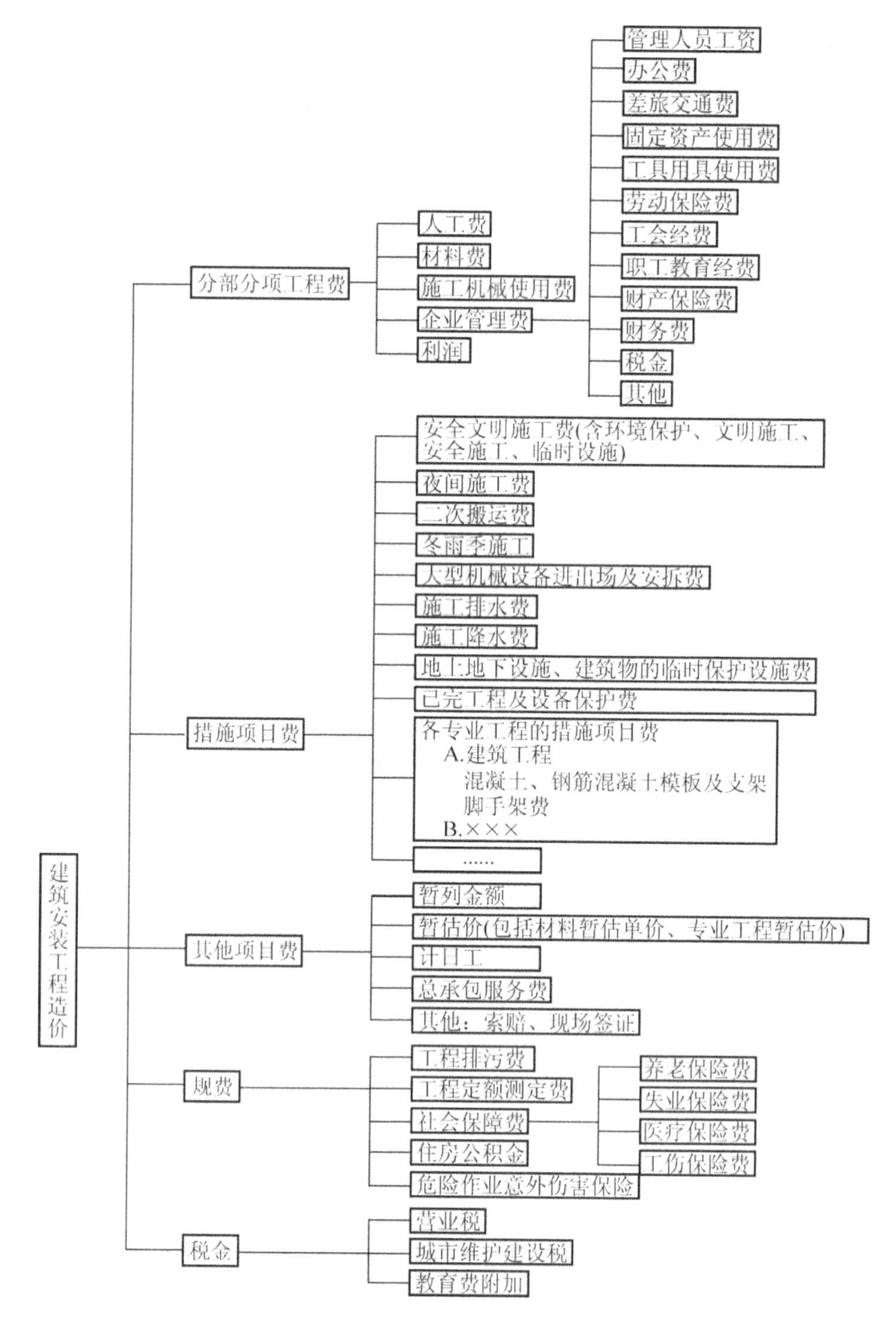

图7-2　建筑安装工程费用项目

7.3.2　工程量清单计价的基本过程

工程量清单计价过程可以分为工程量清单编制和工程量清单应用两个阶段。工程量清单的编制程序如图7-3所示。工程量清单应用过程如图7-4所示。

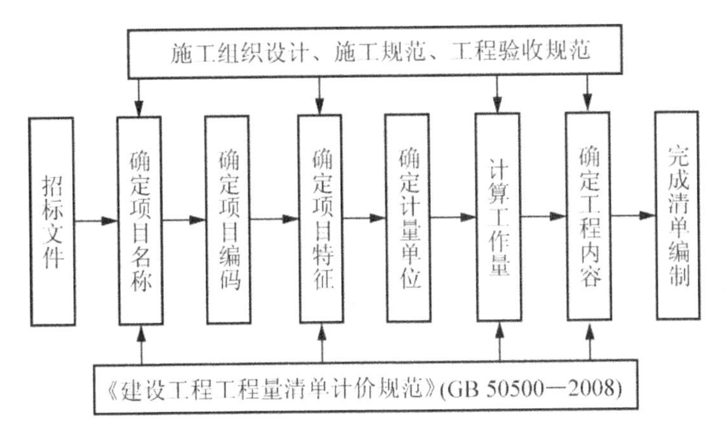

图 7-3 工程量清单的编制程序图

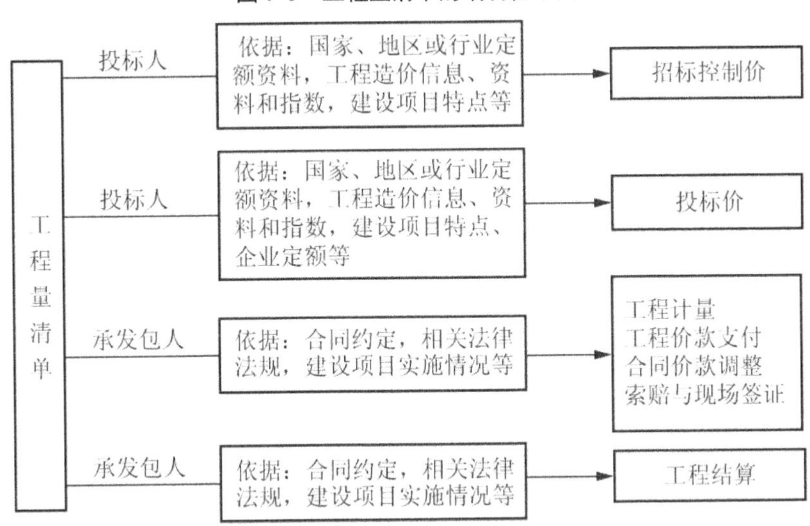

图 7-4 工程量清单应用过程

7.3.3 工程量清单计价的方法

1. 工程造价计算

利用综合单价法计价，需分项计算清单项目，汇总得到工程总造价。

$$分部分项工程费=\sum 分部分项工程量\times分部分项工程综合单价$$

$$措施项目费=\sum 措施项目工程量\times措施项目综合单价+\sum 单项措施费$$

$$单位工程报价=分部分项工程费+措施项目费+其他项目费+规费+税金$$

$$单项工程报价=\sum 单位工程报价$$

$$总造价=\sum 单项工程报价$$

2. 分部分项工程费计算

1) 工程量的计算

招标文件中的工程量清单标明的工程量是投标人投标报价的共同基础，竣工结算的工程量按发、承包双方在合同中约定应予计量且实际完成的工程量确定。

工程量清单计价模式下，招标人提供的分部分项工程量是按施工图图示尺寸计算得到的工程净量。在计算直接工程费(人工费、材料费、机械使用费)时，必须考虑施工方案等各种影响因素，重新计算施工作业量，以施工作业量为基数完成计价。施工方案不同，施工作业量的计算方法与计算结果也不相同。例如，某多层砖混住宅条形基础土方工程，业主根据基础施工图，按清单工程量计算规则，以基础垫层底面积乘以挖土深度计算工程量，计算得到土方挖方总量为 300m^3，投标人根据分部分项工程量清单及地质资料，可采用两种施工方案进行，方案 1 的工作面宽度各边 0.20m、放坡系数为 0.35；方案 2 则是考虑到土质松散，采用挡土板支护开挖，工作面 0.30m。按预算定额计算工程量分别为：方案 1 的土方挖方总量为 735m^3；方案 2 的土方挖方总量为 480m^3。因此，同一工程，由于施工方案的不同，工程造价各异。投标单位可根据工程条件选择能发挥自身技术优势的施工方案，力求降低工程造价，确立在招投标中的竞争优势。同时，必须注意工程量清单计算规则是针对清单项目的主项的计算方法及计量单位进行确定，对主项以外的工程内容的计算方法及计量单位不作规定，由投标人根据施工图及投标人的经验自行确定。最后综合处理形成分部分项工程量清单综合单价。

2) 人、料、机数量测算

企业可以按反映企业水平的企业定额或参照政府消耗量定额确定人工、材料、机械台班的耗用量。

3) 市场调查和询价

根据工程项目的具体情况，考虑市场资源的供求状况，采用市场价格作为参考，考虑一定的调价系数，确定人工工资单价、材料预算价格和施工机械台班单价。

4) 计算清单项目分项工程的直接工程费单价

按确定的分项工程人工、材料和机械的消耗量及询价获得的人工工资单价、材料预算单价、施工机械台班单价，计算出对应分项工程单位数量的人工费、材料费和机械费。

5) 计算综合单价

分部分项工程的综合单价由相应的直接工程费、企业管理费与利润，以及一定范围内的风险费用构成。企业管理费及利润通常根据各地区规定的费率乘以规定的计算基础得出。

【例 7-1】 某多层砖混住宅土方工程，土壤类别为三类土，基础为砖大放脚带形基础，垫层宽度为 920mm，挖土深度为 1.80m，基础总长度为 1590.60m。根据施工方案，土方开挖的工作面宽度各边 0.25m，放坡系数为 0.20。除沟边堆土 1000m^3 外，现场堆土 2170.50m^3，运距 60m，采用人工运输。其余土方需装载机装，自卸汽车运，运距 4km。已知人工挖土单价为 8.40 元/m^3，人工运土单价 7.38 元/m^3，装卸机装自卸汽车运土需使用机械有装载机(280 元/台班，0.00398 台班/m^3)、自卸汽车(340 元/台班，0.04925 台班/m^3)、推土机(500 元/台班，0.00296 台班/m^3)和洒水车(300 元/台班，0.0006 台班/m^3)。另外，装卸机装自卸汽车运土需用工(25 元/工日，0.012 工日/m^3)，用水(1.80 元/m^3，每 1m^3 土方需耗水 0.012m^3)。试根据建筑工程量清单计算规则计算土方工程的综合单价(不含措施费、规费和税金)，其中管理费取直接工程费的 14%，利润取直接工程费与管理费和的 8%。

解：(1) 业主根据清单规则计算的挖方量为

$$0.92\times1.80\times1590.60\approx2634.034(m^3)$$

(2) 投标人根据地质资料和施工方案计算挖土方量和运土方量如下。

① 需挖土方量。工作面宽度各边 0.25m，放坡系数为 0.20，则基础挖土方总量为

$$(0.92+2\times0.25+0.20\times1.80)\times1.80\times1590.60\approx5096.282(m^3)$$

② 运土方量。沟边堆土 1000m^3；现场堆土 2170.50m^3，运距 60m，采用人工运输；汽车运，运距 4km，运土方量为

$$5096.282-1000-2170.50=1925.782(m^3)$$

(3) 人工挖土直接工程费。

人工费：

$$5096.282\times8.40\approx42808.77(元)$$

(4) 人工运土(60m 内)直接工程费。

人工费：

$$2170.50\times7.38\ 元=16018.29(元)$$

(5) 装卸机装自卸汽车运土(4km)直接工程费。

① 人工费：

$$25\times0.012\times1925.782\approx577.73(元)$$

② 材料费：

$$1.8\times0.012\times1925.782\approx41.60(元)$$

③ 机械费：

装载机：

$$280\times0.00398\times1925.782\approx2146.09(元)$$

自卸汽车：

$$340\times0.04925\times1925.782\approx32247.22(元)$$

推土机：

$$500\times0.00296\times1925.782\approx2850.16(元)$$

洒水车：

$$300\times0.0006\times1925.782=346.64(元)$$

机械费小计：37590.11 元。

机械费单价=$280\times0.00398+340\times0.04925+500\times0.00296+300\times0.0006\approx19.519$(元/m^3)

④ 机械运土直接工程费合计：38209.44 元。

(6) 综合单价计算。

① 直接工程费合计：

$$42808.77+16018.29+38209.44=97036.50(元)$$

② 管理费：

$$97036.50\times14\%=13585.11(元)$$

③ 利润：

$$(97036.50+13585.11)\times 8\% \approx 8849.73(\text{元})$$

④ 总计：

$$97036.50+13585.11+8849.73=119471.34(\text{元})$$

⑤ 按业主提供的土方挖方总量折算为工程量清单综合单价：

$$119471.34\div 2634.03 \approx 45.36(\text{元}/m^3)$$

(7) 综合单价分析。

① 人工挖土方。

单位清单工程量：

$$5096.282\div 2634.034 \approx 1.9348(m^3)$$

管理费：

$$8.40\times 14\%=1.176(\text{元}/m^3)$$

利润：

$$(8.40+1.176)\times 8\% \approx 0.766(\text{元}/m^3)$$

管理费及利润：

$$1.176+0.766=1.942(\text{元}/m^3)$$

② 人工运土方。

单位清单工程量：

$$2170.5\div 2634.034 \approx 0.8240(m^3)$$

管理费：

$$7.38\times 14\% \approx 1.033(\text{元}/m^3)$$

利润：

$$(7.38+1.033)\times 8\% \approx 0.673(\text{元}/m^3)$$

管理费及利润：

$$1.033+0.673=1.706(\text{元}/m^3)$$

③ 装卸机自卸汽车运土方。

单位清单工程量：

$$1925.782\div 2634.034 \approx 0.7311(m^3)$$

直接工程费用：

$$0.3+0.022+19.519=19.841(\text{元}/m^3)$$

管理费：

$$19.841\times 14\% \approx 2.778(\text{元}/m^3)$$

利润：

$$(19.841+2.778)\times 8\% \approx 1.8095(\text{元}/m^3)$$

管理费及利润：

$$2.778+1.8095 \approx 4.588(\text{元}/m^3)$$

表 7-2 为分部分项工程量清单与计价表，表 7-3 为工程量清单综合单价分析表。

表 7-2 分部分项工程量清单与计价表

工程名称:某多层砖混住宅工程　　标段:　　第　页共　页

项目编码	项目名称	项目特征描述	计量单位	工程量	金额/元		
					综合单价	合价	其中：暂估价
010101003001	挖基础土方	土壤类别：三类土 基础类型： 砖放大脚 带形基础 垫层宽度：920mm 挖土深度：1.80m 弃土距离：4km	m^3	2634.03	45.36	119471.34	
本页小计						119471.34	
合　计						119471.34	

表 7-3 工程量清单综合单价分析表

工程名称：某多层砖混住宅工程　　标段：　　第　页共　页

010101003001	项目名称		挖基础土方		计量单位		m^3			
定额名称	定额单位	数量	单价/元				合价/元			
			人工费	材料费	机械费	管理费和利润	人工费	材料费	机械费	管理费和利润
人工挖土	m^3	1.9348	8.40			1.942	16.25			3.76
人工运土	m^3	0.8240	7.38			1.706	6.08			1.41
装卸机自卸汽车运土方	m^3	0.7311	0.30	0.022	19.519	4.588	0.22	0.02	14.27	3.35
小　计							22.55	0.02	14.27	8.52
未计价材料费										
清单项目综合单价							45.36			

主要材料名称、规格、型号	单位	数量	单价/元	合价/元	暂估单价/元	暂估合价/元
水	m^3	0.012	1.80	0.022		
其他材料费			—		—	
材料费小计			—	0.022	—	

3. 措施项目费计算

措施项目清单计价应根据建设工程的施工组织设计，计算工程量的措施项目，应按分部分项工程量清单的方式采用综合单价计价；其余的措施项目可以采用以“项”为单位的方式计价，应包括除规费、税金外的全部费用。

措施项目清单中的安全文明施工费应按照国家或省级、行业建设主管部门的规定计价，不得作为竞争性费用。

计算措施项目综合单价的方法有以下几种。

1) 参数法计价

参数法计价是指按一定的基数乘系数的方法或自定义公式进行计算的方法。这种方法简单明了，但最大的难点是公式的科学性、准确性难以把握。系数高低直接反映投标人的施工水平。这种方法主要适用于施工过程中必须发生，但在投标时很难具体分项预测，又无法单独列出项目内容的措施项目，如夜间施工费、二次搬运费等，按此方法计价。

2) 实物量法计价

实物量法计价是指根据需要消耗的实物工程量与实物单价计算措施费的方法。例如，脚手架搭拆费可根据脚手架摊销量和脚手架价格及搭、拆、运输费计算，租赁费可按脚手架每日租金和搭设周期及搭、拆、运输费计算。

3) 分包法计价

分包法计价是指在分包价格的基础上增加投标人的管理费及风险费进行计价的方法。这种方法适合可以分包的独立项目，如大型机械设备进出场及安拆费的计算。

在对措施项目计价时，每一项费用都要求是综合单价，但是并非每个措施项目内人工费、材料费、机械费、管理费和利润都必须有。

4. 其他项目费计算

其他项目费由暂列金额、暂估价、记日工、总承包服务费等内容构成。暂列金额和暂估价由招标人按估算金额确定。招标人在工程量清单中提供的暂估价的材料和专业工程，若属于依法必须招标的，由承包人和招标人共同通过招标确定材料单价与专业工程分包价；若材料不属于依法必须招标的，经发、承包双方协商确认单价后计价；若专业工程不属于依法必须招标的，由发包人、总承包人与分包人按有关计价依据进行计价。记日工和总承包服务费由承包人根据招标人提出的要求，按估算的费用确定。在编制招标控制价、投标报价、竣工结算时，其他项目费计价的要求不一样，详见《计价规范》。

5. 规费与税金计算

规费是指政府和有关权力部门规定必须缴纳的费用。具体计算时，一般按国家及有关部门规定的计算公式和费率标准进行计算。

建筑安装工程税金是指国家税法规定的应计入建筑安装工程造价内的营业税、城市维护建设税及教育费附加。若国家税法发生变化或地方政府及税务部门依据职权对税种进行了调整，应对税金项目清单进行相应调整。

规费和税金应按国家或省级、行业建设主管部门的规定计算，不得作为竞争性费用。

6. 风险费用

采用工程量清单计价的工程，应在招标文件或合同中明确风险内容及其范围(幅度)。风险具体指工程建设施工阶段发、承包双方在招投标活动和合同履约及施工中所面临的涉及工程计价方面的风险。

7.4 工程量清单计价的格式

根据《计价规范》的规定，计价表格由封面、总说明、投标报价汇总表、分部分项工程量清单表、措施项目清单表、其他项目清单表、规费、税金项目清单与计价表等表格组成。

7.4.1 投标总价封面

投标人编制投标报价时，由投标人单位注册的造价人员编制。投标人盖单位公章，法定代表人或其授权人签字或盖章，编制的造价人员(造价工程师或造价员)签字盖执业专用章。投标总价封面样式如图7-5所示。

投　标　总　价

招 标 人：××大学

工程名称：××大学教师住宅工程

投标报价（小写）：7965428元

（大写）：柒佰玖拾陆万伍仟肆佰贰拾捌元

投 标 人：××建筑公司单位公章（单位盖章）

法定代表人或其授权人：××建筑公司法定代表人（签字或盖章）

编 制 人：×××签字盖造价工程师或造价员章（造价人员签字盖专用章）

编制时间：××××年××月××日

图7-5　投标总价封面样式

7.4.2 总说明

投标报价总说明的内容应包括以下几点。

(1) 采用的计价依据。

(2) 采用的施工组织设计。

(3) 综合单价中包含的风险因素，风险范围(幅度)。

(4) 措施项目的依据。

(5) 其他有关内容的说明等。

总说明样式见表 7-4。

表 7-4　总说明样式

工程名称：××大学教师住宅工程　　　　第　　页共　　页

1. 工程概况：本工程为砖混结构，混凝土灌筑桩基，建筑层数为六层，建筑面积为 10940m^2，招标计划工期为 300 日历天，投标工期为 280 日历天。 2. 投标报价包括范围：为本次招标的住宅工程施工图范围内的建筑工程和安装工程。 3. 投标报价编制依据： (1) 招标文件及所提供的工程量清单和有关报价的要求，招标文件的补充通知和答疑纪要。 (2) 住宅楼施工图及投标施工组织设计。 (3) 有关的技术标准、规范和安全管理规定等。 (4) 省建设主管部门颁发的计价定额和计价管理办法及相关计价文件。 (5) 材料价格根据本公司掌握的价格情况并参照工程所在地工程造价管理机构××××年×月工程造价信息发布的价格。

7.4.3 汇总表

投标报价汇总表包括：工程项目投标报价汇总表(见表 7-5)、单项工程投标报价汇总表(见表 7-6)和单位工程投标报价汇总表(见表 7-7)。

表 7-5　工程项目投标报价汇总表

工程名称：××大学教师住宅工程　　　　第　　页共　　页

序　号	单项工程名称	金额/元	其　中		
			暂估价/元	安全文明施工费/元	规费/元
1	教师住宅楼工程	8965428	2100000	322742	322096
2	学生公寓	5965428	1100000	220000	200000
合　计		14930856	3200000	542742	522096

注：本表适用于工程项目招标控制价或投标报价的汇总。本工程仅为一栋住宅楼，故单项工程即为工程项目。

表 7-6　单项工程投标报价汇总表

工程名称：××大学教师住宅工程　　　　第　　页共　　页

序　号	单项工程名称	金额/元	其　中		
			暂估价/元	安全文明施工费/元	规费/元
1	教师住宅楼工程	8965428	2100000	322742	322096
合　计		8965428	2100000	322742	322096

注：本表适用于工程项目招标控制价或投标报价的汇总。暂估价包括分部分项工程中的暂估价和专业工程暂估价。

表 7-7 单位工程投标报价汇总表

工程名称：××大学教师住宅工程　　　　标段：　　　　第　页共　页

序　号	汇 总 内 容	金额/元	其中：暂估价
1	分部分项工程	7308811	1200000
1.1	A.1 土(石)方工程	99757	
1.2	A.2 桩与地基基础工程	397238	
1.3	A.3 砌筑工程	729518	
1.4	A.4 混凝土及钢筋混凝土工程	3532419	500000
1.5	A.6 金属结构工程	1794	
1.6	A.7 屋面及防水工程	251838	
1.7	A.8 防腐、隔热、保温工程	133226	
1.8	B.1 楼地面工程	291030	500000
1.9	B.2 墙柱面工程	428643	
1.10	B.3 天棚工程	230431	200000
1.11	B.4 门窗工程	366464	
1.12	B.5 油漆、涂料、裱糊工程	243606	
1.13	C.2 电气设备安装工程	360140	
1.14	C.8 给排水安装工程	242662	
2	措施项目	538257	—
2.1	安全文明施工费	122742	—
3	其他项目	633600	—
3.1	暂列金额	500000	—
3.2	专业工程暂估价	100000	—
3.3	计日工	21600	—
3.4	总承包服务费	12000	—
4	规费	222096	—
5	税金	262000	—
招标控制价合计=1+2+3+4+5		8964764	1200000

注：本表适用于工程单位控制价或投标报价的汇总，如无单位工程的划分，单项工程汇总也使用本表汇总。

工程项目与单项工程投标报价/招标控制价汇总表在形式上是一样的，只是对价格的处理不同。需要说明的是，投标报价汇总表与投标函中投标报价金额应当一致。就投标文件的各个组成部分而言，投标函是最重要的文件，其他组成部分都是投标函的支持性文件，投标函是必须经过投标人签字盖章，并且必须在开标会上当众宣读的文件。如果投标报价汇总表的投标总价与投标函填报的投标总价不一致，应当以投标函中填写的大写金额为准。

7.4.4 分部分项工程量清单表

1. 分部分项工程量清单与计价表

分部分项工程量清单与计价表样式见表 7-8。

表7-8 分部分项工程量清单与计价表样式

工程名称：××大学教师住宅工程　　标段：　　第　页共　页

序号	项目编码	项目名称	项目特征描述	计量单位	工程量	金额/元		
						综合单价	合价	其中：暂估价
		A.1 土(石)方工程						
1	010101001001	平整场地	Ⅱ、Ⅲ类土综合，土方就地挖填找平	m^2	1800	0.88	1584	
2	010101003001	挖基础土方	Ⅲ类土，条形基础，垫层底宽2m，挖土深度4m以内，弃土运距为7km	m^3	1500	21.92	32880	
		(其他略)						
		分部小计					34464	
		A.2 桩与地基基础工程						
3	010201003001	混凝土灌注桩	人工挖孔，二级土，桩长10m，有护壁段长9m，共42根，桩直径1000mm，桩混凝土为C25，护壁混凝土为C20	m	420	322.06	135265	
		(其他略)						
		分部小计					135265	
本表小计							169729	
合　计							169729	

注：根据建设部、财政部发布的《建筑安装工程费用组成》(建标[2003]206号)的规定，为计取规费等的使用，可在表中增设其中：“直接费”、“人工费”或“人工费+机械费”三种基数之一。

2. 工程量清单综合单价分析表

工程量清单综合单价分析表样式见表7-9。

表7-9 工程量清单综合单价分析表样式

工程名称：××大学教师住宅工程　　标段：　　第　页共　页

项目编码	010201003001		项目名称	混凝土灌注桩		计量单位		m		
清单综合单价组成明细										
定额编号	定额名称	定额单位数量	单价/元				合价/元			
			人工费	材料费	机械费	管理费和利润	人工费	材料费	机械费	管理费和利润
AB0291	挖孔桩芯混凝土C25	$0.0575m^3$	878.85	2813.67	83.50	263.46	50.53	161.79	4.80	15.15

续表

项目编码	010201003001		项目名称	混凝土灌注桩		计量单位		m		
清单综合单价组成明细										
定额编号	定额名称	定额单位数量	单价/元				合价/元			
			人工费	材料费	机械费	管理费和利润	人工费	材料费	机械费	管理费和利润
AB0284	挖孔桩护壁混凝土C20	0.02255m³	893.96	2732.48	86.32	268.54	20.16	61.62	1.95	6.06
人工单价	小　计						70.69	223.41	6.75	21.21
38元/工日	未计价材料费									
清单项目综合单价							322.06			
材料费明细	主要材料名称、规格、型号		单位	数量	单价/元		合价/元		暂估单价/元	暂估合价/元
	混凝土C25		m³	0.584	268.09		156.56			
	混凝土C20		m³	0.248	243.45		60.38			
	其中	水泥42.5级	kg	276.189	0.556		153.56			
		中砂	m³	0.384	79.00		30.34			
		砾石5～40mm	m³	0.732	45.00		32.94			
	其他材料费				—		6.47		—	
	材料费小计				—		223.41		—	

注：(1) 如不使用省级或行业建设主管部门发布的计价依据，可不填定额项目、编号等。

(2) 招标文件提供了暂估单价的材料，按暂估的单价填入表内“暂估单价”栏及“暂估合价”栏。

工程量清单综合单价分析表是评标委员会评审和判别综合单价组成和价格完整性、合理性的主要基础，同时也是工程变更调整综合单价时必不可少的基础价格数据来源。采用经评审的最低投标价法评标时，该分析表的重要性更加突出。

该分析表集中反映了构成每一个清单项目综合单价的各个价格要素的价格及主要的“工、料、机”消耗量。投标人在投标报价时，需要对每一个清单项目进行组价，为了使组价工作具有可追溯性(回复评标质疑时尤其需要)，需要表明每一个数据的来源。该分析表实际上是投标人投标组价工作的一个阶段性成果文件。

7.4.5 措施项目清单表

1. 措施项目清单与计价表(一)

措施项目清单与计价表(一)样式见表7-10。措施项目清单与计价表(一)适用于以“项”计价的措施项目。

表 7-10　措施项目清单与计价表(一)样式

工程名称：××大学教师住宅工程　　　　标段：　　　　第　页共　页

序号	项 目 名 称	计算基础	费率/%	金额/元
1	安全文明施工费	人工费	30	322742
2	夜间施工费	人工费	1.5	11137
3	二次搬运费	人工费	1	7425
4	冬雨季施工	人工费	0.6	4455
5	大型机械设备进出场及安拆费			13500
6	施工排水			2500
7	施工降水			17500
8	地上、地下设施、建筑物的临时保护设施			2000
9	已完工程及设备保护			6000
10	各专业工程的措施项目			255000
(1)	垂直运输机械			105000
(2)	脚手架			250000
合计				742259

注：(1) 本表适用于以“项”计价的措施项目。

(2) 根据建设部、财政部发布的《建筑安装工程费用组成》(建标[2003]206 号)的规定，为计取规费等的使用，可在表中增设其中：“直接费”、“人工费”或“人工费+机械费”三种基数之一。

(3) 编制工程量清单时，表中的项目可根据工程实际情况进行增减。

(4) 编制招标控制价时，计费基础、费率应按省级或行业建设主管部门的规定计取。

(5) 编制投标报价时，除“安全文明施工费”必须按《计价规范》的强制性规定和省级、行业建设主管部门的规定计取外，其他措施项目均可根据投标施工组织设计自主报价。

2. 措施项目清单与计价表(二)

措施项目清单与计价表(二)样式见表 7-11。措施项目清单与计价表(二)适用于以分部分项工程量清单项目综合单价形式计价的措施项目。

表 7-11　措施项目清单与计价表(二)样式

工程名称：××大学教师住宅工程　　　　标段：　　　　第　页共　页

序号	项目编号	项目名称	项目特征描述	计量单位	工程量	金额/元	
						综合单价	合价
1	AB001	现浇钢筋混凝土平板模板及支架	矩形板，支模高度3.00m	m^2	1200	18.37	22044
2	AB002	现浇钢筋混凝土有梁板及支架	矩形梁，断面200mm×400mm，梁底支模高度2.60m，板底支模高度3m	m^2	1500	23.97	35955
		(其他略)					
本页小计							
合　计							

注：本表适用于以综合单价形式计价的措施项目。

7.4.6 其他项目清单表

其他项目清单表包括其他项目清单与计价汇总表、暂列金额明细表、材料暂估单价表、专业工程暂估价表、计日工表、总承包服务费计价表。

1. 其他项目清单与计价汇总表

其他项目清单与计价汇总表样式见表7-12。

表7-12 其他项目清单与计价汇总表样式

工程名称：××大学教师住宅工程　　　　标段：　　　　第　页共　页

序　号	项目名称	计量单位	金额/元	备　注
1	暂列金额	项	400000	
2	暂估价		120000	
2.1	材料暂估价			
2.2	专业工程暂估价	项	120000	
3	计日工		21600	
4	总承包服务费		12000	
5				
合　计			553600	—

注：材料暂估单价进入清单项目综合单价，此处不汇总。

应注意编制投标报价时，应按招标文件工程量清单提供的“暂列金额”和“专业工程暂估价”填写金额，不得变动。“计日工”、“总承包服务费”自主确定报价。

2. 暂列金额明细表

暂列金额明细表样式见表7-13，“暂列金额”在《计价规范》的定义中已经明确。在实际履约过程中可能发生，也可能不发生。本表要求招标人能将暂列金额与拟用项目列出明细，但如确实不能详列也可只列暂定金额总额，投标人应将上述暂列金额计入投标总价中。例如，某工程量清单中给出的暂列金额及拟用项目见表7-13。投标人只需要直接将工程量清单中所列的暂列金额纳入投标总价，并且不需要在工程量清单中所列的暂列金额以外再考虑任何其他费用。

表7-13 暂列金额明细表样式

工程名称：××大学教师住宅工程　　　　标段：　　　　第　页共　页

序　号	项目名称	计量单位	金额/元	备　注
1	工程量清单中工程量偏差和设计变更	项	200000	
2	政策性调整和材料价格风险	项	100000	
3	其他	项	100000	
4		项		
合　计			400000	—

注：此表由招标人填写，如不能详列，也可只列暂定金额总额，投标人应将上述暂列金额计入投标总价中。

上述的暂列金额，尽管包含在投标总价中(所以也将包含在中标人的合同总价中)，但并不属于承包人所有和支配，是否属于承包人所有受合同约定的支付程序的制约。

3. 材料暂估单价表

材料暂估单价表样式见表7-14。暂估价是在招标阶段预见肯定要发生，只是因为标准不明确或者需要由专业承包人完成，暂时无法确定具体价格。例如，某工程中材料设备暂估价项目及其暂估价清单见表7-14。表中列明的材料设备的暂估价仅指此类材料、工程设备本身运至施工现场内工地地面价，但不包括这些材料设备的安装以及安装所必需的辅助材料以及发生在现场内的验收、存储、保管、开箱、二次搬运、从存放地点运至安装地点以及其他任何必要的辅助工作(以下简称“暂估价项目的安装及辅助工作”)所发生的费用。暂估价项目的安装及辅助工作所发生的费用应该包括在投标价格中并且固定包死。

表7-14　材料暂估单价表样式

工程名称：××大学教师住宅工程　　　　标段：　　　　第　页共　页

序　号	材料名称、规格、材料	计量单位	金额/元	备　注
1	钢筋(规格、型号综合)	t	4500	用在所有现浇混凝土钢筋清单项目
2				
合　计				

注：(1) 此表由招标人填写，并在备注栏说明暂估的材料拟用在哪些清单项目上，投标人应将上述材料暂估单价计入工程量清单综合单价报价中。

(2) 材料包括原材料、燃料、构配件以及按规定应计入建筑安装工程造价的设备。

4. 专业工程暂估价表

专业工程暂估价表样式见表7-15。专业工程暂估价应在表内填写工程名称、工程内容、暂估金额，投标人应将上述金额计入投标总价中。例如，某工程中专业工程暂估价项目及其暂估价清单见表7-15。表中列明的专业工程暂估价是指分包人实施专业分包工程的含税金后的完整价(即包含了该分包工程中所有供应、安装、完工、调试、修复缺陷等全部工作)，除了合同约定的承包人应承担的总包管理、协调、配合和服务责任所对应的总承包服务费用以外，承包人为履行其总包管理、配合、协调和服务等所需发生的费用应该包括在投标价格中。

表7-15　专业工程暂估价表样式

工程名称：××大学教师住宅工程　　　　标段：　　　　第　页共　页

序　号	工 程 名 称	工 程 内 容	金额/元	备　注
1	入户防盗门	安装	120000	
2				
合　计			120000	—

注：此表由招标人填写，投标人应将上述专业工程暂估价计入投标总价中。

5. 计日工表

计日工表样式见表7-16。编制投标报价时，人工、材料、机械台班单价由投标人自主确定，按已给暂估数量计算合价计入投标总价中。

表7-16 计日工表样式

工程名称：××大学教师住宅工程　　　　标段：　　　　第　页共　页

编　号	项目名称	单　位	暂定数量	综合单价	合　价
一	人　工				
1	普　工	工日	250	40	10000
2	技工(综合)	工日	100	50	5000
	人工小计				15000
二	材　料				
1	钢筋(规格、型号综合)	t	1	5000	5000
2	水泥42.5级	t	2	450	900
3	中　砂	m^3	10	70	700
4	砾石(5～40mm)	m^3	5	60	300
5	页岩砖(240mm×115mm×53mm)	千块	1	800	800
	材料小计				7600
三	施工机械				
1	自升式塔式起重机(起重力矩1250kN·m)	台班	5	880	4400
2	灰浆搅拌机(400L)	台班	2	80	160
	施工机械小计				4560
	合　计				27160

注：此表项目名称、数量由投标人填写，编制招标控制价时，单价由招标人按有关计价规定确定；投标时，单价由投标人自主报价，计入投标总价中。

6. 总承包服务费计价表

总承包服务费计价表样式见表7-17。编制投标报价时，由投标人根据工程量清单中的总承包服务内容，自主决定报价。

表7-17 总承包服务费计价表

工程名称：××大学教师住宅工程　　　　标段：　　　　第　页共　页

序号	项目名称	项目价值/元	服务内容	费率/%	金额/元
1	发包人发包专业工程	100000	(1) 按专业工程承包人的要求提供施工工作面并对施工现场进行统一管理，对竣工资料进行统一整理汇总。 (2) 为专业工程承包人提供垂直运输机械和焊接电源接入点，并承担垂直运输费和电费。 (3) 为防盗门安装后进行补缝和找平并承担相应费用	5	5000

续表

序号	项目名称	项目价值/元	服务内容	费率/%	金额/元
2	发包人供应材料	1000000	对发包人供应的材料进行验收及保管和使用发放	0.5	5000
合计					10000

7.4.7 规费、税金项目清单表

规费、税金项目清单表样式见表7-18。

表7-18 规费、税金项目清单表样式

工程名称：××大学教师住宅工程　　标段：　　第　页共　页

序号	项目名称	计算公式	费率/%	金额/元
1	规费			
1.1	工程排污费	按工程所在地环保部门规定按实计算		
1.2	社会保障费	(1)+(2)+(3)		
(1)	养老保险费	人工费×费率	14	
(2)	失业保险费	人工费×费率	2	
(3)	医疗保险费	人工费×费率	6	
1.3	住房公积金	人工费×费率	6	
1.4	危险作业意外伤害保险	人工费×费率	0.5	
1.5	工程定额测定费	税前工程造价×费率	0.14	
2	税金	分部分项工程费+措施项目费+其他工程费+规费	3.41	
合计				

注：根据建设部、财政部发布的《建筑安装工程费用组成》(建标[2003]206号)的规定，为计取规费等的使用，可在表中增设其中："直接费"、"人工费"或"人工费+机械费"三种基数之一。

7.5 掌握工程量清单报价的程序

投标报价应根据招标文件中的工程量清单和有关要求、施工现场实际情况及拟定的施工方案或施工组织设计，依据企业定额和市场价格信息，或参照建设行政主管部门发布的社会平均消耗量定额进行编制。投标报价由投标人自主确定，但不得低于成本。投标报价应由投标人或受其委托具有相应资质的工程造价咨询人编制。

投标人应按招标人提供的工程量清单填报价格。填写的项目编码、项目名称、项目特征、计量单位、工程量必须与招标人提供的一致。

7.5.1 工程量清单报价的依据

投标报价应根据下列依据编制。

(1) 《计价规范》。
(2) 国家或省级、行业建设主管部门颁发的计价办法。
(3) 企业定额，国家或省级、行业建设主管部门颁发的计价定额。
(4) 招标文件、工程量清单及其补充通知、答疑纪要。
(5) 建设工程设计文件及相关资料。
(6) 施工现场情况、工程特点及拟定的投标施工组织设计或施工方案。
(7) 与建设项目相关的标准、规范等技术资料。
(8) 市场价格信息或工程造价管理机构发布的工程造价信息。
(9) 其他的相关资料。

7.5.2 工程量清单报价的程序

1. 复核或计算工程量

一般情况下，投标人必须按招标人提供的工程量清单进行组价，并按照综合单价的形式进行报价。但投标人在以招标人提供的工程量清单为依据来组价时，必须把施工方案及施工工艺造成的工程增量以价格的形式包括在综合单价内。工程量清单中的各分部分项工程量并不十分准确，若设计深度不够则可能有较大的误差，而工程量的多少是选择施工方法、安排人力和机械、准备材料必须考虑的因素，自然也影响分项工程的单价，因此一定要对工程量进行复核。有经验的投标人在计算施工工程量时就对工程量清单中的工程量进行审核，以便确定招标人提供的工程量的准确度和是否采用不平衡报价方法。

另一方面，在实行工程量清单计价时，建设工程项目分为三部分进行计价：分部分项工程项目计价、措施项目计价及其他项目计价。招标人提供的工程量清单是分部分项工程项目清单中的工程量，但不提供措施项目中的工程量及施工方案工程量，必须由投标人在投标时按设计文件及施工组织设计、施工方案进行二次计算。投标人由于考虑不全面而造成低价中标亏损，招标人不予承担。因此这部分用价格的形式分摊到报价内的量必须要认真计算和全面考虑。

2. 确定单价，计算合价

在投标报价中，复核或计算各个分部分项工程的工程量后，就需要确定每一个分部分项工程的单价，并按照工程量清单报价的格式填写，然后计算出合价。

1) 分部分项工程费报价

分部分项工程费应依据《计价规范》的综合单价的组成内容，按招标文件中分部分项工程量清单项目的特征描述确定综合单价计算。综合单价中应考虑招标文件中要求投标人承担的风险费用。招标文件中提供了暂估单价的材料，按暂估的单价计入综合单价。

确定分部分项工程量清单项目综合单价的最重要依据之一是该清单项目的特征描述，投标人投标报价时应依据招标文件中分部分项工程量清单项目的特征描述确定清单项目的综合单价。在招投标过程中，当出现招标文件中分部分项工程量清单特征描述与设计图样不符时，投标人应以分部分项工程量清单的项目特征描述为准，确定投标报价的综合单价。当施工中施工图样或设计变更与工程量清单项目特征描述不一致时，发、承包双方应按实际施工的项目特征，依据合同约定重新确定综合单价。招标文件中提供了暂估单价的材料，按暂估的单价进入综合单价。招标文件中要求投标人承担的风险费用，投标人应考虑列入综合单价。在施工过程中，当出现的风险内容及其范围(幅度)在招标文件规定的范围(幅度)内时，综合单价不得变动，工程价款不作调整。

2) 措施项目费报价

投标人可根据工程实际情况结合施工组织设计，对招标人所列的措施项目进行增补。措施项目费应根据招标文件中的措施项目清单及投标时拟定的施工组织设计或施工方案按《计价规范》的规定自主确定。由于各投标人拥有的施工装备、技术水平和采用的施工方法有所差异，招标人提出的措施项目清单是根据一般情况确定的，没有考虑不同投标人的“个性”，投标人投标时应根据自身编制的投标施工组织设计(或施工方案)确定措施项目，并对招标人提供的措施项目进行调整。投标人根据投标施工组织设计(或施工方案)调整和确定的措施项目应通过评标委员会的评审。

措施项目费的计算包括以下几点。

(1) 措施项目的内容应依据招标人提供的措施项目清单和投标人投标时拟定的施工组织设计或施工方案。

(2) 措施项目费的计价方式应根据招标文件的规定，可以计算工程量的措施清单项目采用综合单价方式报价，其余的措施清单项目采用以“项”为计量单位的方式报价。

(3) 措施项目费由投标人自主确定，但其中安全文明施工费应按国家或省级、行业建设主管部门的规定确定。

3) 其他项目费报价

其他项目费应按下列规定报价。

(1) 暂列金额应按招标人在其他项目清单中列出的金额填写。

(2) 材料暂估价应按招标人在其他项目清单中列出的单价计入综合单价；专业工程暂估价应按招标人在其他项目清单中列出的金额填写。

(3) 计日工按招标人在其他项目清单中列出的项目和数量，自主确定综合单价并计算计日工费用。

(4) 总承包服务费根据招标文件中列出的内容和提出的要求自主确定。

4) 规费和税金的报价

规费和税金应按《计价规范》的规定确定。规费和税金的计取标准是依据有关法律、法规和政策规定制定的，具有强制性。

3. 确定分包工程费

分包人的工程分包费是投标价格的一个重要组成部分，有时总承包人投标价格中的相当部分是分包工程费。因此，在编制投标价格时需要有一个合适的价格来衡量分包人的价格，需要熟悉分包工程的范围，对分包人的能力进行评估。

4. 确定投标价格

实行工程量清单招标，投标人的投标总价应当与组成工程量清单的分部分项工程费、措施项目费、其他项目费和规费、税金的合计金额相一致，即投标人在进行工程量清单招标的投标报价时，不能进行投标总价优惠(或降价、让利)，投标人对投标报价的任何优惠(或降价、让利)均应反映在相应清单项目的综合单价中。

将分部分项工程的合价、措施项目费等汇总后就可以得到工程的总价，但计算出来的工程总价还不能作为投标价格。因为计算出来的价格可能存在重复计算或漏算，也有可能某些费用的预估有偏差，因此需要对计算出来的综合单价作某些必要的调整。投标人要在对工程进行盈亏分析的基础上，找出计算中的问题并分析降低成本的措施，结合企业的投标策略，最后确定投标报价。

由于工程量清单报价是国际通行的报价方法。因此，我国工程量清单报价的程序与国际工程报价的程序基本相同。

本章小结

通过本章学习，要求学习者掌握工程量清单计价的方法、目的和意义；参照《浙江省建设工程工程量清单计价指引》，掌握工程量清单计价法各种方法的计算；掌握工程清单的编制程序；熟悉工程量清单计价的格式；熟悉工程量清单计价的意义及与定额计价法的区别；掌握工程量清单计价法的各种报价方法。

习　题

一、选择题(包括单选和多选)

1. 在施工过程中，完成发包人提出的施工图样以外的零星项目和工作，按合同约定的(　　)项目计价。

A. 计日工综合单价　　B. 暂估价　　C. 暂列金额　　D. 总承包服务费

2. 投标人对招标人提供的措施项目清单所列项目，按规定(　　)。

A. 可根据企业自身情况作适当变更增减

B. 不得进行变更增减

C. 若要变更增减，应事先征得招标人同意

D. 若要变更增减，应事先征得工程师同意

3. 工程量清单由(　　)等组成。

A. 分部分项工程量清单　　B. 规费和税金项目清单

C. 措施项目清单　　D. 其他项目价格清单

E. 主要材料价格清单

4. 工程量清单一经报出，即被认为是包括了所有应该发生的措施项目的(　　)费用。

A. 大部分　　B. 主要　　C. 全部　　D. 一小部分

5. 工程量清单封面由(　　)填写、签字、盖章。

A. 投标人　　B. 标底编制人　　C. 建筑设计单位　D. 招标人

6. 工程量清单计价应包括按招标文件规定，完成工程量清单所列项目的(　　)费用。

A. 主要　　B. 全部　　C. 一大部分　　D. 一小部分

7. 于2003年7月1日实施的《建设工程工程量清单计价规范》(GB 50500—2003)，规定工程量清单应采用(　　)。

A. 工料单价法计价　　B. 综合复计价

C. 综合单价法计价　　D. 工料复计价

8. 在措施项目综合单价确定方法中，参数法适用于确定(　　)。

A. 脚手架搭拆费　　B. 租赁费

C. 大型机械进出场及安拆费　　D. 二次搬运费

9. 下列(　　)是使用工程量清单报价时的依据。

A. 投标文件　　B. 企业定额

C. 招标会议记录　　D. 施工组织设计和施工方案

E. 有关价格计算的规定

10. 根据《计价规范》，十二位分部分项工程量清单项目编码中，由工程量清单编制人设置的是第(　　)位。

A. 三至四　　B. 五至六　　C. 七至九　　D. 十至十二

11.《计价规范》中的综合单价是指完成工程量清单中一个规定计量单位项目所需的(　　)，并考虑风险因素产生的费用。

A. 直接工程费、管理费、利润　　B. 直接工程费、利润、税金

C. 直接费、利润、税金　　D. 直接费、间接费、利润

12. 某采用工程量清单计价的招标工程，工程量清单中挖土方的工程量为2600m^3，投标人甲根据其施工方案估算的挖土方工程量为4400m^3，直接工程费为76000元，管理费为18000元，利润为8000元，不考虑其他因素，则投标人甲填报的综合单价应为(　　)元/ m^3。

A. 36.15　　B. 29.23　　C. 39.23　　D. 23.18

13. 工程量清单是(　　)的依据。

A. 进行工程索赔　　B. 编制项目投资估算

C. 编制招标控制价　　D. 支付工程进度款

E. 办理竣工结算

14. 根据《计价规范》，分部分项工程综合单价包括完成规定计量单位清单项目所需的人工费、材料费、机械使用费以及(　　)。

A. 管理费　　B. 利润　　C. 规费　　D. 税金

E. 一定范围内的风险费

15. 其他项目清单中应包括(　　)。

A. 暂列金额　　B. 暂估价　　C. 总承包服务费

D. 计日工　　E. 措施费

16. 按工程量清单计价的建筑安装工程造价组成的安全文明施工费不包括(　　)。

A. 环境保护费　　B. 文明施工费

C. 临时设施费　　D. 二次搬运费

17. 在工程量清单计价模式下，已知某多层砖混住宅土方工程的清单工程量为2634m^3，完成该分项工程所需的直接工程费为76843.51元，管理费为26126.79元，利润为6147.48元，不考虑风险费，则该分项工程的综合单价为(　　)。

A．29.17元/m^3　　B．41.43元/m^3　　C．19.25元/m^3　　D．94.48元/m^3

18．国有资金投资的工程建设项目实行工程量清单招标，并应编制(　　)。

A．招标控制价　　B．工程量清单说明

C．最低交易价　　D．招标文件说明

19．某项工程与承包人签订了工程施工合同，合同中含两个子项工程，估算工程量甲项为2300m^3，乙项为3200m^3，经协商合同价甲项为180元/m^3，乙项为160元/m^3，承包合同规定开工前业主应向承包人支付合同价20%的预付款，则该项预付款数额是(　　)。

A．1.96万元　　B．8.28万元　　C．10.24万元　　D．18.52万元

20．索赔费用中的人工费，包括增加工作内容的人工费、停工损失费和工作效率降低的损失费等累计，其中增加工作内容的人工费应按照(　　)。

A．计日工费　　B．平均日工资　　C．窝工费　　D．平均窝工费

21．现场签证费用的计价方式中，对于完成合同以外的零星工作时，按(　　)计算。

A．计日工作单价　　B．合同中的约定

C．计日工作调整单价　　D．合同约定的一定比例

22．某土方工程，招标文件中估计工程量为 100×10^{4}m^3，合同中规定：土方工程单价为5元/m^3，当实际工程量超过估计工程量的15%时，单价调整为4.00元/m^3。工程结束时实际完成土方工程量为130×10^{4}m^3，则该土方工程款为(　　)。

A．60万元　　B．515万元　　C．575万元　　D．635万元

二、判断题

1．工程量清单包括分部分项工程项目、措施项目两个部分。(　　)

2．工程量清单应由具有编制能力的中介机构编制，招标方无权编制。(　　)

3．工程量清单包括工程量清单说明和工程量清单表两部分。(　　)

4．传统模式下，标底作为评标的主要依据；清单模式下，可以不编制标底。(　　)

5．清单模式下，报价风险由投标方承担，工程量变动的风险由招标方承担。(　　)

6．工程量清单计价是适应市场机制、深化造价管理改革的重要措施。(　　)

7．《计价规范》体现了政府宏观调控，市场竞争形成价格。(　　)

8．预算定额项目按照施工工序进行设置，工程量清单项目的划分是一个综合体考虑。(　　)

9．为使用方便，一个招标项目内的分部分项工程编码可以重复。(　　)

10．当清单措施项目不满足实际发生项目时，投标人可以补充措施项目报价。(　　)

11．发包人提供的工程量清单有误，或设计变更引起工程量的增减时，执行新的价格。(　　)

12．工程量清单计价虽属招标投标范畴，但相应的建设工程施工合同签订、工程竣工结算均应执行该计价相关规定。(　　)

13．分部分项工程量清单为可调整的开口清单。　　(　　)

三、思考题

1．工程量清单计价与定额计价的区别有哪些？

2．实行工程量清单计价的意义有哪些？

3．什么是综合单价法？

4．综合单价法计价程序有哪几种？

第8章

土木工程招标与投标报价

教学目标

通过本章教学，让学习者了解土木工程招、投标市场，重点掌握招标文件的编写，掌握投标文件的编制和国内、外投标技巧的运用。熟悉工程量清单招、投标过程及招标资格审查与备案；熟悉确定招标方式和发布招标公告或投标邀请书；熟悉编制、发放资格预审文件，递交资格预审申请书；熟悉资格预审、确定合格的投标申请人。掌握编制、发出招标文件，踏勘现场、答疑，编制、送达与签收投标文件；掌握开标、评标、招标投标书面报告及备案，发出中标通知书；掌握土木工程投标报价中的主要程序，包括工程量清单投标报价文件的编制、材料询价、企业进行投标的注意事项、投标报价的策略。

教学要求

知识要点	能力要求	相关知识
土木工程招标	(1) 熟悉招标文件的编写、发放及资格审查 (2) 掌握招标程序及内容	(1) 招标文件 (2) 资格审查 (3) 现场踏勘
土木工程投标	(1) 熟悉投标程序及内容 (2) 掌握投标书的编写 (3) 掌握材料询价及报价策略	(1) 投标文件 (2) 报价方法策略 (3) 市场询价
土木工程评标	(1) 掌握开标的法律程序 (2) 掌握评标的要求及相关法律程序 (3) 熟悉评标定标的书面报告，熟悉中标通知书的内容	(1) 开标、评标、定标 (2) 中标同通知书

基本概念

招标文件；资格预审；现场踏勘；投标文件；报价策略；市场询价；开标；评标；定标；中标；专家评委

引例

在投标报价的策略中，我们经常采用“突然降价报价”，就是投标报价中各竞争对手往往在报价时采取迷惑对手的方法，即先按一般情况报价或报出较高的价格，以表现出自己对该工程兴趣不大，到投标快截止时，再突然降价。采用这种方法时，一定要在准备投标报价的过程中考虑降价的幅度，在临近投标截止日期前，根据情报信息与分析判断，再做最后决策。这只是投标报价的一种方法，如何写招标文件，招标的程序如何，如何编写投标书，采用何种策略投标，开标评标的程序又如何，这些是本章节要解决的问题。

8.1 工程量清单招、投标过程概述

工程量清单招、投标程序的基本流程如下。

招、投标资格审查与备案→确定招标方式→发布招标公告或投标邀请书→编制、发放资格预审文件→递交资格预审申请书→资格预审、确定合格的投标申请人→编制、发出招标文件→踏勘现场、答疑→编制、送达与签收投标文件→开标、评标、招标、投标书面报告及备案；发出中标通知书→签订合同协议。

此流程为从招、投标资格审查与备案到签订合同协议的一个全过程。在施工招投标活动过程中涉及的主体有三方：招标人及其代理人、投标人、监督管理部门。

本章所述工程量清单招、投标过程是采用工程量清单计价方式下的建设工程施工招、投标过程的简单称谓。总体上讲工程量清单招、投标过程与传统的施工招、投标过程基本一致，工程量清单计价方式的实施对招、投标过程的各个阶段的活动内容产生了不同的影响。本章试图从介绍施工招、投标的流程入手，并结合学习工程量清单的知识，使读者能对工程量清单计价方式下的施工招、投标活动有一个基本的了解。

8.2 招标资格审查与备案

招标人应依照《中华人民共和国招标投标法》(以下简称《招标投标法》)的规定提出招标项目、进行招标的法定代表人或者其他组织。建设部发布的《房屋建筑和市政基础设施工程施工招标投标管理办法》第八条规定，工程施工招标应当具备下列条件。

(1) 按照国家有关规定需要履行项目审批手续的，已经履行审批手续。

(2) 工程资金或者资金来源已经落实。

(3) 有满足施工招标需要的设计文件及其他技术资料。

(4) 法律、法规、规章规定的其他条件。

招标人首先要确定招标项目和范围，按照国家有关规定需要履行项目审批手续的，还应当先履行审批手续，取得批准。招标人应当有进行招标项目的工程资金或者资金来源已经落实，并应当在招标文件中如实载明，招标人才能依照《招标投标法》和《房屋建筑和市政基础设施工程施工招标投标管理办法》以及有关招投标的法律法规、部门规章，办理工程项目的施工招标。只有具备了上述条件的招标人才具有招标资格。

8.2.1 自行组织招标

招标人自行办理招标的，应具备下列条件。

(1) 有编制招标文件和组织开标、评标、定标的能力。

(2) 有专门的施工招标组织机构与工程规模、复杂程度相适应的工程技术、概预算、财务以及工程管理等方面的专业技术人员。

(3) 有从事同类工程施工招标的经验，并熟悉和掌握有关工程施工招标的法律、法规和规章。

招标人不具备自行招标资格的，应实行委托招标。

8.2.2 委托招标

《招标投标法》第十二条第一款规定：招标人有权自行选择招标代理机构，委托其办理招标事宜。任何单位和个人不得以任何方式为招标人指定招标代理机构。

《招标投标法》第十三条规定：招标代理机构是依法设立、从事招标代理业务并提供相关服务的社会中介组织。

招标代理机构应当具备下列条件。

(1) 有从事招标代理业务的营业场所和相应资金。

(2) 有能够编制招标文件和组织评标的相应专业力量。

(3) 有符合本法第三十七条第三款规定条件、可以作为评标委员会成员人选的技术、经济等方面的专家库。

《招标投标法》第十四条第一款规定：从事工程建设项目招标代理业务的招标代理机构，其资格由国务院或者省、自治区、直辖市人民政府的建设行政主管部门认定。具体办法由国务院建设行政主管部门会同国务院有关部门制定。从事其他招标代理业务的招标代理机构，其资格认定的主管部门由国务院规定。

根据上述规定，招标人委托工程招标代理机构招标的，招标人与工程招标代理机构须签订“工程招标代理委托合同”。招标代理机构应当在招标人委托的范围内办理招标事宜，并遵守《招标投标法》关于招标人的规定。

8.2.3 招标备案

招标人自行办理招标事宜的，按规定应向建设行政主管部门备案；委托代理招标事宜的应签订委托代理合同，建设行政主管部门接受备案。

对于招投标工程中涉及的备案程序包括以下几点。

(1) 自行办理招标事宜审查备案。

(2) 招标文件审查备案。

(3) 投标单位投标申请审查。

(4) 评标办法审查。

(5) 开标、评标、定标过程监督(在有形建筑市场进行)。

(6) 招标备案报告书的备案。

(7) 合同备案。

本节主要介绍第(1)步招标备案。

《招标投标法》第十二条第三款规定：依法必须进行招标的项目，招标人自行办理招标事宜的，应当向有关行政监督部门备案。

《房屋建筑和市政基础设施工程施工招标投标管理办法》第十二条规定：招标人自行办理施工招标事宜的，应当在发布招标公告或者发出投标邀请书的5日前，向工程所在地县级以上地方人民政府建设行政主管部门备案，并报送下列材料。

(1) 按照国家有关规定办理审批手续的各项批准文件。

(2) 本办法第十一条所列条件的证明材料，包括专业技术人员的名单、职称证书或者执业资格证书及其工作经历的证明材料。

(3) 法律、法规、规章规定的其他材料。

招标人不具备自行办理施工招标事宜条件的，建设行政主管部门应当自收到备案材料之日起5日内责令招标人停止自行办理施工招标事宜。

例如，某省建设行政主管部门规定，在招标备案时应报送下列资料。

(1) 建设工程项目的年度投资计划和工程项目报建备案登记表。

(2) 建设工程施工招标备案登记表。

(3) 项目法人单位的法人资格证书和授权委托书。

(4) 招标公告或投标邀请书。

(5) 招标单位有关工程技术、概预算、财务以及工程管理等方面专业技术人员名单、职称证书或执业资格证书及主要工作经历证明材料。

(6) 委托工程招标代理机构招标，委托方和代理方签订的“工程代理委托合同”。

8.3 确定招标方式

《招标投标法》第十条第一款规定：招标分为公开招标和邀请招标。

下面就这两种招标方式分别介绍如下。

8.3.1 公开招标

公开招标是指招标人以招标公告的方式邀请不特定的法人或者其他组织投标。

《工程建设项目施工招标投标办法》第十一条规定：国务院发展计划部门确定的国家重点建设项目和省、自治区、直辖市人民政府确定的地方重点建设项目，以及全部使用国有资金投资或者国有资金投资占控股或者主导地位的工程建设项目，应当公开招标。

8.3.2 邀请招标

邀请招标是指招标人以投标邀请书的方式邀请特定的法人或者其他组织投标。有下列情形之一的，经批准可以进行邀请招标。

(1) 项目技术复杂或有特殊要求，只有少量几家潜在投标人可供选择的。

(2) 受自然地域环境限制的。

(3) 涉及国家安全、国家机密或者抢险救灾，适宜招标但不宜公开招标的。

(4) 拟公开招标的费用与项目的价值相比，不值得的。

(5) 法律、法规规定不宜公开招标的。

国家重点建设项目的邀请招标，应当经国务院发展计划部门批准；地方重点建设项目的邀请招标，应当经各省、自治区、直辖市人民政府批准。

8.4 发布招标公告或投标邀请书

8.4.1 发布招标公告

招标人在完成招标备案后，需根据已确定的招标方式，发布招标公告。

《招标投标法》第十六条规定：招标人采用公开招标方式的，应当发布招标公告。依法必须进行招标的项目的招标公告，应当通过国家指定的报刊、信息网络或者其他媒介发布。

招标公告应当载明招标人的名称和地址，招标项目的性质、数量、实施地点和时间以及获取招标文件的办法等事项。

8.4.2 投标邀请书

《招标投标法》第十七条规定：招标人采用邀请招标方式的，应当向三个以上具备承担招标项目的能力、资信良好的特定的法人或者其他组织发出投标邀请书。

投标邀请书应当载明本法第十六条第二款规定的事项(即应当载明招标人的名称和地址，招标项目的性质、数量、实施地点和时间以及获取招标文件的办法等事项)。

8.5 发布资格预审文件与递交资格预审申请书

8.5.1 发布资格预审文件

在施工招标文件范本中编制了《投标申请人资格预审文件》，其中包括“投标申请人资格预审须知”、“投标申请人资格预审申请书”以及“投标申请人资格预审合格通知书”。

“投标申请人资格预审须知”是由招标人制定的，向申请参加资格预审的潜在投标人发出的文件。包括以下几个方面。

(1) 总则。

(2) 资格预审申请。

(3) 资格预审评审标准。

(4) 联合体。

(5) 利益冲突。

(6) 申请书的提交。

(7) 资格预审申请书材料的更新。

(8) 通知和确认。

(9) 附件(包括“资格预审必要合格条件标准”、“资格预审附加合格条件标准”、“招标工程项目概况”)。

“投标申请人资格预审申请书”是投标申请人申请参加拟招标工程项目资格预审意思表示的文件，由资格预审申请书和13个附表组成，13个附表如下所述。

(1) 投标申请人一般情况。

(2) 近三年工程营业额数据表。

(3) 近三年已完成及目前在建工程一览表。

(4) 财务状况表。

(5) 联合体情况。

(6) 类似工程经验。

(7) 公司人员及拟派往本招标工程项目的人员情况。

(8) 拟派往本招标工程项目负责人与主要技术人员情况。

(9) 拟派往本招标工程项目负责人与项目技术负责人简历。

(10) 拟用于本招标工程项目的主要施工设备情况。

(11) 现场组织机构情况。

(12) 拟分包企业情况。

(13) 其他资料。

8.5.2 递交资格预审申请书

投标人获取资格预审文件后，按要求填写资格预审申请书(如果是联合体投标应分别填报每个成员的情况)，并将填写好的资格预审申请书递交给招标人。

8.6 资格预审、确定合格的投标申请人

8.6.1 资格预审评审

资格预审的评审分初步评审、详细评审和最终评审三个步骤。

1. 资格预审的初步评审

资格预审的初步评审内容如下。

(1) 检查投标申请人是否符合资格预审的必要合格条件标准，如资质情况、市场准入、企业法人地位等。必要合格条件标准由招标人确定，随投标申请人资格预审须知同时发布，

以便每个投标申请人都能了解资格预审的必要合格条件。

(2) 检查申请人是否符合资格预审附件合格条件标准，如对拟招标工程项目所需的特别措施或工艺的专长、专业工程施工资质、环境保护要求等。附加合格条件标准同样是由招标人确定，随投标申请人预审须知同时发布，以便每个投标申请人都能了解资格预审的必要合格条件。

(3) 通过检查投标申请人是否符合资格预审的必要合格条件标准，筛选出符合标准的投标申请人，淘汰不符合标准的投标申请人。只有通过资格预审初步评审的投标申请人才有可能进入到详细评审阶段。

2. 资格预审的详细评审

根据招标人或委托招标代理人制定的资格预审评审标准，对通过初步评审的投标申请人进行逐项详细评审，筛选出符合标准的投标申请人，淘汰不符合标准的投标申请人。只有通过资格预审详细评审的投标申请人才有可能进入到最终评审阶段。

3. 资格预审的最终评审

根据资格预审的目的和要求，在控制有效竞争性的基础上，召开由招标人或委托招标代理人邀请有关专家组成的资格预审评审委员会会议，确定通过最终评审合格投标申请人的名单，并向资格预审合格的投标申请人发出资格预审合格通知书，只有资格预审合格的投标申请人才能参加拟招标工程项目的投标。

完成资格预审评审工作后，应撰写资格评审报告，主要内容有以下几点。

(1) 工程项目概要。

(2) 投标申请人资格预审简介。

(3) 投标申请人资格预审评审标准。

(4) 投标申请人资格预审评审程序。

(5) 投标申请人资格预审评审结果。

(6) 投标申请人资格预审评审委员会名单及附件。

(7) 投标申请人资格预审评分汇总表。

(8) 投标申请人资格预审分项评分表。

(9) 投标申请人资格预审详细评审标准。

8.6.2 确定合格投标人

经过资格预审，最终确定符合资格预审条件要求的合格投标人，向合格投标人发放资格预审合格通知书。

8.7 编制、发出招标文件

招标人负责编制招标文件，将招标文件发售给合格的投标申请人(含被邀请的投标申请人)，同时向建设行政主管部门备案。

投标人获取招标文件，开始准备投标文件，收集有关资料和相关信息。

建设行政主管部门接收招标文件的备案。

8.7.1 招标文件的编制与备案

1. 招标文件的编制

《招标投标法》第十九条规定：招标人应当根据招标项目的特点和需要编制招标文件。招标文件应当包括招标项目的技术要求、对投标人资格审查的标准、投标报价要求和评标标准等所有实质性要求和条件以及拟签订合同的主要条款。

国家对招标项目的技术、标准有规定的，招标人应当按照其规定在招标文件中提出相应要求。

招标项目需要划分标段、确定工期的，招标人应当合理划分标段、确定工期，并在招标文件中载明。

《招标投标法》第二十条规定：招标文件不得要求或者标明特定的生产供应者以及含有倾向或者排斥潜在投标人的其他内容。

招标文件的编制一般包括如下几部分内容。

(1) 投标须知前附表。

(2) 投标须知：总则，招标文件，投标文件的编制，投标文件的递交，开标，评标，合同的授予。

(3) 合同条款：通用条款，专用条款。

(4) 合同文件格式：合同协议书，房屋建筑工程质量保修书，承包人银行履约保函，承包人履约担保书，承包人预付款银行保函，发包人工程款支付担保书。

(5) 合同专用条件。

(6) 合同通用条件。

(7) 工程规范和技术说明。

(8) 图样。

(9) 工程量清单。

(10) 附件。

2. 招标文件的备案

《房屋建筑和市政基础设施工程施工招标投标管理办法》第十九条规定：依法必须进行施工招标的工程，招标人应当在招标文件发出的同时，将招标文件报工程所在地的县级以上地方人民政府建设行政主管部门备案。建设行政主管部门发现招标文件有违反法律、法规内容的，应当责令招标人改正。

8.7.2 发出招标文件

1. 发出招标文件

《房屋建筑和市政基础设施工程施工招标投标管理办法》第二十二条规定：招标人对于发出的招标文件可以酌收工本费。其中的设计文件，招标人可以酌收押金。对于开标后将设计文件退还的，招标人应当退还押金。

根据上述规定，招标人应向合格的投标申请人发出招标文件。发出招标文件时，可适当收取工本费和设计文件押金。投标申请人收到招标文件、图样有关资料后，应认真核对，无误后，以书面形式予以确认。

2. 招标文件的澄清或修改

《招标投标法》第二十三条规定：招标人对已发出的招标文件进行必要的澄清或者修改的，应当在招标文件要求提交投标文件截止时间至少十五日前，以书面形式通知所有招标文件收受人。该澄清或者修改的内容为招标文件的组成部分。

《房屋建筑和市政基础设施工程施工招标投标管理办法》第二十四条规定：投标人对招标文件有疑问需要澄清的，应当以书面形式向招标人提出。

8.8 踏勘现场、答疑

招标人组织投标人踏勘现场，并负责答疑问题，准备解答，以书面形式向所有投标人发放答疑纪要并同时向建设行政主管部门备案。如有必要时可召开答疑会解答问题，会后将答疑会议纪要发放给投标人并同时向建设行政主管部门备案。

投标人进行现场踏勘，获取问题解答及答疑纪要，提交回执。针对招标文件和踏勘现场中的问题可通过以下方法提出。

(1) 以书面形式提出问题。

(2) 答疑会前在规定的时间前以书面形式提交质疑问题。

建设主管部门接受答疑纪要备案。

8.8.1 踏勘现场

1. 踏勘现场的有关规定

《招标投标法》第二十一条规定：招标人根据招标项目的具体情况，可以组织潜在投标人踏勘项目现场。

踏勘现场是指招标人组织投标人对工程现场场地和周围环境等客观条件进行的现场勘察，目的是为投标人编制施工组织设计或施工方案，以及计算各种措施费用获取必要的信息。

投标人到现场调查，可进一步了解招标人的意图和现场周围的环境情况，以获取有用的信息并据此作出投标或投标策略以及投标报价。招标人应主动向投标申请人介绍所有施工现场的有关情况。

2. 踏勘现场的内容

投标人对影响工程施工的现场条件进行全面考察，包括经济、地理、地质、气候、法律环境等情况。对工程项目一般至少了解下列内容。

(1) 施工现场是否达到招标文件规定的条件。

(2) 施工的地理位置和地形、地貌、管线设置情况。

(3) 施工现场的地质、土质、地下水位、水文等情况。

(4) 施工现场的气候条件，如气温、湿度、风力等。

(5) 现场的环境，如交通、供水供电、污水排放等。

(6) 临时用地、临时设施搭建等，即工程施工过程中临时使用的工棚、堆放材料的库房以及这些设施所占的地方等。

投标人在踏勘现场中如有疑问，应当在招标人答疑前以书面形式向招标人提出，以便于得到招标人的解答。投标人踏勘现场发现的问题，招标人可以书面形式答复，也可以在投标预备会上解答。

8.8.2 答疑

《招标投标法》第二十二条规定：招标人不得向他人透露已获取招标文件的潜在投标人的名称、数量以及可能影响公平竞争的有关招标投标的其他情况。

根据这一规定，招标人一般不应组织答疑会。但是按照国际惯例，招标人可以根据招标工程的具体情况，在必要时召开招标文件答疑会。投标人对招标文件的疑问，勘察现场的疑问等，都可以在答疑会上得到澄清。

答疑会由招标人组织主持召开，目的在于由招标人解答投标人对招标文件和在踏勘现场中提出的问题，包括书面提出的和在答疑会上口头提出的问题。

答疑会结束后，由招标人整理会议记录和解答内容(包括会上口头提出的询问和解答)，并以书面形式将所有问题和解答内容向所有获得招标文件的投标人发放。问题及解答纪要须同时向建设行政主管部门备案。为便于投标人在编制投标文件时将招标人对问题的解答内容和招标文件的澄清或修改的内容编写进去，招标人可根据情况酌情延长投标截止时间。答疑也可以采取书面形式进行。

8.9 编制、递交与签收投标文件

在此环节，投标人编制投标文件、办理投标担保，并按时递交投标文件和投标担保，取得回执。招标人接受投标文件记录接收日期时间，退回逾期递交的投标文件，开标前妥善保存投标文件。

8.9.1 编制投标文件

1. 投标文件编制的有关规定

1)《招标投标法》的有关规定

第二十七条规定：投标人应当按照招标文件的要求编制投标文件。投标文件应当对招标文件提出的实质性要求和条件作出响应。

招标项目属于建设施工的，投标文件的内容应当包括拟派出的项目负责人与主要技术人员的简历、业绩和拟用于完成招标项目的机械设备等。

第三十条规定：投标人根据招标文件载明的项目实际情况，拟在中标后将中标项目的部分非主体、非关键性工作进行分包的，应当在投标文件中载明。

2)《房屋建筑和市政基础设施工程施工招标投标管理办法》的有关规定

第二十五条规定：投标人应当按照招标文件的要求编制投标文件，对招标文件提出的实质性要求和条件作出响应。

招标文件允许投标人提供备选标的，投标人可以按照招标文件的要求提交替代方案，并作出相应报价作备选标。

第二十七条规定：招标人可以在招标文件中要求投标人提交投标担保。投标担保可以采用投标保函或者投标保证金的方式。投标保证金可以使用支票、银行汇票等，一般不得超过投标总价的2%，最高不得超过50万元。

投标人应当按照招标文件要求的方式和金额，将投标保函或者投标保证金随投标文件提交招标人。

2. 投标文件编制应遵循的原则

投标文件编制应遵循的原则包括以下六条。

(1) 投标人应按招标文件的规定和要求编制投标文件。

(2) 投标文件应对招标文件提出的实质性要求和条件作出响应。

(3) 投标人不得低于成本的报价竞标，也不得以他人名义投标或者以其他方式弄虚作假，骗取中标。

(4) 投标报价应依据招标文件中商务条款的规定：国家公布的统一工程项目划分、统一计量单位、统一计算规则及设计图样、技术要求和技术规范编制。

(5) 根据招标文件中要求的计价方法，并结合施工方案或施工组织设计，投标申请人自身的经营状况、技术水平和计价依据，以及招标时的建筑要素市场状况，确定企业利润、风险金、措施费等，作出报价。

(6) 投标报价应由工程成本、利润、税金，保险、措施费以及采用固定价格的风险金等构成。

3. 投标文件内容及编制

《房屋建筑和市政基础设施工程施工招标投标管理办法》第二十六条规定：投标文件应当包括下列内容。

(1) 投标函。

(2) 施工组织设计或者施工方案。

(3) 投标报价。

(4) 招标文件要求提供的其他材料。

8.9.2 递交投标文件

1.《招标投标法》的有关规定

第二十八条规定：投标人应当在招标文件要求提交投标文件的截止时间前，将投标文件送达投标地点。招标人收到投标文件后，应当签收保存，不得开启。投标人(投标单位)

少于三个的，招标人应当依照本法重新招标。

在招标文件要求提交投标文件的截止时间后送达的投标文件，招标人应当拒收。

2.《房屋建筑和市政基础设施工程施工招标投标管理办法》的有关规定

第二十八条规定：投标人应当在招标文件要求提交投标文件的截止时间前，将投标文件密封送达投标地点。招标人收到投标文件后，应当向投标人出具标明签收人和签收时间的凭证，并妥善保存投标文件。在开标前，任何单位和个人均不得开启投标文件。在招标文件要求提交投标文件的截止时间后送达的投标文件，为无效的投标文件，招标人应当拒收。

提交投标文件的投标人(投标单位)少于3个的，招标人应当依法重新招标。

8.9.3 签收投标文件

《房屋建筑和市政基础设施工程施工招标投标管理办法》第二十八条规定：招标人收到投标文件后，应当向投标人出具标明签收人和签收时间的凭证，并妥善保存投标文件。在开标前，任何单位和个人均不得开启投标文件。在招标文件要求提交投标文件的截止时间后送达的投标文件，为无效的投标文件，招标人应当拒收。

招标人收到投标书以后应当签收，不得开启。为保护投标人的合法权益，招标人必须履行完备的签收、登记手续。签收人要记录投标文件递交的日期、地点以及密封状况，签收人签名后应将所有递交的投标文件放置在保密安全的地方，任何人不得开启投标文件。在规定的投标截止时间以后递交的投标文件，招标人应当拒收。

为了保证充分竞争，对于投标人少于3个的，应当重新招标。这种情况在国外称为“流标”。按照国际惯例，至少有3家投标者才能带来有效竞争，因而只有两家参加投标，则缺乏竞争，投标申请人如果抬高报价，会损害招标人利益。

8.10 开标、评标—招标投标书面报告及备案—发出中标通知书

招标人组织并主持开标、唱标，并依照法律法规和规章的规定，组建评标委员会进行评标。招标人编写招标投标书面情况报告，自确定中标人起15日内向建设行政主管部门备案。

投标人对评标委员会的澄清内容进行书面澄清答复或答辩，建设行政主管部门接受招标投标书面情况报告备案。

8.10.1 开标

1. 《招标投标法》的有关规定

第三十四条规定：开标应当在招标文件确定的提交投标文件截止时间的同一时间公开进行；开标地点应当为招标文件中预先确定的地点。

第三十五条规定：开标由招标人主持，邀请所有投标人参加。

第三十六条规定：开标时，由投标人或者其推选的代表检查投标文件的密封情况，也可以由招标人委托的公证机构检查并公证；经确认无误后，由工作人员当众拆封，宣读投标人名称、投标价格和投标文件的其他主要内容。

招标人在招标文件要求提交投标文件的截止时间前收到的所有投标文件，开标时都应当当众予以拆封、宣读。

开标过程应当记录，并存档备查。

2. *《房屋建筑和市政基础设施工程施工招标投标管理办法》的有关规定*

第三十三条规定：开标应当在招标文件确定的提交投标文件截止时间的同一时间公开进行；开标地点应当为招标文件中预先确定的地点。

第三十四条规定：开标由招标人主持，邀请所有投标人参加。开标应当按照下列规定进行。

由投标人或者其推选的代表检查投标文件的密封情况，也可以由招标人委托的公证机构进行检查并公证。经确认无误后，由有关工作人员当众拆封，宣读投标人名称、投标价格和投标文件的其他主要内容。

招标人在招标文件要求提交投标文件的截止时间前收到的所有投标文件，开标时都应当当众予以拆封、宣读。

开标过程应当记录，并存档备查。

第三十五条规定：在开标时，投标文件出现下列情形之一的，应当作为无效投标文件，不得进入评标。

(1) 投标文件未按照招标文件的要求予以密封的。

(2) 投标文件中的投标函未加盖投标人的企业及企业法定代表人印章的，或者企业法定代表人委托代理人没有合法、有效的委托书(原件)及委托代理人印章的。

(3) 投标文件的关键内容字迹模糊、无法辨认的。

(4) 投标人未按照招标文件的要求提供投标保函或者投标保证金的。

(5) 组成联合体投标的，投标文件未附联合体各方共同投标协议的。

所谓开标，就是投标人提交投标截止时间后，招标人依据招标文件规定的时间和地点，开启投标人提交的投标文件，公开宣布投标人的名称、投标价格及投标文件中的其他主要内容。开标应当在招标文件确定的提交投标文件截止时间的同一时间公开进行，是为了防止出现投标截止时间之后，如果与开标时间有一段时间间隔，投标文件内容被泄露的情况。

8.10.2 组建评标委员会

所谓评标，是依据招标文件的规定和要求，对投标文件所进行的审查评审和比较。评标是审查确定中标人的必经程序，是保证招标成功的重要环节。因此，为了确保评标的公正性，评标不能由招标人或其代理机构独自承担，应依法成立一个评标组织。这个依法成立的评标组织就是评标委员会。

1. 评标委员会的有关规定

1)《招标投标法》的有关规定

第三十七条规定：评标由招标人依法组建的评标委员会负责。

依法必须进行招标的项目，其评标委员会由招标人的代表和有关技术、经济等方面的专家组成，成员人数为五人以上单数，其中技术、经济等方面的专家不得少于成员总数的三分之二。

前款专家应当从事相关领域工作满八年并具有高级职称或者具有同等专业水平，由招标人从国务院有关部门或者省、自治区、直辖市人民政府有关部门提供的专家名册或者招标代理机构的专家库内的相关专业的专家名单中确定；一般招标项目可以采取随机抽取方式，特殊招标项目可以由招标人直接确定。

与投标人有利害关系的人不得进入相关项目的评标委员会；已经进入的应当更换。

评标委员会成员的名单在中标结果确定前应当保密。

2)《房屋建筑和市政基础设施工程施工招标投标管理办法》的有关规定

第三十六条规定：评标由招标人依法组建的评标委员会负责。

依法必须进行施工招标的工程，其评标委员会由招标人的代表和有关技术、经济等方面的专家组成，成员人数为5人以上单数，其中招标人、招标代理机构以外的技术、经济等方面专家不得少于成员总数的三分之二。评标委员会的专家成员，应当由招标人从建设行政主管部门及其他有关政府部门确定的专家名册或者工程招标代理机构的专家库内相关专业的专家名单中确定。确定专家成员一般应当采取随机抽取的方式。

与投标人有利害关系的人不得进入相关工程的评标委员会。评标委员会成员的名单在中标结果确定前应当保密。

第三十七条规定：建设行政主管部门的专家名册应当拥有一定数量规模并符合法定资格条件的专家。省、自治区、直辖市人民政府建设行政主管部门可以将专家数量少的地区的专家名册予以合并或者实行专家名册计算机联网。

建设行政主管部门应当对进入专家名册的专家组织有关法律和业务培训，对其评标能力、廉洁公正等进行综合评估，及时取消不称职或者违法违规人员的评标专家资格。被取消评标专家资格的人员，不得再参加任何评标活动。

3)《评标委员会和评标方法暂行规定》的有关规定

第七条规定：评标委员会依法组建，负责评标活动，向招标人推荐中标候选人或者根据招标人的授权直接确定中标人。

第八条规定：评标委员会由招标人负责组建。

评标委员会成员名单一般应于开标前确定。评标委员会成员名单在中标结果确定前应当保密。

第九条规定：评标委员会由招标人或其委托的招标代理机构熟悉相关业务的代表，以及有关技术、经济等方面的专家组成，成员人数为五人以上单数，其中技术、经济等方面的专家不得少于成员总数的三分之二。

评标委员会设负责人的，评标委员会负责人由评标委员会成员推举产生或者由招标人确定。评标委员会负责人与评标委员会的其他成员有同等的表决权。

第十条规定：评标委员会的专家成员应当从省级以上人民政府有关部门提供的专家名册或者招标代理机构的专家库内的相关专家名单中确定。

按前款规定确定评标专家，可以采取随机抽取或者直接确定的方式。一般项目，可以采取随机抽取的方式；技术特别复杂、专业性要求特别高或者国家有特殊要求的招标项目，采取随机抽取方式确定的专家难以胜任的，可以由招标人直接确定。

第十一条规定：评标专家应符合下列条件。

(1) 从事相关专业领域工作满八年并具有高级职称或者同等专业水平。

(2) 熟悉有关招标投标的法律法规，并具有与招标项目相关的实践经验。

(3) 能够认真、公正、诚实、廉洁地履行职责。

第十二条规定：有下列情形之一的，不得担任评标委员会成员。

(1) 投标人或者投标人的主要负责人的近亲属。

(2) 项目主管部门或者行政监督部门的人员。

(3) 与投标人有经济利益关系，可能影响对投标公正评审的。

(4) 曾因在招标、评标以及其他与招标投标有关活动中从事违法行为而受过行政处罚或刑事处罚的。

评标委员会成员有前款规定情形之一的，应当主动提出回避。

第十三条规定：评标委员会成员应当客观、公正地履行职责，遵守职业道德，对所提出的评审意见承担个人责任。

评标委员会成员不得与任何投标人或者与招标结果有利害关系的人进行私下接触，不得收受投标人、中介人、其他利害关系人的财物或者其他好处。

第十四条规定：评标委员会成员和与评标活动有关的工作人员不得透露对投标文件的评审和比较、中标候选人的推荐情况以及与评标有关的其他情况。

前款所称与评标活动有关的工作人员，是指评标委员会成员以外的因参与评标监督工作或者事务性工作而知悉有关评标情况的所有人员。

2. 评标委员会的组建

评标是审查确定招标人的必经程序，是保证招标成功的必经程序和重要环节。因此，为了确保评标的公正性，评标不能由招标人或其代理机构独自承担，而应组成一个由有关专家和人员参加的评标委员会，负责按招标文件规定的评标标准和方法，对所有投标文件进行评审，向招标人推荐中标候选人或直接确定中标人。评标委员会由招标人负责组建。

8.10.3 评标及定标

评标的有关规定如下。

1.《招标投标法》的有关规定

第三十八条规定：招标人应当采取必要的措施，保证评标在严格保密的情况下进行。

任何单位和个人不得非法干预、影响评标的过程和结果。

第四十条规定：评标委员会应当按照招标文件确定的评标标准和方法，对投标文件进行评审和比较；设有标底的，应当参考标底。评标委员会完成评标后，应当向招标人提出书面评标报告，并推荐合格的中标候选人。

招标人根据评标委员会提出的书面评标报告和推荐的中标候选人确定中标人。招标人也可以授权评标委员会直接确定中标人。

国务院对特定招标项目的评标有特别规定的，从其规定。

第四十一条规定：中标人的投标应当符合下列条件之一。

(1) 能够最大限度地满足招标文件中规定的各项综合评价标准。

(2) 能够满足招标文件的实质性要求，并且经评审的投标价格最低，但是投标价格低于成本的除外。

2.《房屋建筑和市政基础设施工程施工招标投标管理办法》的有关规定

第三十八条规定：评标委员会应当按照招标文件确定的评标标准和方法，对投标文件进行评审和比较，并对评标结果签字确认；设有标底的，应当参考标底。

第四十条规定：评标委员会经评审，认为所有投标文件都不符合招标文件要求的，可以否决所有投标。

依法必须进行施工招标工程的所有投标被否决的，招标人应当依法重新招标。

第四十一条规定：评标可以采用综合评估法，经评审的最低投标价法或者法律法规允许的其他评标方法。

采用综合评估法的，应当对投标文件提出的工程质量、施工工期、招标价格、施工组织设计或者施工方案、投标人及项目经理业绩等，能否最大限度地满足招标文件中规定的各项要求和评价标准进行评审和比较。以评分方式进行评估的，对于各种评比奖项不得额外计分。

采用经评审的最低投标价法的，应当在投标文件能够满足招标文件实质性要求的投标人中，评审出投标价格最低的投标人，但投标价格低于其企业成本的除外。

第四十二条规定：评标委员会完成评标后，应当向招标人提出书面评标报告，阐明评标委员会对各投标文件的评审和比较意见，并按照招标文件中规定的评标方法，推荐不超过3名有排序的合格的中标候选人。招标人根据评标委员会提出的书面评标报告和推荐的中标候选人确定中标人。

使用国有资金投资或者国家融资的工程项目，招标人应当按照中标候选人的排序确定中标人。当确定中标的中标候选人放弃中标或者因不可抗力提出不能履行合同的，招标人可以依序确定其他中标候选人为中标人。

招标人也可以授权评标委员会直接确定中标人。

第四十三条规定：有下列情形之一的，评标委员会可以要求投标人作出书面说明并提供相关资料：

(1) 设有标底的，投标报价低于标底合理幅度的。

(2) 不设标底的，投标报价明显低于其他投标报价，有可能低于其企业成本的。

经评标委员会论证，认定该投标人的报价低于其企业成本的，不能推荐为中标候选人或者中标人。

第四十四条规定：招标人应当在投标有效期截止时限30日前确定中标人。投标有效期应当在招标文件中载明。

招标文件应当载明投标有效期。投标有效期从提交投标文件截止日起计算。

3.《评标委员会和评标方法暂行规定》的有关规定

第十五条规定：评标委员会成员应当编制供评标使用的相应表格，认真研究招标文件，至少应了解和熟悉以下内容。

(1) 招标的目标。

(2) 招标项目的范围和性质。

(3) 招标文件中规定的主要技术要求、标准和商务条款。

(4) 招标文件规定的评标标准、评标方法和在评标过程中考虑的相关因素。

第十六条规定：招标人或者其委托的招标代理机构应当向评标委员会提供评标所需要的重要信息和数据。

招标人设有标底的，标底应当保密，并在评标时作为参考。

第十七条规定：评标委员会应当根据招标文件规定的评标标准和方法，对投标文件进行系统地评审和比较。招标文件中没有规定的标准和方法不得作为评标的依据。

招标文件中规定的评标标准和评标方法应当合理，不得含有倾向或者排斥潜在投标人的内容，不得妨碍或者限制投标人之间的竞争。

第十八条规定：评标委员会应当按照投标报价的高低或者招标文件规定的其他方法对投标文件排序。以多种货币报价的，应当按照中国银行在开标日公布的汇率中间价换算成人民币。

招标文件应当对汇率标准和汇率风险作出规定。未作出规定的，汇率风险由投标人承担。

第十九条规定：评标委员会可以书面方式要求投标人对投标文件中含义不明确、对同类问题表述不一致或者有明显文字和计算错误的内容作必要的澄清、说明或者补正。澄清、说明或者补正应以书面方式进行并不得超出投标文件的范围或者改变投标文件的实质性内容。

投标文件中的大写金额和小写金额不一致的，以大写金额为准；总价金额与单价金额不一致的，以单价金额为准，但单价金额小数点有明显错误的除外；对不同文字文本投标文件的解释发生异议的，以中文文本为准。

第二十条规定：在评标过程中，评标委员会发现投标人以他人的名义投标、串通投标、以行贿手段谋取中标或者以其他弄虚作假方式投标的，该投标人的投标应作废标处理。

第二十一条规定：在评标过程中，评标委员会发现投标人的报价明显低于其他投标报价或者在设有标底时明显低于标底，使得其投标报价可能低于其个别成本的，应当要求该投标人作出书面说明并提供相关证明材料。投标人不能合理说明或者不能提供相关证明材料的，由评标委员会认定该投标人以低于成本报价竞标，其投标应作废标处理。

第二十二条规定：投标人资格条件不符合国家有关规定和招标文件要求的，或者拒不按照要求对投标文件进行澄清、说明或者补正的，评标委员会可以否决其投标。

第二十三条规定：评标委员会应当审查每一投标文件是否对招标文件提出的所有实质性要求和条件作出响应。未能在实质上响应的投标，应作废标处理。

第二十四条规定：评标委员会应当根据招标文件，审查并逐项列出投标文件的全部投标偏差。

投标偏差分为重大偏差和细微偏差。

第二十五条规定：下列情况属于重大偏差。

(1) 没有按照招标文件要求提供投标担保或者所提供的投标担保有瑕疵。

(2) 投标文件没有投标人授权代表签字和加盖公章。

(3) 投标文件载明的招标项目完成期限超过招标文件规定的期限。

(4) 明显不符合技术规格、技术标准的要求。

(5) 投标文件载明的货物包装方式、检验标准和方法等不符合招标文件的要求。

(6) 投标文件附有招标人不能接受的条件。

(7) 不符合招标文件中规定的其他实质性要求。

投标文件有上述情形之一的，为未能对招标文件作出实质性响应，并按本规定第二十三条规定作废标处理。招标文件对重大偏差另有规定的，从其规定。

第二十六条规定：细微偏差是指投标文件在实质上响应招标文件要求，但在个别地方存在漏项或者提供了不完整的技术信息和数据等情况，并且补正这些遗漏或者不完整不会对其他投标人造成不公平的结果。细微偏差不影响投标文件的有效性。

评标委员会应当书面要求存在细微偏差的投标人在评标结束前予以补正。拒不补正的，在详细评审时可以对细微偏差作不利于该投标人的量化，量化标准应当在招标文件中规定。

第二十七条规定：评标委员会根据本规定第二十条、第二十一条、第二十二条、第二十三条、第二十五条的规定否决不合格投标或者界定为废标后，因有效投标不足三个使得投标明显缺乏竞争的，评标委员会可以否决全部投标。

投标人少于三个或者所有投标被否决的，招标人应当依法重新招标。

第二十八条规定：经初步评审合格的投标文件，评标委员会应当根据招标文件确定的评标标准和方法，对其技术部分和商务部分作进一步评审、比较。

第二十九条规定：评标方法包括经评审的最低投标价法、综合评估法或者法律、行政法规允许的其他评标方法。

第三十条规定：经评审的最低投标价法一般适用于具有通用技术、性能标准或者招标人对其技术、性能没有特殊要求的招标项目。

第三十一条规定：根据经评审的最低投标价法，能够满足招标文件的实质性要求，并且经评审的最低投标价的投标，应当推荐为中标候选人。

第三十二条规定：采用经评审的最低投标价法的，评标委员会应当根据招标文件中规定的评标价格调整方法，对所有投标人的投标报价以及投标文件的商务部分作必要的价格调整。

采用经评审的最低投标价法的，中标人的投标应当符合招标文件规定的技术要求和标准，但评标委员会无需对投标文件的技术部分进行价格折算。

第三十三条规定：根据经评审的最低投标价法完成详细评审后，评标委员会应当拟定一份“标价比较表”，连同书面评标报告提交招标人。“标价比较表”应当载明投标人的投标报价、对商务偏差的价格调整和说明以及经评审的最终投标价。

第三十四条规定：不宜采用经评审的最低投标价法的招标项目，一般应当采取综合评估法进行评审。

第三十五条规定：根据综合评估法，最大限度地满足招标文件中规定的各项综合评价标准的投标，应当推荐为中标候选人。

衡量投标文件是否最大限度地满足招标文件中规定的各项评价标准，可以采取折算为货币的方法、打分的方法或者其他方法。需量化的因素及其权重应当在招标文件中明确规定。

第三十六条规定：评标委员会对各个评审因素进行量化时，应当将量化指标建立在同一基础或者同一标准上，使各投标文件具有可比性。

对技术部分和商务部分进行量化后，评标委员会应当对这两部分的量化结果进行加权，计算出每一投标的综合评估价或者综合评估分。

第三十七条规定：根据综合评估法完成评标后，评标委员会应当拟定一份"综合评估比较表"，连同书面评标报告提交招标人。"综合评估比较表"应当载明投标人的投标报价、所作的任何修正、对商务偏差的调整、对技术偏差的调整、对各评审因素的评估以及对每一投标的最终评审结果。

第三十八条规定：根据招标文件的规定，允许投标人投备选标的，评标委员会可以对中标人所投的备选标进行评审，以决定是否采纳备选标。不符合中标条件的投标人的备选标不予考虑。

第三十九条规定：对于划分有多个单项合同的招标项目，招标文件允许投标人为获得整个项目合同而提出优惠的，评标委员会可以对投标人提出的优惠进行审查，以决定是否将招标项目作为一个整体合同授予中标人。将招标项目作为一个整体合同授予的，整体合同中标人的投标应当最有利于招标人。

8.10.4　招投标情况书面报告及备案

1.《招标投标法》的有关规定

第四十七条：依法必须进行招标的项目，招标人应当自确定中标人之日起十五日内，向有关行政监督部门提交招标投标情况的书面报告。

2.《房屋建筑和市政基础设施工程施工招标投标管理办法》的有关规定

第四十五条：依法必须进行施工招标的工程，招标人应当自确定中标人之日起15日内，向工程所在地的县级以上地方人民政府建设行政主管部门提交施工招标投标情况的书面报告。书面报告应当包括下列内容。

(1) 施工招标投标的基本情况，包括施工招标范围、施工招标方式、资格审查、开评标过程和确定中标人的方式及理由等。

(2) 相关的文件资料，包括招标公告或者投标邀请书、投标报名表、资格预审文件、招标文件、评标委员会的评标报告(设有标底的，应当附标底)、中标人的投标文件。委托工程招标代理的，还应当附工程施工招标代理委托合同。

前款第二项中已按照本办法的规定办理了备案的文件资料，不再重复提交。

为了有效监督工程项目的招标投标情况，及时发现其中可能存在的问题，由招标人向国家有关行政监督部门提交招标投标情况的书面报告是很必要的。要求招标人向行政监督部门提交书面报告备案，并不是说合法的中标结果和合同必须经行政部门审查批准后才能生效，但是法律另有规定的除外。

依法必须进行施工招标的工程，招标人应将招标、开标、评标情况，根据评标委员会提出的评标报告编制招标投标情况的书面报告，并在自确定中标人之日起15日内，将招标投标情况书面报告和有关招标投标情况备案资料、中标人的投标文件等，向工程所在地的县级以上地方人民政府建设行政主管部门备案。

招标人在办理招标手续时已向建设行政主管部门备案的文件资料，不再重复提交。

8.10.5 发出中标通知书

1. 定标与中标通知书的有关规定

1)《招标投标法》的有关规定

第四十条规定：评标委员会应当按照招标文件确定的评标标准和方法，对投标文件进行评审和比较；设有标底的，应当参考标底。评标委员会完成评标后，应当向招标人提出书面评标报告，并推荐合格的中标候选人。

招标人根据评标委员会提出的书面评标报告和推荐的中标候选人确定中标人。招标人也可以授权评标委员会直接确定中标人。

国务院对特定招标项目的评标有特别规定的，从其规定。

第四十五条规定：中标人确定后，招标人应当向中标人发出中标通知书，并同时将中标结果通知所有未中标的投标人。

中标通知书对招标人和中标人具有法律效力。中标通知书发出后，招标人改变中标结果的，或者中标人放弃中标项目的，应当依法承担法律责任。

2)《房屋建筑和市政基础工程施工招标投标管理办法》的有关规定

第四十六条规定：建设行政主管部门自收到书面报告之日起5日内未通知招标人在招标投标活动中有违法行为的，招标人可向中标人发出中标通知书，并将中标结果通知所有未中标的投标人。

3)《评标委员会和评标方法暂行规定》的有关规定

第四十条规定：评标和定标应当在投标有效期结束日30个工作日前完成。不能在投标有效期结束日30个工作日前完成评标和定标的，招标人应当通知所有投标人延长投标有效期。拒绝延长投标有效期的投标人有权收回投标保证金。同意延长投标有效期的投标人应当相应延长其投标担保的有效期，但不得修改投标文件的实质性内容。因延长投标有效期造成投标人损失的，招标人应当给予补偿，但因不可抗力需延长投标有效期的除外。

招标文件应当载明投标有效期。投标有效期从提交投标文件截止日起计算。

第四十五条规定：评标委员会推荐的中标候选人应当限定在一至三人，并标明排列顺序。

第四十六条规定：中标人的投标应当符合下列条件之一。

(1) 能够最大限度满足招标文件中规定的各项综合评价标准。

(2) 能够满足招标文件的实质性要求，并且经评审的投标价格最低；但是投标价格低于成本的除外。

第四十七条规定：在确定中标人之前，招标人不得与投标人就投标价格、投标方案等实质性内容进行谈判。

第四十八条规定：使用国有资金投资或者国家融资的项目，招标人应当确定排名第一的中标候选人为中标人。排名第一的中标候选人放弃中标、因不可抗力提出不能履行合同，或者招标文件规定应当提交履约保证金而在规定的期限内未能提交的，招标人可以确定排名第二的中标候选人为中标人。

排名第二的中标候选人因前款规定的同样原因不能签订合同的，招标人可以确定排名第三的中标候选人为中标人。

招标人可以授权评标委员会直接确定中标人。

国务院对中标人的确定另有规定的，从其规定。

2. 定标程序与中标通知书

建设行政主管部门自接到招标投标备案资料之日起 5 个工作日内未提出异议的，招标人向中标人发出中标通知书，并将中标结果通知所有未中标的投标申请人。

招标人向中标人发出的“中标通知书”应包括招标人名称、建设地点、工程名称、中标人名称、中标标价、中标工期、质量标准等主要内容。

8.11 工程量清单投标报价文件的编制

8.11.1 工程量清单投标报价文件概述

工程量清单项目的报价是工程量清单投标的核心。在评标过程中，报价方案占评分的60%～70%，因此报价的准确不仅关系到投标单位能否中标，并且由于价格合同的形式，更关系到中标后承包单位能否盈利及盈利的多少。

《计价规范》明确规定了投标报价文件的组成：分部分项工程量清单计价表；措施项目清单计价表；其他项目清单计价表；零星工作项目计价表；主要材料价格表。根据招标方的特殊要求，通常还需要提交分部分项工程量清单综合单价分析表、措施项目费用分析表等。

1. 分部分项工程量清单计价表采用综合单价的计算方式

所谓工程量清单综合单价是指完成单位分部分项工程清单项目所需的各项费用。它包括完成该工程清单项目所发生的人工费、材料费、机械费、管理费和利润等，并考虑了一定的风险。除招标文件或合同约定外，结算不得调整。一般来讲，随分部分项工程量清单计价表还要报分部分项工程量清单综合单价分析表。综合单价以组价内容的所有费用之和除以清单项目工程量得到，管理费和利润分别以人工费、材料费和机械使用费之和乘以相应的费率得到。

2. 措施项目费

措施项目清单所列的措施项目均以“项”为单位。在清单计价中，对于措施项目费计算的方法有以下 3 种。

1) 定额组价

一些与实体项目有紧密联系的项目，如钢筋混凝土模板、脚手架等，可以以消耗量定额为组价的依据，同分部分项工程量清单综合单价的计算方式相同。

2) 实物量组价

实物量法主要按投标人现在的技术水平，预测每一项费用的合计值，并考虑一定的涨跌因素及其他社会环境因素等，如文明安全施工费等。

3) 公式参数法

这是在定额模式下的措施费用采用的方法，以费用定额的形式体现。按照规定的基数乘以测定的系数，得到最后的费用金额。系数的高低反映投标人的施工技术水平，主要是用于施工过程中必须发生的，但是在投标时很难分析预测，又无法单独列出项目内容的措施项目，如二次搬运费、雨、夜间施工费等。

措施项目费的计价方法复杂多样，体现了工程量清单招投标模式投标人可以自由组价的特点，每个投标人都可以根据本企业的“个性”，也就是本企业的实际情况(施工技术水平、管理水平等)来进行措施项目费的报价。例如，招标方提出的措施项目费的内容是按照一般情况确定的，投标人在报价的时候可以根据自身的情况，增加措施项目内容，并对增加的项目进行报价。

3. 其他项目费

工程建设的最大特点就是其复杂性程度高和周期长，所以在施工前的招投标阶段，很难预料到在施工过程中会发生什么样的变更。招标人按照估算的方式将这部分费用以其他项目费的形式列出，并且由投标人按照相关的规定进行组价，包括在总报价中。《计价规范》规定了两部分、四项作为列项的其他项目费作为参考，两部分包括招标人部分和投标人部分；四项为暂列金额、暂估价、计日工、总承包服务费。招标人部分是非竞争性的项目，要求投标人按照招标方提供的数量及金额进入总报价中，不允许投标人对价格进行调整；投标人部分是竞争性费用，名称和数量由招标人提供，价格由投标人按照自身的情况自行确定。

此处注意的是，《计价规范》规定的其他项目费对于招标人来说只是作为参考，招标人可以根据具体的工程情况进行补充；招标人确定了其他项目费的内容，作为工程量清单的一部分，投标人不能对其进行调整。

4. 规费

规费是政府和有关部门规定施工企业必须缴纳的费用，包括工程排污费、工程定额测定费、养老保险统筹基金、失业保险费，医疗保险费等。规费按照国家及地区有关部门规定的计算公式和费率标准进行计算。

5. 税金

建设工程的税金通常由营业税、城市维护建设税和教育费附加组成，是国家税法规定的计入工程造价的税金。与分部分项工程费、措施项目费和其他项目费不同，税金按照国家税法规定的税率进行计算。

8.11.2 复核工程量并计算方案量

在工程量清单计价方式刚刚出台的时候，我们经常会遇到这样的问题，招标方提供了工程量清单，那么投标人是不是应该不用进行工程量的计算，而把投标报价的重点放到考虑投标策略上去？

由于编制工程量清单的编制人员水平参差不齐，表现为部分编制内容不完整，或者不严谨，也存在非相关专业人员编制的其他专业的清单工程量不准确的问题。在这种情况下，有许多投标单位，在拿到招标文件时，不注意审查工程量清单的质量，只是把投标报价作为重点，以为控制了总价，投标就可中标。其实由于清单报价要求为综合单价报价，不考虑工程量的问题，不仅带来评标过程中的困难，而且也给签订施工合同、竣工结算带来了很多困难。

因此，在投标单位拿到招标文件时，根据投标文件的要求，对照图样和招标文件上提供的工程量清单进行审查或复核。那么投标单位应该如何审查工程量清单，相关专业人员如何分专业对施工图进行工程量的数量审查呢？

在招投标过程中，存在着两个问题：一是时间很短；二是很多投标单位忽视了工程量的审核，认为招标方承担工程量的风险，如果有错，由招标方承担责任。但实际上，一般在招标文件中都要求投标单位审查工程量清单，规定了双方的责任。如果投标方没有审查，清单编制有问题，应由投标单位自行负责。另外工程造价是一个大的综合专业，包括了土建、装饰、电气设备、给排水等多个专业，这些专业有各自的规范和标准规定，不只是简单的图样上量管线长度就行了，所以要求分专业对施工图进行工程量的数量审查。

认真研究招标文件是投标单位争取中标的第一要素。虽然招标文件基本相同，但每个项目都有自己的特殊要求，这些要求一定会在招标文件中反映出来，只是许多投标人认为招标文件都是一样的，没有仔细审核就盲目投标。有的工程工程量清单上要求增加的内容与技术要求同招标文件的要求不统一，投标人只有通过审查和澄清，将此统一起来，并将招标文件和图样等其他资料结合起来，才能够全面地考虑投标文件的编制方式。

综上所述，投标方不但要计算工程量，而且计算过程比以前的定额模式下还要复杂得多。例如，计算挖土方时，要考虑因放坡引起的土方增量，计算混凝土量时要考虑模板的工程量等。

8.12 材料询价

在招投标中采用工程量清单计价模式后，投标人进行自由组价，所有与价格有关的人工材料、机械台班等全部放开，造价管理部门不再进行干预。

工程量清单的实行带来了三个变化：招投标的变化；风险控制的变化；强化市场杠杆的作用。由于风险控制的变化，对于投标方来讲，风险完全转嫁到了材料价格上。因此如何准确地选择材料价格，甚至预测材料的价格趋势，是投标方面临的新问题。

在定额模式下利用定额进行清单项目组价时，计算出的价格是以定额中材料的预算价格为依据的。在清单模式下进行清单报价时，按照《计价规范》中的要求，材料的预算价格应该采用市场价格。

8.12.1 市场价格

1. 材料市场价

材料和设备在工程造价中常常占总造价的60%左右，对报价的影响非常大，所以投标方在报价的时候一定要对材料和设备的市场行情非常了解。一项工程，材料和设备经常达到几百种甚至上千种，如果投标方在有限的投标截止时间之前清楚地查询每一种材料的价格是不太现实的，而且对占工程造价比例不大的非主要材料进行大规模的询价，太浪费宝贵的时间，不如把时间用到投标策略上去。所以，在进行询价之前一定要对所有的材料进行分类，分为主要材料和次要材料，可以按照二八原则，即筛选出占总价值80%的材料作为主要材料，其余作为次要材料。对于主要材料即对于工程总造价影响大的，可以进行多方询价并进行对比分析，选择最合理的价格。

询价的方式有很多种，如到厂家或供应商处上门询价、历史工程的材料价格参考、厂家或供应商的挂牌价格、造价管理部门定期或不定期发布的市场信息价、各种建筑材料信息网站发布的信息价格等。工程量清单报价和定额报价的不同之处就是合同对项目单价的约定。在定额计价模式下，可以通过调价来解决这个问题；在清单模式下，材料的价格随着时间的推移变化很大，而在一般情况下又不允许对单价做出调整。所以，采集材料价格的时候不能只考虑当时的价格，必须做到对不同渠道查询到的材料价格进行有机综合，并能分析出今后材料价格的变化趋势，用综合方法预测价格变化，把风险变为具体数值加到价格上。可以说投标报价引起的损失有一大部分就是预测分析失误所造成的。对于次要材料，投标人应该建立材料价格储存库，按照库内的材料价格分析市场行情及对未来进行预测，用系数的形式进行整体调整，不需要临时询价。

2. 人工综合单价

人工是建筑行业唯一能创造利润、反映企业管理水平的指标。人工综合单价的高低，直接影响到投标人个别成本的真实性和竞争性。人工应是企业内部人员水平及工资标准的综合。从表面上看没有必要询价，但必须用社会平均水平和当地人工工资的标准来判断企业内部管理水平，并确定一个适中的价格，既要保证风险最低，又要具有一定的竞争力。

3. 机械设备租赁价

机械设备是以折旧摊销的方式进入报价的，进入报价的多少主要体现在机械设备的利用率及机械设备的完好率上。机械设备除与工程数量有关外，还与施工工期及施工方案有关。

进行机械设备租赁价的价格分析，可以判定是购买机械还是租赁机械，确保投标人资金的利用率最高。

8.12.2 材料询价的解决之道

目前我国现行的造价体制中，从定额模式改革到工程量清单模式下的投标报价，材料询价的解决之道主要有以下四个层次。

1. 沿用信息价，补缺询价

第一个层次，在组价过程中首先使用消耗量定额中的材料价格，然后根据造价管理部门定期发布的各地造价信息，对于定额中缺少的材料进行个别材料的询价。

2. 排序估价，分析主材；批量询价，兼顾辅材

第二个层次，首先沿用上一个层次中利用消耗定额列出的材料价格，然后根据材料的价格对所有材料进行排序，按照二八原则(所谓二八原则即占总价值 80%的主要材料与占总价 20%的次要材料)筛选出主要材料。由于主要材料所占的价值比较大，要认真地比选，有条件可以查询材料的价格走势，分析材料的预期价值，进行风险控制。

3. 自建价格信息库体系

第三个层次，首先企业要建立自己的材料价格信息库。企业材料价格信息库是通过预算人员和材料采购人员以及材料厂商共同建立的，企业在进行组价的时候优先使用自身的材料信息库中的材料信息，按上述的方法筛选主要材料，然后针对主要材料进行风险分析，企业材料库中缺少的材料，可以列为个案进行询价，然后将相关信息反馈到价格信息库体系中。

4. 实施材料预招标，使用约定价格

第四个层次，同样是建立在企业材料价格信息库材料信息的基础上，组价时优先使用自身的材料价格信息库中的材料信息，筛选出主要材料后，对主材采取预招标，采用约定的价格，企业材料库中缺少的材料，可以列为个案进行询价，然后反馈到价格信息库体系中。

以上四个层次分别应用在清单实行的不同时期。第一层次主要应对清单模式与传统定额模式共存的时期；第二个层次主要应用于清单模式推广初期；第三个层次应用在清单模式推广中期；第四个层次也就是最高层次应用在清单模式成熟期。材料价格的变化是投标方在进行投标工作中要承担的主要风险，因此投标方在投标的时候要注意选择合理的方式转移自身承担的风险。尤其是土木工程中的几大主要材料(如钢材、水泥、砂等)价格的上涨而引起工程造价的变化，会极大地损害投标方的利益。而一旦投标方在合同中没有约定风险的担保条件，在施工过程中出现了类似的情况时，必然会造成承包商与业主之间的纠纷，最终致使合同无法正常履行。例如，在 2003 年出现的钢材涨价的情况，全年钢材的涨幅超过了 30%，而建筑产品的生产周期通常较长，钢材的用量大，很多施工企业仅仅因为钢材涨价的原因就损失了几十万甚至上百万元，尤其是对上半年签订合同、下半年施工的工程影响更大，承包商与业主互相扯皮，导致工程停工。上面所说的材料询价的四个层次中，第四个层次就很好地规避了这样的风险，对主要材料进行预招标，采用约定的价格，这样即使材料的价格发生大的变化，也不会造成承包商的损失。

8.13 企业进行投标的注意事项

工程项目建设招标、投标是国际上通用的科学合理的工程承发包方式。目前在我国工

程项目建设中推行招标、投标制度虽然只有短短 10 多年历史，但对于健全我国建筑市场竞争机制，促进资源配置，提高企业管理水平及经济效益，保证工期和质量以及有效控制工程项目建设投资都起到十分重要的作用。

招投标竞争机制的建立，使企业在市场竞争中除了靠企业自身的素质和实力外，投标技巧对于能否中标及能否取得更多利润也有着举足轻重的作用，是企业在竞争中立于不败之地的重要手段之一。

8.13.1　如何组织高效、强有力的投标部门

投标工作是一项技术性很强的工作，需要有专门的机构和专业人员对投标的全过程加以组织和管理。建立一个强有力的投标班子是获得投标成功的根本保证。因此，投标班子应由企业法定代表人亲自挂帅，配备经营管理类、工程技术类、财务金融类的专业人才 5～7 人，其班子成员必须具备以下素质。

(1) 有较高的政治修养，事业心强。认真执行党和国家的方针、政策，遵守国家的法律和地方法规，自觉维护国家和企业利益，意志坚强，吃苦耐劳。

(2) 知识渊博，经验丰富，视野广阔。必须在经营管理、施工技术、成本核算、施工预决算等领域都有相当的知识水平和实践经验，才能全面、系统地观察和分析问题。

(3) 具备一定的法律知识和实际工作经验。对投标业务应遵循的法律、规章制度有充分了解；同时，有丰富的阅历和实际工作经验，对投标不但具有较强的预测能力和应变能力，并且对可能出现的各种问题进行预测并采取相应措施。

(4) 勇于开拓，有较强的思维能力和社会活动能力。积极参加有关的社会活动，扩大信息交流，正确处理人际关系，不断吸收投标工作所必需的新知识及有关情报。

(5) 掌握科学的研究方法和手段。对各种问题进行综合、概括、总结、分析，并作出正确的判断和决策。

8.13.2　如何进行投标的决策

投标报价是以投标方式获得工程时，确定承包该工程的总造价。通过投标获得工程项目，是市场经济条件下的必然，但并不是每标必投，应针对实际进行决策，其决策内容包括三个方面：一是针对项目投标，根据项目的专业性等确定是否投标；二是倘若投标，投什么性质的标，是风险标还是保险标，是投盈利标，还是投保本标、亏损标；三是投标中如何以长制短，以优胜劣。

投标决策的正确与否，关系到能否中标和中标后的效益，关系到企业的发展前景和职工的切身利益。要做到投标的正确决策，首先要从多方面(企业自身、竞争对手、业主，市场、招标工程、工程现场等)掌握大量信息，“知己知彼，百战不殆”。对承包难度大、风险大、技术设备与资金不到位的工程和三边工程(边勘察、边设计、边施工)均要主动放弃，否则将陷入工期拖长，成本加大的困境，企业的信誉、效益就会受到损害，严重者可能导致企业亏损甚至破产。如果招标工程既是本企业的强项，又是竞争对手的弱项，或业主意向明确，对可以预见的情况，如技术、资金等重大问题都有解决的对策，就应坚决参加投标。当企业无后继工程，已经出现窝工，或部分亏损，中标后至少可以使部分人员、机械

设备减少窝工，减少亏损，应该不惜血本，最大限度地降低报价去投标。

是否投标，还应注意竞争对手的实力、优势及投标环境的优劣情况。竞争对手在建工程也十分重要，如果对手的在建工程即将完工，可能急于获得新项目，报价就不会很高；反之，如果对手的在建项目规模大、时间长，则投标报价可能高。对此，要具体分析判断，采取相应对策。

8.13.3 如何做好投标报价

报价是业主选择中标者的主要标准，也是业主和投标者签订合同的依据。报价是工程投标的核心，报价过高，会失去中标机会；过低，即使中标，也会给工程带来亏本的风险。因此，标价过高或过低都不可取，要从宏观角度对工程报价进行控制，力求报价适当，以提高中标率和经济效益。投标技巧，其实质就是在保证工程质量和工期的条件下，寻求一个好的报价。在工程量清单计价模式下，企业应从投标前期、投标编制期和投标决策期三个阶段着手。

1. 投标前期

为了在投标竞争中获胜，企业在平时就应该设置经营投标班子，掌握市场动态，积累有关信息资料等。企业取得招标信息，报名参加投标并通过资格审查后得到招标文件，就应该立即组织人员研究招标文件、决定投标策略。在研究招标文件时必须搞清投标的范围，因为常常出现图样、基础规范和工程量清单三者之间在做法、数量之间相互矛盾的现象，一般来说必须以招标文件中的工程量清单为准。此外还要熟悉投标书的格式和签署方式、密封方法和标志，熟记投标截止日期，以避免失误。

掌握“知己知彼，百战不殆”的原则，了解业主和对手。要知道发包人建设本工程项目的目的及其建设资金的筹备情况和来源、回收方法等。政府工程一般要求质量高，其标底偏高；商业工程要求进度快，标底适中；自筹资余及商业贷款工程，标底偏低。总之，建筑企业要揣摩发包人的心理。竞争对手之间一般都能了解到其欲承揽本工程的目的，相互之间的投标技巧也熟悉，要做到具体事情具体对待，以不变应万变，给自己留有后路。

根据自身的经营管理水平、经济实力、企业定额等，确定适合自己的经营报价策略，同时根据企业发展的需求，为了打开市场，着眼于发展等情况，制定出投标时可能使用的投标报价调整系数。对于清单要求下的合理低价中标必须进行很好的分析。招标人选择中标人就是在满足质量、工期、安全等投标文件要求前提下，谁的报价低谁就中标。投标人降低投标报价有利于中标，但会降低预期利润，增大风险。因此低价是中标的重要因素，但不是唯一的因素。不能为了中标而使报价低于投标人的个别成本价格。所以企业在投标前期，报价的策略研究非常重要。

2. 投标编制期

1) 现场勘测及与招标文件的核实

清单模式下招标文件的工程量计算是图样上标注的工程量，考虑到投标人施工方案中工程量的增加，在编制投标书之前必须调查现场，尽量避免出现不必要的风险。在报价前一定要详尽了解项目所在地的环境、自然条件、生产和生活条件等。要认真细致地阅读招标文件，吃透标书关键条件内容，当招标文件和设计图样有不合理之处时，应及时提出修改意见，引起招标人的重视。仔细分析研究并弄清承包者的责任和报价范围，各项技术要求，需使用的特殊材料和设备，充分考虑工期、误工赔偿、保险、付款条件、税收等因素，针对已发现的漏洞，在报价时相应压低报价，在施工过程中利用这些漏洞进行索赔，提高获取利润的机会。

2) 编制施工组织设计

施工组织设计是招标文件要求投标人必须提供的文件，是招标人评标时必须考虑的主要因素之一。施工组织设计考虑的施工方法及施工工艺等不仅关系到工期，而且与工程成本和报价有密切关系。企业在编制施工组织设计时，正确的制定施工方案，采取合理的施工工艺和机械设备，有效地组织材料供应和采购，均衡安排施工，合理利用人力资源，减少材料的损耗等，既能降低工程成本、缩短工期，又能充分有效利用机械设备和劳动力。

3) 信息指导询价及清单组价

工程量清单计价就是要求投标人根据市场价格自由组价。因此，在组价前必须对项目所涉及的人工、材料、机械台班单价进行广泛地询价，尤其对于占工程造价60%左右的主要材料价格，在报价时应十分谨慎。材料询价可以直接找厂商或供应商，也可以参考政府的指导价及网站上的材料价格信息。由于建筑材料价格波动很大，因而在网上询价可以分析近期材料价格的变化情况，并能很好地预测未来价格的变化趋势，以减少由于价格波动引起的损失。组价是得到报价的唯一途径，报价是投标的核心，它不仅是能否中标的关键，而且对中标后能否盈利，盈利多少也是非常关键的因素。现在已广泛应用计算机软件来进行组价及计算，这样可以避免大量数据在计算过程中的失误和重复劳动，提高工作效率，并有利于工程数据的积累。

4) 采用适当的报价技巧

在利用工程量清单报价中，采用适当的报价技巧，也是获得利润的有效途径。在不提高总造价的前提下，对不同部分工程采用不平衡报价，既不影响中标，结算时又能取得理想的经济效益。

(1) 对难以计算准确的工程量项目，如土石方工程，其报价可提高一些，这样对总报价的影响不大，又存在多获利的机会。一旦实际发生工程量比投标时工程量大，企业就可以获得较大的利润，而实际发生工程量比投标时小，对企业利润的影响也不大。

(2) 对能先结算工程价款的项目(如土石方工程、基础工程)单价可适当高些，以加快资金周转，对后期项目(如装饰工程、安装工程)报价可适当低一些。

(3) 估计施工过程中会增加工程量的项目，单价可适当高些，这样对总报价影响不大，在施工过程中可以增加收入；对施工中会减少工程量的项目，单价可低一些，即使降低报价，在施工过程中减少的收入也不会太大。

(4) 估计暂定工程，对以后一定要施工部分，单价可高些，估计不会施工的部分单价可以低一些。

(5) 对工程内容做法说明不太清楚的项目或有漏洞的地方，其单价可低一些，有利于降低工程总造价和进行工程索赔。

总之，报价策略、技巧运用是否得当，不仅影响施工企业能否中标，而且影响企业在激烈竞争中能否生存和发展，企业只有不断总结投标报价的经验和教训，才能不断提高报价水平。

3. 投标决策期

在投标书报出之前应当对报价进行多方面的分析，目的是探讨这个报价的合理性、竞争性、营利性和风险性，从而作出最终的报价策略，在投标报价策略中考虑不平衡报价及投标人对报出价格的风险防范，将这些不利的因素考虑周全。投标人在利润和风险之间作出决策要分析方方面面的因素，由于投标情况纷繁复杂，每次组价中碰到的情况并不相同，很难事先预料需要决策哪些问题以及这些问题的范围。一般来说，报价决策并不是具体计算的结果，而是加入了投标人对工程期望利润和承担风险能力的多种考虑。投标人在投标过程中尽可能地避免较大的风险，应该在事先考虑好如何采取措施转移、防范风险等方式并能使企业获得尽可能多的利润。

最后要说明的是，千万不要忽视投标书的制作和递送。在投递投标书之前，应详细检查投标书内容是否完备，要重视打印(或印刷)及装订的质量，使招标人能从投标书的外观和内容上感觉到投标人工作认真、作风严谨。递送方式可以邮寄或派专人送达，后者比较好，可以灵活掌握时间。例如，在开标前一个小时送达，使投标人根据情况，临时改变投标报价，掌握报价的主动权。邮寄投标文件时，一定要留出足够的时间，使之能在接受标书截止时间之前到达招标人的手中。对于迟到的投标书，招标人按废标处理将原封不动退回投标人，这样的例子在实际工作中也是很多见的。

8.14 投标报价的策略

8.14.1 投标报价的策略概述

前面的章节已经讲了编制投标文件的注意事项。下面探讨投标报价策略的运用。

所谓投标报价策略，就是投标人在投标过程中对报价文件采用一些策略上的调整，将自己可能受到的损失减到最小，而将可能得到的利润最大化。

投标策略是投标人在投标竞争中的系统工作部署及其参与投标竞争的方式和手段。投标策略作为投标取胜的方式、手段和艺术，贯穿于投标竞争的始终，内容十分丰富。常用的投标策略主要是：根据招标项目的不同特点采用不同报价。

(1) 遇到如下情况投标报价可高一些：施工条件较差的工程；专业要求较高的技术密集型工程，而本公司在这方面又有专长，声望也较高；总价低的小工程以及自己不愿做、又不方便投标的工程；特殊工程，如港口码头、地下开挖工程等；工期要求急的工程；投标对手少的工程；支付条件不理想的工程等。

(2) 遇到如下情况投标报价可低一些：施工条件好的工程；工作简单、工程量大，一般公司都可以做的工程；本公司急于打入某一地区，或在某一地区面临工程结束，机械设备等无工地可转移时；本公司在附近有工程，而本项目又可利用该工程的设备、劳务，或有条件短期内突击完成的工程；投标对手多，竞争激烈的工程；非急需工程；支付条件好的工程等。

投标策略是投标人经营决策的组成部分，指导投标全过程。影响投标策略的因素十分复杂，加之投标策略与投标人的经济效益紧密相关，所以必须做到及时、迅速、果断。投标时，根据经营状况和经营目标，既要考虑自身的优势和劣势，也要考虑竞争的激烈程度，还要分析投标项目的整体特点，按照工程的类别、施工条件等确定投标策略。投标策略从投标的全过程分析主要表现在以下三个方面。

1. 生存型策略

投标报价以克服生存危机为目标而争取中标，可以不考虑各种影响因素。由于社会、政治、经济环境的变化和投标人自身经营管理不善，都可能造成投标人的生存危机。这种危机首先表现在企业经济状况、投标项目的减少。其次，政府调整基建投资方向，使某些投标人擅长的工程项目减少，这种危机常常危害到营业范围单一的专业工程投标人。第三，如果投标人经营管理不善，会存在投标邀请越来越少的危机。这时投标人应以生存为重，采取不盈利甚至赔本也要夺标的态度，只要能暂时维持生存渡过难关，就会有东山再起的希望。

2. 竞争型策略

投标报价以竞争为手段，以开拓市场、低盈利为目标，在精确计算成本的基础上，充分估计各竞争对手的报价目标，以有竞争力的报价达到中标的目的。投标人处在以下几种情况下，应采取竞争型报价策略：经营状况不景气，近期接受到的投标邀请较少；竞争对手有威胁性；试图打入新的地区；开拓新的工程施工类型；投标项目风险小、施工工艺简单、工程量大、社会效益好的项目；附近有本企业正在施工的其他项目。这种策略是大多数企业采用的。也叫保本低利策略。

3. 盈利型策略

这种策略是投标报价充分发挥自身优势，以实现最佳盈利为目标，对效益较小的项目热情不高，对盈利大的项目充满自信。下面几种情况可以采用盈利型报价策：投标人在该地区已经打开局面，施工能力饱和、信誉度高、竞争对手少、具有技术优势并对招标人有较强的名牌效应，投标人目标主要是扩大影响，或者施工条件差、难度高、资金支付条件不好，工期质量要求苛刻等。

按一定的策略得到初步报价后，应当对这个报价进行多方面分析。分析的目的是探讨这个报价的合理性、竞争性、营利性及风险性。一般来说，投标人对投标报价的计算方法大同小异，造价工程师的基础价格资料也是相似的。因此，从理论上分析，各投标人的投标报价同招标人的标底价都应当相差不远。为什么在实际投标中却出现许多差异呢？除了那些明显的计算失误，误解招标文件内容，有意放弃竞争而报高价者外，出现投标报价差异的主要原因大致是：第一，追求利润的高低不一。有的投标人急于中标以维持生存局面，不得不降低利润率甚至不计取利润；也有的投标人机遇较好，并不急切求得中标，而追求较高的利润。第二，各自拥有不同的优势。有的投标人拥有闲置的机械设备和材料；有的投标人拥有雄厚的资金；有的投标人拥有众多的优秀管理人才等。第三，选择的施工方案不同。对于大中型项目和一些特殊的工程项目，施工方案的选择对成本影响较大。科学合理的施工方案，包括工程进度的合理安排、机械化程度的正确选择、工程管理的优化等，都可以明显降低施工成本，因而降低报价。第四，管理费用的差别。集团企业和中小企业、老企业和新企业、项目所在地企业和外地企业之间的管理费用的差别是比较大的。在工程量清单计价模式下显示投标人个别成本，这种差别显得更加明显。

这些差异正是实行工程量清单计价后体现低报价原因的重要因素，但在工程量清单计价下的低价必须讲“合理”二字。并不是越低越好，不能低于投标人的个别成本，不能由于低价中标而造成亏损。投标人必须是在保证质量、工期的前提下，保证预期的利润及考虑一定风险的基础上确定最低成本价。低价虽然重要，但不是报价的唯一因素，除了低报价之外，投标人可以采取策略或投标技巧战胜对手。可以提出能够让招标人降低投资的合理化建议或对招标人有利的一些优惠条件等，这些措施都可以弥补报高价投标的不足。

8.14.2 不平衡报价法

这一方法是一个工程项目总报价基本确定后，通过调整内部各个项目的报价，以期既不提高总报价、不影响中标，又能在结算时得到更理想的经济效益。总的来讲，要保证两个原则，即“早收钱”和“多收钱”。一般可以考虑在以下三个方面采用不平衡报价。

(1) 所谓“早收钱”，就是作为有经验的承包商，工程一开工，除预付款外，完成每一个单项工程都要争取提前拿钱。这个技巧就是在报价时把工程量清单里先完成的工作内容的单价调高(如开办费、临时设施、土石方工程、基础和结构部分等)，后完成的工作内容的单价调低(如道路面层、交通指示牌、屋顶装修、清理施工现场和零散附属工程等)。尽管后边的单价可能会赔钱，但由于先期早已收回了成本，资金周转的问题已经得到妥善解决，财务应变能力得到提高，还有适量利息收入，因此只要能够保证整个项目最终盈利即可。这个收支曲线在海外被称为“头重脚轻”(front loading)配置法，其核心就是力争内部管理的资金负占用。

(2) 所谓“多收钱”，可以这样理解：招标方提供的工程量清单与最终实际施工的工程量之间都会存在差异，有的时候因为招标方计算的失误会有不小的差距，而工程量清单综合单价计价表中单价的一项是空白的。如果投标方判断出工程量清单提供的工程明显错误或不合理，这就是可能盈利的机会。例如，某个清单项目的工程量为 10000，单价确定为 1000 元人民币，而经过投标方计算后，有绝对的把握认为工程量应该为 12000，那么就可以适当提高此清单项目的单价，如调整到 1200 元。原来报价是按 1200×10000 写入合同金额中，那么最后结算的时候按实际发生的工程量计算，为 1200×12000，就可以比原来的报价赚取更多的利润。

(3) 预计今后工程量会通过变更增加的项目，工程量单价适当提高，这样在最终结算时可多赚钱；将工程量可能通过变更减少的项目单价降低，工程结算时损失不大。原理和上面第(2)条相同。

上述三种情况要统筹考虑，即对于工程量有错误的早期工程，如果实际工程量可能小于工程量表中的数量，则不能盲目抬高单价，要具体分析后再定。

另外，招标方对此种情况也会有预先的准备。在招标文件里注明；招标人提供的工程量清单为投标人计量计价的参考，招标人不对工程量清单中清单项目的完整性和工程量的准确性负责，投标人应根据自己对招标文件的理解，对本工程进行准确的计量和计价，投标人可以对招标方提供的清单项目的工程量进行增减和调整，但必须书面通知招标人。这样就能很好地约束投标人因工程量的计算错误而获取高额利润或进行恶意索赔的行为。

(4) 设计图样不明确，估计修改后工程量要增加的，可以提高单价；而工程内容解说不清楚的，则可适当降低一些单价，待澄清后再要求提价。

(5) 暂定项目，又叫任意项目或选择项目。对这类项目要具体分析。因为这类项目要在开工后再由业主研究决定是否实施以及由哪家承包商实施。如果工程不分标，不会由另一家承包商施工，则其中肯定要做的项目单价可高些，不一定做的项目则应低些。如果工程分标，该暂定项目也可能由其他承包商施工时，则不宜报高价，以免抬高总报价。

需要注意的是，采用不平衡报价一定要建立在对工程量清单中工程量仔细核对分析的基础上，特别是对报单价的项目。单价的不平衡要注意尺度，不应该成倍或几倍的偏离正常的价格，否则业主可能会判为废标甚至列入以后禁止投标的黑名单中，这样就得不偿失了。一般情况下，比正常价格多出 15%～30%的幅度，业主都是可以接受的，投标人可以解释为临时设施的搭建，材料、设备订货等预先支出的费用。

不平衡报价最终的结果应该是：报价时高低互相抵消，总价上却看不出来。履约时所形成的数量少，完成的也就少，单价调低，损失也就降到最低；数量多，完成的也多，单价调高，承包商便能获取较大的利润。所以总体利润多、损失小，合起来还是盈利。

当然，不平衡报价也有相应的风险，要看投标人的判断和决策是否正确。这就要求投标人具备相当丰富的经验，要对项目进行充分的调研、掌握丰富的资料、把握准确的信息等，这样所做出的判断和决策才是客观的、科学的，才能把风险降至最低。即使投标人的判断和决策是正确的，招标人也可以在履行合同的时候通过一系列的手段来控制住。如要求在投标报价文件中增加工程量清单综合单价分析表来分析每条清单的项目的单价构成，发变更令减少施工的工程量，甚至强行取消原有设计等，只要在招标文件中注明相关的条款或在合同中约定，投标人就很难利用不平衡报价法来获得利益。

不平衡报价法运用合理，是企业的投标技巧的一种表现。关键在于把握一个合理的幅度，幅度大了，影响中标的概率；幅度小了，效果又不明显，要在不平衡中寻求幅度的平衡，这样才能够充分利用不平衡报价法的优势。

8.14.3 计日工单价的报价

如果是单纯报计日工单价，而且不计入总价中，可以报高些，以便在业主额外用工或使用施工机械时可多盈利。但如果计日工单价要计入总报价时，则需要具体分析是否报高价，以免抬高总报价。总之，要分析业主在开工后可能使用的计日工数量，再来确定报价方针。

8.14.4 可供选择项目的报价

有些工程项目的分项工程，业主可能要求按某一方案报价，而后再提供几种可供选择方案的比较报价。但是，所谓“可供选择项目”并非由投标人选择，而是业主才有权进行选择。因此，虽然适当提高了可供选择项目报价，并不意味着肯定可以取得较好的利润，只是提供了一种可能性，一旦业主今后选用，投标人即可得到额外加价的利益。

8.14.5 暂定工程量报价

暂定工程量报价有下面三种方式。

(1) 业主规定了暂定工程量的分项内容和暂定总价款，并规定所有投标人都必须在总报价中加入这笔固定金额，但由于分项工程量不很准确，允许将来按投标人所报单价和实际完成的工程量付款。

(2) 业主列出了暂定工程项目的数量，但并没有限制这些工程量的估价总价款，要求投标人既列出单价，也应按暂定项目的数量计算总价，当将来结算付款时可按实际完成的工程量和所报单价支付。

(3) 只有暂定工程的一笔固定金额，将来这笔金额做什么用，由业主确定。

第一种情况，由于暂定总价款是固定的，对各投标人的总报价水平竞争力没有任何影响。因此，投标时应当将暂定工程量的单价适当提高，这样既不会因今后工程量变更而吃亏，也不会削弱投标报价的竞争力。第二种情况，投标人必须慎重考虑。如果单价定得高了，同其他工程量计价一样，将会增大总报价，影响投标报价的竞争力；如果单价定得低了，将来这类工程量增大，会影响收益。一般来说，这类工程量可以采用正常价格。若投标人估计今后实际工程量肯定会增大，则可适当提高单价，使将来可增加额外收益。第三种情况对投标竞争没有实际意义，按招标文件要求将规定的暂定款列入总报价即可。

8.14.6 多方案报价

对于一些招标文件，若发现工程范围不很明确，条款不清楚，或很不公正，或技术规范要求过于苛刻时，则要在充分估计投标风险的基础上，按多方案报价法处理，即按原招标文件报一个价，然后再报一个价，如某某条款作某些变动，报价可降低多少，由此可报出一个较低的价，这样可以降低总价，吸引业主。

8.14.7 增加建议方案报价

有时招标文件中规定，投标者可以提一个建议方案，也可以修改原设计方案。提出投标方案的投标者这时应抓住机会，组织一些有经验的设计工程师和施工工程师，对原招标文件的设计和施工方案仔细研究，提出更为合理的方案以吸引业主，促成自己的方案中标。这种新建议方案可以降低总造价，或使工期缩短，或使工程运用更为合理。但要注意对原招标方案一定也要报价。建议方案不要写得太具体，要保留方案的技术关键，防止业主将此方案交给其他承包商。同时要强调的是，建议方案一定要比较成熟，有良好的可操作性。

8.14.8 采用分包商的价格报价

由于现代工程的综合性和复杂性，总承包商不可能将全部工程内容完全独家包揽，特别是有些专业性较强的工程内容，需分包给其他专业工程公司施工，还有些招标项目，业主规定某些工程内容必须由他指定的几家分包商承担。因此，总承包商通常应在投标前先取得分包商的报价，并增加总承包商摊入一定的管理费，而后作为自己投标总价的一个组成部分一并列入报价单中。为了避免总承包商中标后与分包商在价格等问题上发生矛盾和纠纷，总承包商在投标前找2～3家分包商分别报价，而后选择其中一家信誉较好、实力较强和报价合理的分包商，签订协议，同意该分包商作为本分包工程的唯一合作者，并将分包商的姓名列入投标文件中，但要求该分包商相应提交投标保函。这种把分包商的利益同投标人捆在一起的做法，不但可以防止分包商事后反悔和涨价，还可能迫使分包时报出较合理的价格，以便共同争取中标。

8.14.9 无利润报价

缺乏竞争优势的投标人，在不得已的情况下，只好在投标书中根本不考虑利润去夺标，这种办法一般是处于以下条件时采用。

(1) 有可能在中标后，将大部分工程分包给索价较低的一些分包商。

(2) 对于分期建设的项目，先以低价获得首期工程，而后赢得机会创造第二期工程中的竞争优势，并在以后的实施中赚得利润。

(3) 较长时期内，投标人没有在建的工程项目，如果再不中标，就难以维持生存。因此，虽然本工程无利可图，只要能有一定的管理费维持公司的日常运转，就可设法度过暂时的困难，以图将来东山再起。

总之，投标人要根据招标文件、政治和法律规定、自然条件、市场状况、工程项目方面的情况、业主情况、投标人自身情况、竞争对手资料，选取最适合自己的投标策略，确保投标成功，并为获得良好的经济效益目标而努力。

8.14.10 突然降价报价

投标报价中各竞争对手往往在报价时采取迷惑对手的方法。即先按一般情况报价或报出较高的价格，以表现出自己对该工程兴趣不大，到投标快截止时，再突然降价。采用这种方法时，一定要在准备投标报价的过程中考虑降价的幅度，在临近投标截止日期前，根据情报信息与分析判断，再作出最后决策。

8.14.11 以力求评标分最高报价

有些工程的投标，评标原则明确规定，以最接近业主标底的标价为最合理报价，评分最高。投标企业应对某一地区或某一领域业主的标底进行认真分析，找出规律，同一个业主标底编制的指导思想要一致，弄清业主的指导思想，在投标报价时就能取得与业主标底最接近的标价。

总之，企业如果想在投标工作中提高自己的中标率，就要在充分研究招标文件、详细勘查现场、精心进行施工组织设计的基础上，灵活地运用以上所讲的投标策略，这样才能确立在投标中的优势地位。

工程量清单招投标作为一种新的造价管理模式，为了适应现有的市场经济发展需要，还需要在各个方面加以改进、发展、完善。例如，消耗量预算定额不会在短时期内消亡，它是造价管理部门经过长期的测定得到的数据，在很长时期内会为企业投标报价起到指导的作用。但是传统的消耗量预算定额对项目的划分过细、过于烦琐。相应的改进定额的项目划分的规定及其工程量计算规则，做到既简化列项，又能统一规则。另外预算定额单价的表现形式也应改为包含项目工程直接成本、间接成本、利润和税金在内的工程量清单的计价模式。企业为适应新的计价模式应构建本企业的投标报价系统，建立自己的企业定额，这不仅是适应工程量清单模式的需要，也是中国加入 WTO 以后企业逐步走向国际化迫切需要解决的问题。施工企业只有针对市场的变化建立自己的企业定额，根据市场行情不断调整、优化内部结构，适应市场，发展壮大，才能在竞争日益激烈的建筑市场上站稳脚跟。

政府以及相关部门在制定符合工程量清单招标模式的项目划分的规定及其工程量计算规则的过程中，也应当依照法律创造与市场定价密切配合的环境，依法控制低于成本的报价，还应防止串通投标引起的高价定标。这实际上体现了政府宏观调控，市场形成价格的重要作用。另一方面政府以及相关部门要为企业提供服务，及时测算、发布权威信息，以便于企业选用、采纳，从而为最终实现工程量计算规则统一化、工程量计算方法标准化、工程造价确定市场化、资源管理信息化打下良好的基础，为《计价规范》的推行和应用提供良好的社会环境。

8.15 国际工程投标报价

8.15.1 熟悉国际工程投标报价的程序

国际工程是指一个工程项目的策划、咨询、融资、采购、承包、管理以及培训等各个阶段或环节，其主要参与者(单位或个人，产品或服务)来自不止一个国家或地区，并且按照国际上通用的工程项目管理理念进行管理的工程。国际工程包括我国公司去海外参与投资或实施的各项工程，也包括国际组织或国外的公司到中国来投资和实施的工程。

投标报价作为国际工程投标过程中的关键环节，其工作内容繁多，工作量大，而时间往往十分紧迫，因而必须周密考虑，统筹安排，遵照一定的工作程序，使投标报价工作有条不紊、紧张而有序地进行。国际工程投标报价工作在投标者通过资格预审并获得招标文件后开始，其工作程序如图 8-1 所示。本节仅对组织投标报价班子、研究招标文件、进行各项调查研究、参加标前会议和现场勘察、工程量复核、生产要素与分包工程询价等环节进行阐述。

1. 组织投标报价班子

国际工程投标报价，不论承包方式和工程范围如何，都必然涉及承包市场竞争态势、生产要素市场行情、工程技术规范和标准、施工组织和技术、工料消耗标准或定额、合同形式和条款及金融、税务、保险以及当地的政治、经济状况等方面的问题，因此，需要有专门的机构和人员对报价的全部活动加以组织和管理。组织一个业务水平高、经验丰富、精力充沛的投标报价班子是投标获得成功的基本保证。投标报价的人员不仅应具有渊博的知识和丰富的经验，还必须熟悉国际工程施工和投标报价的规范和操作程序，只有这样，投标报价人员才能参与激烈的国际工程市场的竞争。

一个好的投标报价班子的成员应由经济管理类人才、专业技术类人才、商务金融类人才、合同管理类人才组成，最好是懂技术、懂经济、懂商务、懂法律和会外语的复合型、外向型、开拓型人才。经济管理类人才是指直接从事费用计算的人员，他们不仅熟悉本公司在各类分部分项工程中的工料消耗标准和水平，而且对本公司的技术特长和不足之处有客观的分析和认识，他们通过掌握生产要素的市场行情，了解竞争对手的情况，能够运用科学的调查、分析、预测的方法，使投标报价工作建立在可靠的基础上。专业技术类人才是指工程设计和施工中的各类专业技术人员，他们掌握本专业领域内的最新技术知识，具有较丰富的工程经验，能从本公司的实际技术水平出发，选择最经济合理的实施方案。商务金融类人才是指具有从事金融、贷款、保函、采购、保险等方面工作经验和知识的专业人员。合同管理类人才是指熟悉经济合同相关法律、法规，熟悉合同条件并能进行深入分析，能够提出应特别注意的问题，具有合同谈判和合同签订经验，善于发现和处理索赔等方面敏感问题的人员。总之，投标班子应由各专业领域的人才组成，同时还应注意保持班子人员的相对稳定，积累和总结以往经验，不断提高其素质和水平，以形成一个高效率的工作集体，从而提高投标报价的竞争力。

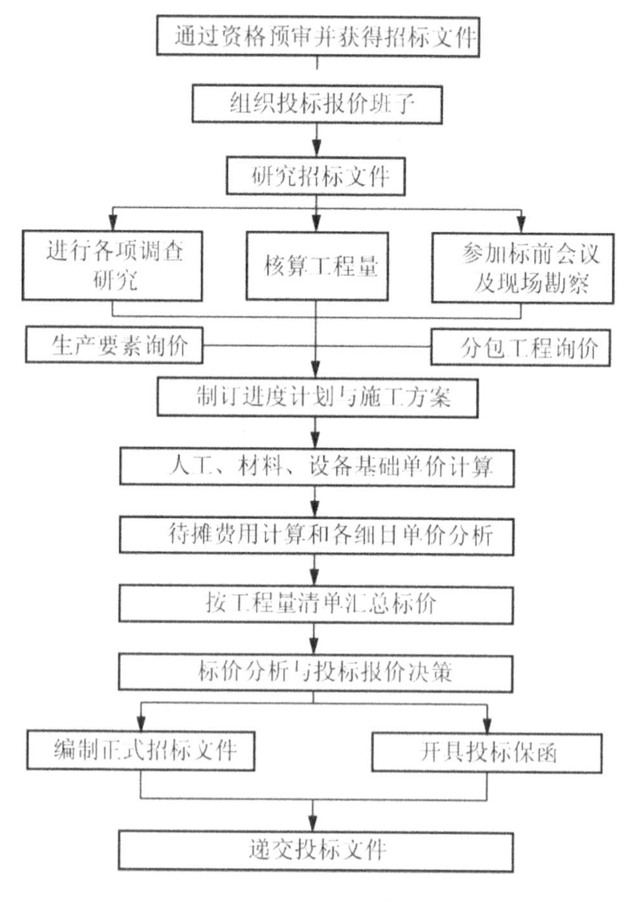

图 8-1　投标报价工作程序

表 8-1 为承包商人员及其在报价编制过程中的作用。

表 8-1 承包商人员及其在报价编制过程中的作用

人 员	人员的作用
承包商高级管理人员	决定是否参加投标，商谈资金，标价调整
工程估价人员	负责人工、材料、设备基础单价的计算，分摊费用的计算单价分析和标价汇总
公司内部设计人员	编制替代设计方案
临时工程设计人员	全部临时工程结构，模板工程，脚手架，围堰等
设备经理	对施工设备的适用性和新设备的购置提出建议，分析设备维修费用
现场人员	对施工方法、资源需求和各项施工作业的大概时间提出建议
计划人员	编制施工方法说明，按施工进度表配置
采购人员	获取材料报价和估算运输费用
法律合同人员	对合同条款和融资提出建议
工程测量员	估算实施项目的工程量
市场人员	寻找未来工程的机会，保证充分了解业主要求，协助估价人员校核资料
财务顾问	同金融机构商谈按最佳条件获取资金，商谈保函事宜
人事部门人员	向估价部门提出有关可用的职员和关键人员的建议，编制人员雇佣条件，协助计算现场管理费用

此外，报价编制过程也有一些外单位人员的参与，其作用见表 8-2。

表 8-2 外单位人员在报价编制过程中的作用

人 员	人员的作用
业主的顾问（设计师、工程师、工料测量员）	澄清承包商在详细检查招标条件后提出的疑问
材料供应商	向承包商提交工程所需材料的报价
分包商	向承包商提交指定项目的报价以及详细资料
海运、包装及运输公司	对物资从装运港运至现场提出建议及报价
联营公司	按商定的比例分享利润，进行联合施工以减少承包商的风险
当地代理及当地使馆人员	向估价人员提供工程所在国的有关商务、社会、法律以及地理条件等方面的信息
银行及金融机构	为工程的实施提供资金和保函

2. 研究招标文件

招标文件规定了承包商的职责和权利，承包商在标前会议、现场勘察之前和投标报价期间，均应组织投标报价人员认真细致地阅读招标文件。为进一步制定施工进度计划、施工方案和计算标价，投标人应从以下几个主要方面研究招标文件。

1) 关于合同条件方面

(1) 要核准下列准确日期：投标截止日期和时间；投标有效期；招标文件中规定的由合同签订到开工的允许时间；总工期和分阶段验收的工期；缺陷通知期。

(2) 关于保函与担保的有关规定:保函或担保的种类、保函额或担保额的要求、保函或担保的有效期等。

(3) 关于保险的要求:要搞清楚保险种类，例如，工程一切险、第三方责任险、现场人员的人身事故和医疗保险以及社会险等，同时要搞清楚这些险种的最低保险金额、保期和免赔额、索赔次数要求以及对保险公司要求的限制等。

(4) 关于误期赔偿费的金额和最高限额的规定；提前竣工奖励的有关规定。

(5) 关于付款条件：应搞清是否有预付款及其金额，扣还时间与方法；还要搞清对运抵施工现场的永久设备和成品及施工材料(如钢材、水泥、木材、沥青等)是否可以获得材料设备预付款；永久设备和材料是否按订货、到港和到工地进行阶段付款；工程进度款的付款方法和付款比例；签发支付证书到付款的时间；拖期付款是否支付利息；扣留保留金的比例、最高限额和退还条件。

(6) 关于物价调整条款：要搞清楚该项目是否对材料、设备价格和工资等有调整的规定，其限制条件和调整计算公式如何。

(7) 应搞清楚商务条款中有关报价货币和支付货币的规定。

(8) 关于税收：是否免税或部分免税等。

(9) 关于不可抗力造成损害的补偿办法和规定、中途停工的处理办法和补救措施。

(10) 关于争端解决的有关规定。

(11) 承包商可能获得补偿的权利方面:要搞清楚招标文件中关于补偿的规定，可以在编制报价的过程中合理地预测风险程度并做正确的估价，如索赔条件等。

2) 关于承包商责任范围和报价要求方面

(1) 应当注意合同属于单价合同、总价合同还是成本加酬金合同等，对于不同的合同类型，承包商的责任和风险是不一样的，应根据具体情况分别核算报价。

(2) 认真落实需要报价的详细范围，不应有任何含糊不清之处。例如，报价是否包含勘察工作，是否包含施工详图设计，是否包括进场道路和临时水电设施以及永久设备的供货及其范围等。总之，应将工程量清单与投标人须知、合同条件、技术规范、图样等认真核对，以保证在投标报价中不错报、不漏报。

3) 技术规范和图样方面

工程技术规范是按工程类型来描述工程技术和工艺的内容和特点，对设备、材料、施工和安装方法等所规定的技术要求，以及对工程质量进行检验、试验和验收所规定的方法和要求。研究工程技术规范，特别要注意研究该规范是参照或采用英国规范、美国规范或是其他国际技术规范，本公司对此技术规范的熟悉程度，有无特殊施工技术要求和有无特殊材料设备技术要求，有关选择代用材料、设备的规定，以便采用相应的定额，计算有特殊要求的项目价格。

图样分析要注意平、立、剖面图之间尺寸、位置的一致性，结构图与设备安装图之间的一致性，当发现矛盾之处应及时提请招标人澄清并修正。

3. 进行各项调查研究

开展各项调查研究是标价计算之前的一项重要准备工作，是成功投标报价的基础，主要内容包括以下几个方面。

1) 市场、政治、经济环境调查

(1) 工程所在国的政治形势：政局的稳定性、该国与周边国家的关系、该国与我国的关系、政策的开放性与连续性。

(2) 工程所在国的经济状况：经济发展情况、金融环境(包括外汇储备、外汇管理、汇率变化、银行服务等)、对外贸易情况、保险公司的情况。

(3) 当地的法律法规：需要了解的至少应包括与招标、投标、工程实施有关的法律法规。

(4) 项目所在国工程市场的情况:工程市场容量与发展趋势、市场竞争的概况、生产要素(材料、设备、劳务等)的市场供应一般情况。

2) 施工现场自然条件调查

主要包括气象资料、水文资料、地质情况、地震等自然灾害情况。

3) 现场施工条件调查

主要包括现场的公共基础设施、现场用地范围、地形、地貌、交通、通信、现场“三通一平”情况、附近各种服务设施、当地政府对施工现场管理的一般要求等情况。

4) 劳务规定、税费标准和进出口限额调查

工程所在国的劳务规定、税费标准和进出口限额等情况在很大程度上会影响工程的估价，甚至会制约工程的顺利实施。如有些国家禁止劳务输入，因此国外承包商只能派遣公司的管理人员进入该国，而施工所需的工人则必须在当地招募。

5) 工程项目业主的调查

主要包括本工程的资金来源情况、各项手续是否齐全、业主的工程建设经验、业主的信用水平及工程师的情况等。

6) 竞争对手的调查

主要包括调查获得本工程投标资格、购买投标文件的公司情况，以及有多少家公司参加了标前会议和现场勘察，从而分析可能参加投标的公司。了解参加投标竞争公司的有关情况，包括规模和实力、技术特长、管理水平、经营状况、在建工程情况以及联营体情况等。

4. 参加标前会议与现场勘察

1) 标前会议

标前会议是招标人给所有投标人提供的一次答疑机会，有利于加深对招标文件的理解。标前会议是投标人了解业主和竞争对手的最佳时机，应认真准备并积极参加标前会议。在标前会议之前应事先深入研究招标文件，并将研究过程中碰到的各类问题整理为书面文件，寄到招标单位要求给予书面答复，或在标前会议上提出并要求予以解释和澄清。参加标前会议应注意以下几点。

(1) 对工程内容范围不清的问题应当提请说明，但不要表示或提出任何修改设计方案的要求。

(2) 对招标文件中图样与技术说明互相矛盾之处，可请求说明应以何者为准，但不要轻易提出修改技术要求。如果自己确实能提出对业主有利的修改方案，可在投标报价时提出，并做出相应的报价供业主选择而不必在会议中提出。

(3) 对含糊不清、容易产生歧义理解的合同条件，可以请求给予澄清、解释，但不要提出任何改变合同条件的要求。

(4) 投标人应注意提问的技巧，不要批评或否定业主在招标文件中的有关规定，提问的问题应是招标文件中比较明显的错误或疏漏，不要将对己方有利的错误或疏漏提出来，也不要将己方机密的设计方案或施工方案透露给竞争对手，同时要仔细倾听业主和竞争对手的谈话，从中探察他们的态度、经验和管理水平。

2) 现场勘察

现场勘察一般是标前会议的一部分，招标人会组织所有投标人进行现场参观和说明。投标人应准备好现场勘察提纲并积极参加这一活动。事先参加现场勘察的所有人员应认真地研究招标文件中的图样和技术文件，同时应派有丰富工程施工经验的工程技术人员参加。现场勘察中，除一般性调查外，还应结合工程专业特点有重点地进行勘察。由于能到现场参加勘察的人员毕竟有限，因此可对大型项目进行现场录像，以便回国后给参与投标的全体人员和专家研究。

5. 工程量复核

工程量复核不仅是为了便于准确计算投标价格，更是今后在实施工程中测量每项工程量的依据，同时也是安排施工进度计划、选定施工方案的重要依据。招标文件中通常情况下均附有工程量表，投标人应根据图样，认真核对工程量清单中的各个分项，特别是工程量大的细目，力争做到这些分项中的工程量与实际工程中的施工部位能“对号入座”、数量平衡。如果招标的工程是一个大型项目，而且投标时间又比较短，不能在较短的时间内核算全部工程量，投标人至少也应重点核算那些工程量大和影响较大的子项。当发现遗漏或相差较大时，投标人不能随便改动工程量，仍应按招标文件的要求填报自己的报价，但可另在投标函中适当予以说明。

关于工程量表中细目的划分方法和工程量的计算方法，世界各国目前还没有设置统一的规定，通常由工程设计的咨询公司确定。比较常用的是参照英国制订的《建筑工程量计算原则(国际通用)》、《建筑工程量标准计算方法》。两者的内容基本是一致的，后者较前者更为详尽和具体。

在核算完全部工程量表中的细目后，投标人可按大项分类汇总工程总量，使对这个工程项目的施工规模有一个全面和清楚的概念，并用以研究采用合适的施工方法和经济适用的施工机械设备。

6. 生产要素与分包工程询价

1) 生产要素询价

国际工程项目的价格构成比例中，材料部分约占 30%～50%左右的比重。因此材料价格确定的准确与否直接影响标价中成本的准确性，是影响投标成败的重要因素。生产要素询价主要包括以下四个方面。

(1) 主要建筑材料的采购渠道、质量、价格、供应方式。

(2) 施工机械的采购与租赁渠道、型号、性能、价格以及零配件的供应情况。

(3) 当地劳务的技术水平、工作态度与工作效率、雇佣价格与手续。

(4) 当地的生活费用指数、食品及生活用品的价格、供应情况。

2) 分包工程询价

分包工程是指总承包商委托另一承包商为其实施部分合同标底的工程。分包商不是总承包商的雇佣人员，其赚取的不只是工资，还有利润，分包工程报价的高低，必然对投标报价有一定的影响。因此，总承包商在投标报价前应进行分包询价。

确定完分包工作内容后，承包商发出分包询价单，分包询价单实际上与工程招标文件基本一致，一般包括以下内容。

(1) 分包工程施工图及技术说明。

(2) 详细说明分包工程在总包工程中的进度安排。

(3) 提出需要分包商提供服务的时间，以及分包商允诺的这段时间的变化范围，以便日后总包进度计划不可避免发生变动时，可使这种变动的影响尽可能地减小。

(4) 说明分包商对分包工程顺利进行应负的责任和应提供的技术措施。

(5) 总包商提供的服务设施及分包商到总包现场认可的日期。

(6) 分包商应提供的材料合格证明、施工方法及验收标准、验收方式。

(7) 分包商必须遵守的现场安全和劳资关系条例。

(8) 工程报价及报价日期、报价货币。

上述资料主要来源于招标文件和承包商的施工计划。当收到分包商的报价后，承包商应从分包保函是否完整、核实分项工程的单价、保证措施是否有力、确认工程质量及信誉、分包报价的合理性等方面进行分析。

8.15.2 熟悉国际工程投标报价的组成

1. 国际工程投标报价的组成

国际工程投标报价的组成应根据投标项目的内容和招标文件的要求进行划分。为了便于计算工程量清单中各个分项的价格，进而汇总整个工程报价，通常将国际工程投标报价分为直接费、间接费、利润、风险费及其他可单列项的费用，见表8-3。间接费、利润、风险费是在工程量清单中没有单独列项的费用项目，需要将其作为待摊费用分摊到工程量清单的各个报价分项中去。

目前国内外对国际工程投标报价的组成有着不同的划分，但主要有两种：第一，开办费单列的投标报价，其组成见表8-3，第二，开办费未单列的投标报价，则开办费应列入待摊费用之中。

国际工程投标报价要准确划分报价项目和待摊费用项目。报价项目就是工程量清单上所列的项目，如平整场地、土方工程、混凝土工程、钢筋工程等，其具体项目随招标工程内容及招标文件规定的计算方法而异。待摊费用项目不在工程量清单上出现，而是作为报价项目的价格组成因素隐含在每项综合单价之内。

表8-3 国际工程投标报价的组成

直接费	人工费
	材料费
	施工机械使用费

续表

间接费	现场管理费	工作人员费
		办公费
		差旅交通费
		文体宣教费
		固定资产使用费
		国外生活设施使用费
		工具用具使用费
		劳动保护费
		检验试验费
		其他费用
	临时设施施工费	
	保险费	
	税金	
	保函手续费	
	经营业务费	
	工程辅助费	
	贷款利息	
	总部管理费	
利润		
风险费		
开办费		
分包工程费	分包报价	
	总包管理费和利润	
暂定金额(招标人备用金)		

2. 人工、材料和施工机械基础单价计算

1) 工日基价的计算

工日基价是指国内派出的工人和在工程所在国招募的工人，每个工作日的平均工资。一般来说，在分别计算这两类工人的工资单价后，再考虑功效和其他一些有关因素以及人数，加权平均即可算出工日工资基价。

(1) 出国工人工资单价的计算。我国出国工人工资单价一般按下式计算。

工人日工资单价=一名工人出国期间的费用÷(工作年数×年工作日)

工人工资一般由下列费用组成。

① 国内工资及派出工人企业收取的管理费。

② 置装费，指出国人员服装及购置生活用品的费用。

③ 差旅费，包括从出发地到海关的往返旅费和从海关到工程所在地的国际往返差旅费。

④ 国外零用费。

⑤ 人身保险费和税金。

⑥ 伙食费，指工人在工程所在国的主副食和水果饮料等费用。

⑦ 奖金，包括超产奖，提前工期奖，优质奖等，按具体情况而定。

⑧ 加班工资，我国在国外承包工程施工往往实行周六、日双休休息制，星期日工作的工资一般可列入加班工资，其他如节日和夜间加班等，则按具体情况而定。

⑨ 劳保福利费，指职工在国外的保健津贴费，如洗澡、理发、防暑、降温、医疗等，按当地具体条件确定。

⑩ 卧具费，包括床、被、枕、毯、蚊帐等费用。

⑪ 探亲及出国前后调遣工资。探亲假一年享受一个月，调遣时间1~2个月，按出国时间摊销(一般为两年一期)。

⑫ 预涨工资，对于工期较长的投标工程，还应考虑工资上涨的因素。除上述费用之外，有些国家还需要包括按职工人数征收的费用。

(2) 当地雇佣工人工资单价的确定。雇用当地人员费用包括以下几个方面。

① 日基本工资。

② 带薪法定假日工资、带薪休假日工资。

③ 夜间施工、冬雨季施工增加的工资。

④ 规定由承包商支付的福利费、所得税和保险费等。

⑤ 工人招募和解雇费用。

⑥ 工人上、下班交通费。

此外，若招标文件或当地法令规定，雇主须为当地劳工支付个人所得税、雇员的社会保险费等，则也应计入工资单价之内。

2) 材料、半成品和设备预算价格的计算

应按当地采购、国内供应和从第三国采购分别确定。

(1) 当地采购。在工程所在国当地采购的材料设备，其预算价格应为施工现场交货价格。通常按下式计算：

预算价格=市场价＋运输费＋采购保管损耗

(2) 国内供应。通常按下式计算：

材料、设备价格=到岸价+海关税+港口费+运杂费+保管费+
运输保管损耗+其他费用

上述各项费用如果细算，包括海运费、海运保险费、港口装卸、提货、清关、商检、进口许可证、关税、其他附加税、港口到工地的运输装卸、保险和临时仓储费、银行信用证手续费，以及材料设备的采购费、样品费、试验费等。

(3) 从第三国采购。从第三国采购的材料、设备价格，其预算价格的计算方法类似于国内供应材料、设备价格的计算。如果同一种材料、设备来自不同的供应来源，则应按各自所占比重计算加权平均价格，作为预算价格。

3) 施工机械使用费的计算

施工机械使用费由基本折旧费、场外运输费、安装拆卸费、燃料动力费、机上人工费、维修保养费以及保险费等组成。

(1) 基本折旧费，如果是新购设备，应考虑拟在本工程中摊销的折旧比率，一般折旧年限按不超过五年计算。其计算公式如下：

基本折旧费=(机械预算价格−残值)×折旧比率

机械预算价格可根据施工方案提出的施工机械设备清单及其来源确定。

残值是工程结束时施工机械设备的残余价值，应按其可用程度和可能的去向考虑确定。除可转移到其他工程上继续使用或运回国内的贵重机械设备外，一般可不计残值。

(2) 场外运输费，可参照材料、设备运杂费的计算方法。

(3) 安装拆卸费，可根据施工方案的安排，分别计算各种需拆装的机械设备在施工期间的拆装次数和每次拆装费用的总和。

(4) 燃料动力费，按消耗定额乘以当地燃料、电力价格计算。

(5) 机上人工费，按每一台机械上应配备的工人数乘以工资单价来确定。

(6) 维修保养费，指日常维护保养和中小修理的费用。

(7) 保险费，指施工期间机械设备的保险费。

3. 待摊费

1) 现场管理费

现场管理费是指由于组织施工与管理工作而发生的各种费用，涵盖费用项目较多，主要包括下列几方面。

(1) 工作人员费，包括行政管理人员的国内工资、福利费、差旅费(国内外往返车船机票等)、服装费、卧具费、国外伙食费、国外零用费、人身保险费、奖金、加班费、探亲及出国前后所需时间内的调遣工资等。若系雇用外国雇员，则包括工资、加班费、津贴(一般包括房租及交通津贴费等)、招聘及解雇费等。

(2) 办公费，包括行政管理部门的文具、纸张、印刷、账册、报表、邮电、会议、水电、烧水、采暖或空调等费用。

(3) 差旅交通费，包括国内外因公出差费(其中包括病员及陪送人员回国机票等路费，临时出国、回国人员路费等)、交通工具使用费、养路费、牌照税等。

(4) 文体宣教费，包括学习资料、报纸、期刊、图书、电影、电视、录像设备的购置摊销，影片及录像带的租赁费，放映开支(如租用场地、招待费等)，体育设施及文体活动费等。

(5) 固定资产使用费，包括行政部门使用的房屋、设备、仪器、机动交通车辆等的折旧摊销、维修、租赁费、房地产税等。

(6) 国外生活设施使用费，包括厨房设备(如电冰箱、电冰柜、灶具等)、由个人保管使用的食具、食堂家具、洗碗用热水器、洗涤盆、职工日常生活用的洗衣机、缝纫机、电熨斗、理发用具、职工宿舍内的家具、开水、洗澡等设备的购置费及摊销、维修等。

(7) 工具用具使用费，包括除中小型机械和模板以外的零星机具、工具、卡具，人力运输车辆，办公用的家具、器具、计算机、消防器材和办公环境的遮光、照明、计时、清洁等低值易耗品的购置、摊销、维修，生产工人自备工具的补助费和运杂费等。

(8) 劳动保护费，包括安全技术设备、用具的购置、摊销、维修费，发给职工个人保管使用的劳动保护用品的购置费，防暑降温费，对有害健康作业者(如沥青等)发给的保健津贴、营养品等费用。

(9) 检验试验费，包括材料、半成品的检验、鉴定、试压、技术革新研究、试验等费用。

(10) 其他费用，包括零星现场的图样、摄影、现场材料保管等费用。

2) 其他待摊费用

其他待摊费用包括以下几方面。

(1) 临时设施工程费，包括生活用房、生产用房和室外工程等临时房屋的建设费，施工临时供水、供电、通信等设施费用。有的招标文件将一些临时设施作为独立的工程分列入工程量清单，则应按要求单独报价，这对承包商是有利的，可以较早得到这些设施的支付。

(2) 保险费。承包工程中的保险项目一般有工程保险、第三方责任险、雇员的人身意外保险、施工机械设备保险、材料设备运输保险等，其中后三项保险费已分别计入人工、材料、施工机械的单价，此处不再考虑。关于投保的公司，有的国家明确规定向政府指定的保险公司投保，也有的国家规定，允许选择较优惠的保险公司承保。

(3) 税金，指按照国家有关规定应交纳的各种税费和按当地政府规定的税费收取。

(4) 保函手续费，包括投标保函、履约保函、预付款保函、维修保函等，可按估计的各项保证金数额乘以银行保函年费率，再乘以各种保函有效期(以年计)即可。

(5) 经营业务费，包括为工程师提供现场工作和生活条件而开支的费用(如工程师的办公室、交通车辆等)为争取中标或加快收取工程款的代理人佣金、法律顾问费、广告宣传费、考察联络费、业务资料费、咨询费、礼品费、宴请及投标期间开支的费用(包括购买资格预审文件、招标文件、投标期间的差旅费、投标文件编制费等)。

(6) 工程辅助费，包括成品的保护费、竣工清理费及工程维修费等。

(7) 贷款利息，指由于工程预付款的不足，承包商为启动和实施工程所垫付的流动资金。这笔资金大部分是承包商从银行借贷的，因此，应将流动资金的利息计入工程报价中。

(8) 总部管理费，指上级管理部门或公司总部对现场施工项目经理部收取的管理费。

(9) 利润，可按工程总价的某一个百分数计取。

(10) 风险费，指工程承包过程中由于各种不可预见的风险因素发生而增加的费用。通常由投标人通过分析具体工程项目的风险因素后，确定一个比较合理的工程总价的百分数作为风险费率。

4. 开办费

有些招标项目的报价单中单列有开办费(或称初期费用)一项，指正式工程开始之前的各项现场准备工作所需的费用。如果招标文件没有规定单列，则所有开办费都应与其他待摊费用一起摊入到工程量表的各计价分项价格中。它们究竟是单列还是摊入工程量其他分项价格中，应根据招标文件的规定计算。开办费在不同的招标项目中包括的内容可能不相同，一般包括以下内容。

(1) 现场勘察费。业主移交现场后，应进行补充测量或勘探者，可根据工程场地的面积计算。

(2) 现场清理费。包括清除树木、旧有建筑构筑物等，可根据现场考察实际情况估算。

(3) 进场临时道路费。如果需要时，应考虑其长度、宽度，是否有小桥、涵洞及相应的排水设施等计算，并考虑其经常维护费用。

(4) 业主代表和现场工程师设施费。如招标文件规定了承包商还应为业主代表以及现场办公提供设施和服务，如现场住房，交通车辆等，则应根据其要求计算报价。

(5) 现场试验设施费。如招标文件有具体规定，应按其要求计算，可按工程规模考虑简易的试验设施，并计算其费用，如混凝土配料试块、试验等。其他材料样品的试验可送往附近的研究试验机构鉴定，考虑一笔试验费用即可。

(6) 施工用水电费。根据施工方案中计算的水电用量，结合现场考察调查，确定水电供应设施，如水源地、供水设施、供水管网、外接电源或柴油发电机站、供电线路等，并考虑水费、电费或发电的燃料动力费用。

(7) 脚手架及小型工具费。根据施工方案，考虑脚手架的需用量并计算总费用。

(8) 承包商临时设施费。按施工方案中计算的施工人员数量，计算临时住房、办公用房、仓库和其他临时建筑物等，并按简易标准计算费用，另外还应考虑生活营地的水、电、道路、电话、卫生设施等费用。

(9) 现场保卫设施和安装费用。按施工方案中规定的围墙和夜间照明等计算。

(10) 职工交通费。根据生活营地远近和职工人数，计算交通车辆和职工由驻地到工地往返费用。

(11) 其他杂项。如恶劣气候条件下施工设施、职工劳动保护和施工安全措施(如防护网)等，可按施工方案估算。

5. 暂定金额

暂定金额是业主在招标文件中明确规定了数额的一笔资金，标明用于工程施工，或供应货物与材料，或提供服务，或以应付意外情况，亦称待定金额或备用金。每个承包商在投标报价时均应将此暂定金额数计入工程总报价，但承包商无权做主使用此金额，这些项目的费用将按照业主工程师的指示与决定，全部或部分使用。

8.15.3 熟悉单价分析和标价汇总的方法

1. 分项工程的单价分析

分项工程单价也称为工程量单价，是指工程量清单上所列项目的单价，如基槽开挖、钢筋混凝土梁、柱等。分项工程单价的计算是工程估价中最重要的基础工作。分项工程单价通常为综合单价，包括直接费、间接费和利润等。

单价分析就是对工程量清单中所列分项单价进行分析和计算，确定出每一分项的单价和合价。单价分析之前，应首先计算出工程中拟使用的人工、材料、施工机械的基础单价，还要选择好适用的工程定额，然后对工程量清单中每一个分项进行分析与计算。单价分析通常列表进行，表8-3为某分项工程单价分析表，下面说明单价分析的方法与步骤。

1) 计算分项工程的单位工程量直接费

单位工程量直接费的计算公式如下：

$$单位工程量直接费\ a=单位工程量人工费+单位工程量的材料费+单位工程量施工机械使用费$$

$$本分项工程直接费\ A=本分项工程的单位工程量直接费\ a\times 本分项工程量$$

分项工程直接费常用的估价方法有定额估价法、作业估价法和匡算估价法等。

使用定额估价法时，应具备较准确的人工、材料、机械台班的消耗定额以及人工、材料和机械台班的使用单价。定额估价法在拥有较可靠定额标准的企业中定额估价法应用较为广泛。

应用定额估价法是以定额消耗标准为依据，并不考虑作业的持续时间，因此当机械设备所占比重较大，适用均衡性较差，机械设备搁置时间过长而使其费用增大，而这种机械搁置而又无法在定额估价中给予恰当的考虑时，这时就应采用作业估价法进行计算更为合适。

作业估价法是先估算出总工作量、分项工程的作业时间和正常条件下劳动人员、施工机械的配备，然后计算出各项作业持续时间内的人工和机械费用。为保证估价的正确和合理性，作业估价法应包括制定施工计划、计算各项作业的资源费用等。

匡算估价法是指估价师根据以往的实际经验或有关资料，直接估算出分项工程中人工、材料的消耗量，从而估算出分项工程的直接费单价。采用这种方法，估价师的实际经验直接决定了估价的准确程度。因此，往往适用于工程量不大，所占费用比例较小的那部分分项工程。

2) 求整个工程项目的直接费

整个工程项目的直接费等于所有分项工程直接费之和，以 $\sum A$ 表示。

3) 求整个工程项目的待摊费

整个工程项目的待摊费应包含一个工程项目的间接费、利润和风险费，以 $\sum B$ 表示。

4) 计算分摊系数和本分项工程分摊费 B

分摊系数 β 等于整个工程项目的待摊费 B 之和除以所有分项的直接费 A 之和。其计算公式如下：

$$\beta=\sum B\div\sum A$$

其中，本分项工程分摊费为

$$B=\text{本分项工程直接费 }A\times\text{分摊系数 }\beta$$

本分项工程的单位工程量分摊费为

$$B=\text{本分项工程的单位工程量直接费 }A\times\text{分摊系数 }\beta$$

5) 计算本分项工程的单价 U 和合价 S

本分项工程单价计算公式如下：

$$\begin{aligned}U&=\text{本分项工程的单位工程量直接费 }A+\text{本分项工程的单位工程量分摊费 }B\\&=\text{本分项工程的单位工程量直接费 }A\times(1+\text{分摊系数 }\beta)\end{aligned}$$

本分项工程合价计算公式如下：

$$S=\text{本分项工程单价 }U\times\text{本分项工程量 }Q$$

关于单价分析还应特别加以说明:有的招标文件要求投标人对部分项目递交单价分析表，而一般招标文件不要求递交单价分析表。但是对于投标人自己来说，除了非常有经验和有把握的分项之外，都应进行单价分析，单价分析表示例见表 8-4。

表 8-4　单价分析表示例

工程量表中分项编号		316	工程内容：水泥混凝土路面		单位：m^3	数量：74115
序号	工料内容					
1	2	3	4	5	6	7
I	材料费					

续表

工程量表中分项编号		316	工程内容：水泥混凝土路面		单位：m³	数量：74115
序号	工料内容					
1	2	3	4	5	6	7
1-1	水　泥	t	74.600	0.338	25.210	
1-2	碎　石	m³	6.00	0.89	5.34	
1-3	砂	m³	4.50	0.54	2.43	
1-4	沥　青	kg	0.21	1.00	0.21	
1-5	木　材	m²	400	0.00212	0.85	
1-6	水	t	0.050	1.180	0.060	
1-7	零星材料	—	—	—	1.70	
	小计				35.80	
	乘以上涨系数 1.12 后材料价				40.10	497.212
II	劳务费					
2-1	机械操作手	工日	10.40	0.41	4.26	
2-2	一般熟练工	工日	7.80	0.62	4.84	
	劳务费小计				9.10	67.4447
III	机械使用费					
3-1	混凝土搅拌站	台班	190	0.0052	1.99	
3-2	混凝土搅拌车	台班	100	0.01	1.00	
	小计				1.99	
	小型机具费				0.10	15.49
	机械费合计				2.09	
IV	直接费用（I+II+III）				51.29	
V	分摊管理费等		33.64%		17.25	127.8484
VI	计算单价				68.54	
	拟填入工程量报价单中的单价　68.54 美元/m³					
	本分项总价 68.54×7.4115=507.9842(万美元)					

2. 标价汇总

将工程量清单中所有分项工程的合价汇总，即可算出工程的总标价。

总标价=分项工程合价+分包工程总价+暂定金额

8.15.4　了解国际工程投标报价的分析方法

在计算出分项工程综合单价，编出单价汇总表后，在工程估价人员算出的暂时标价的基础上，应对其进行全面的评估与分析，探讨投标报价的经济合理性，从而作出最终报价决策。

1. 国际工程投标报价的对比分析

标价的对比分析是依据在长期的工程实践中积累的大量的经验数据，用类比的方法，从宏观上判断计算标价的合理性，可采用下列宏观指标和评审方法。

(1) 分项统计计算书中的汇总数据，并计算其占标价的比例指标。以一般房屋建筑工程为例，统计内容包括以下几个方面。

① 统计建筑总面积与各单项建筑物面积。

② 统计材料费总价及各主要材料数量和分类总价；计算单位面积的总材料费用指标及各主要材料消耗指标和费用指标；计算材料费占标价的比重。

③ 统计总劳务费及主要生产工人、辅助工人和管理人员的数量；算出单位建筑面积的用工数和劳务费；算出按规定工期完成工程时，生产工人和全员的平均人月产值和人年产值；计算劳务费占总标价的比重。

④ 统计临时工程费用、机械设备使用费及模板、脚手架和工具等费用，计算它们占总标价的比重。

⑤ 统计各类管理费用，计算它们占总标价的比重，特别是利润、贷款利息的总数和所占比例。

⑥ 统计分包工程的总价，并计算其占总标价中直接费用的比例。

(2) 通过对上述各类指标及其比例关系的分析，从宏观上分析标价结构的合理性。例如，分析总直接费和总的管理费的比例关系，劳务费和材料费的比例关系，临时设施和机具设备费与总的直接费用的比例关系，利润、流动资金及其利息与总标价的比例关系等。实施过类似工程的有经验的承包商不难从这些比例关系中判断出标价的构成是否基本合理。如果发现有不合理的部分，应当初步探讨其原因。首先研究本工程与其他类似工程是否存在某些不可比因素，如果考虑了不可比因素的影响后，仍存在不合理的情况，就应当深入探讨其原因，并考虑调整某些基价、定额或分摊系数。

(3) 探讨上述平均人月产值和人年产值的合理性和实现的可能性。如果从本公司的实践经验角度判断这些指标过高或过低，就应当考虑所采用定额的合理性。

(4) 参照同类工程的经验，扣除不可比因素后，分析单位工程价格及用工、用料量的合理性。

(5) 从上述宏观分析得出初步印象后，对明显不合理的标价构成部分进行微观方面的分析检查。重点是在提高工效、改变施工方案、降低材料设备价格和节约管理费用等方面提出可行措施，并修正初步计算的标价。

2. 国际工程投标报价的动态分析

标价的动态分析是假定某些因素发生变化，测算标价的变化幅度，特别是这些变化对目标利润的影响。该项分析类似于项目投资的敏感性分析，主要考虑工期延误、物价和工资上涨以及其他可变因素的影响，通过对于各项价格构成因素的浮动幅度进行综合分析，从而为选定投标报价的浮动方向和浮动幅度提供一个科学的、符合客观实际的范围，并为盈亏分析提供量化依据，明确投标项目预期利润的受影响水平。

1) 工期延误的影响

由于承包商自身的原因，如材料设备交货拖延、管理不善造成工程延误，质量问题造成返工等，承包商可能会增大管理费、劳务费、机械使用费以及占用的资金及利息，这些费用的增加不可能通过索赔得到补偿，而且还会导致误期赔偿损失。一般情况下，可以测算工期延长单位时间，上述各种费用增大的数额及其占总标价的比率。这种增大的开支部分只能用风险费和计划利润来弥补。因此，可以通过多次测算得知工期拖延多长，利润将全部丧失。

2) 物价和工资上涨的影响

通过调整标价计算中材料设备和工资的上涨系数，测算其对工程目标利润的影响。同时切实调查工程物资和工资的升降趋势和幅度，以便做出恰当判断。通过这一分析，可以得知目标利润对物价和工资上涨因素的承受能力。

3) 其他可变因素的影响

影响标价的可变因素很多，而有些是投标人无法控制的，如汇率、贷款利率的变化、政策法规的变化等。通过分析这些可变因素，可以了解投标项目目标利润受影响的程度。

8.15.5 了解国际工程投标报价的技巧

投标报价的技巧是指在投标报价中采用适当的方法，在保证中标的前提下，尽可能多的获得更多的利润。报价技巧是各国际工程公司在长期的国际工程实践中总结出来的，具有一定的局限性，不可照抄照搬，应根据不同国家、不同地区、不同项目的实际情况灵活运用，要坚持“双赢”甚至“多赢”的原则，诚信经营，从而提升公司的核心竞争力，实现可持续发展。

1. 根据招标项目的不同特点采用不同报价

国际工程投标报价时，既要考虑自身的优势和劣势，也要分析招标项目的特点。按照工程项目的不同特点、类别、施工条件等来选择报价策略。

1) 报价可高一些的工程

(1) 施工条件差的工程。

(2) 专业要求高的技术密集型工程，而本公司在这方面有专长，声望也较高。

(3) 总价低的小型工程以及自己不愿做、又不方便不投标的工程。

(4) 特殊的工程，如港口码头、地下开挖工程等。

(5) 工期要求急的工程。

(6) 竞争对手少的工程。

(7) 支付条件不理想的工程。

2) 报价可低一些的工程

(1) 施工条件好的工程。

(2) 工作简单、工程量大而一般公司都可以做的工程。

(3) 本公司目前急于打入某一市场、某一地区，或在该地区面临工程结束，机械设备等无工地转移时。

(4) 本公司在附近有工程，而本项目又可利用该工地的设备、劳务，或有条件短期内突击完成的工程。

(5) 竞争对手多，竞争激烈的工程。

(6) 非急需工程。

(7) 支付条件好的工程。

2. 适当运用不平衡报价法

不平衡报价法也叫前重后轻法。不平衡报价是指一个工程项目的投标报价，在总价基本确定后，调整内部各个项目的报价，以期既不提高总价从而影响中标，又能在结算时得到更理想的经济效益。一般可以在以下几个方面考虑采用不平衡报价法。

(1) 能够早日结账收款的项目(如开办费、土石方工程、基础工程等)可以报得高一些，以有利于资金周转，后期工程项目(如机电设备安装工程、装饰工程等)可适当降低。

(2) 经过工程量核算，预计今后工程量会增加的项目，单价适当提高，这样在最终结算时可获得超额利润，而将工程量可能减少的项目单价降低，工程结算时损失不大。

但是上述(1)、(2)两点要统筹考虑，针对工程量有错误的早期工程，如果不可能完成工程量表中的数量，则不能盲目抬高报价，要具体分析后再确定。

(3) 设计图样不明确，估计修改后工程量要增加的，可以提高单价；而工程内容说明不清的，则可降低一些单价。

但是不平衡报价一定要建立在对工程量表中工程量仔细核对分析的基础上，特别是对报低单价的项目，若工程量执行时增多，将造成承包商的重大损失。另外一定要控制在合理幅度内，以免引起业主反对，甚至导致废标。如果不注意这一点，有时业主会挑选出报价过高的项目，要求投标者进行单价分析，而围绕单价分析中过高的内容进行压价，以致承包商得不偿失。

3. 注意计日工的报价

如果是单纯对计日工报价，可以报高一些，以便在日后业主用工或使用机械时可以多盈利。但如果招标文件中有一个假定的“名义工程量”时，则需要具体分析是否报高价，以免提高总报价。总之，要分析业主在开工后可能使用的计日工数量确定报价方针。

4. 适当运用多方案报价法

对一些招标文件，如果发现工程范围不很明确，条款不清楚或很不公正，或技术规范要求过于苛刻时，可在充分估计投标风险的基础上，按多方案报价法处理。即先按原招标文件报一个价，然后再提出“如某条款作某些变动，报价可降低……”，报一个较低的价。这样可以降低总价，吸引业主。或是对某些部分工程提出按“成本补偿合同”方式处理，其余部分报一个总价。

5. 适当运用“建议方案”报价

有时招标文件中规定，可以提出建议方案，即可以修改原设计方案，提出投标者的方案。投标者这时应组织一批有经验的设计和施工工程师，对原招标文件的设计方案仔细研究，提出更合理的方案以吸引业主，促成自己方案中标。这种新的建议方案一般要求能够降低总造价或提前竣工或使工程运用更合理。但要注意的是对原招标方案一定要标价，以供业主比较。增加建议方案时，不要将方案写得太具体，保留方案的技术关键，防止业主将此方案交给其他承包商，同时要强调的是，建议方案一定要比较成熟，或过去有这方面的实践经验。因为投标时间不长，如果仅为中标而匆忙提出一些没有把握的建议方案，可能引起很多后患。

6. 适当运用突然降价法

报价是一件保密性很强的工作，但是对手往往通过各种渠道、手段来刺探情况，因此在报价时可以采取迷惑对方的方法。即先按一般情况报价或表现出自己对该工程兴趣不大，而到快投标截止时，再突然降价。采用这种方法时，一定要在准备投标报价的过程中考虑好降价的幅度，在临近投标截止日期前，根据情报信息与分析判断，再作最后决策。另外如果由于采用突然降价法而中标，因为开标只降总价，那么就可以在签订合同后再采用不平衡报价方法调整工程量表内的各项单价或价格，以期取得更好的效益。

7. 适当运用先亏后盈法

有的承包商，为了打进某一地区，依靠国家、财团和自身的雄厚资本实力，而采取一种不惜代价，只求中标的低价报价方案。应用这种方法的承包商必须有较好的资信条件，并且提出的施工方案也先进可行，同时要加强对公司情况的宣传，否则即使标价低，业主也不一定选中。

8. 注意暂定工程量的报价

暂定工程量有三种：一种是业主规定了暂定工程量的分项内容和暂定总价款，并规定所有投标人都必须在总报价中加入这笔固定金额，但由于分项工程量不很准确，允许将来按投标人所报单价和实际完成的工程量付款；另一种是业主列出了暂定工程量的项目和数量，但并没有限制这些工程量的估价总价款，要求投标人既列出单价，也应按暂定项目的数量计算总价，当将来结算付款时可按实际完成的工程量和所报单价支付；第三种是只有暂定工程的一笔固定总金额，将来这笔金额做什么用，由业主确定。第一种情况，由于暂定总价款是固定的，对各投标人的总报价水平竞争力没有任何影响，因此，投标时应当对暂定工程量的单价适当提高，这样既不会因今后工程量变更而吃亏，也不会削弱投标报价的竞争力。第二种情况，投标人必须慎重考虑。如果单价定高了，同其他工程量计价一样，将会增大总报价，影响投标报价的竞争力；如果单价定低了，将来这类工程量增大，将会影响收益。一般来说，这类工程量可以采用正常价格。如果承包商估计今后实际工程量肯定会增大，则可适当提高单价，使将来可增加额外收益。第三种情况对投标竞争没有实际意义，按招标文件要求将规定的暂定款列入总报价即可。

9. 合理运用无利润算标法

缺乏竞争优势的承包商，在迫不得已的情况下，只好在投标中根本不考虑利润去夺标。这种办法一般是处于以下条件时采用。

(1) 有可能在得标后，将大部分工程分包给索价较低的一些分包商。

(2) 对于分期建设的项目，先以低价获得首期工程，尔后赢得机会创造第二期工程中的竞争优势，并在以后的实施中赚得利润。

(3) 较长时期内，承包商没有在建的工程项目，如果再不得标，就难以维持生存。因此，虽然本工程无利可图，只要能有一定的管理费维持公司的日常运转，就可设法渡过暂时的困难，以图将来东山再起。

8.15.6 了解国际工程投标报价决策的影响因素

所谓投标报价决策，就是标价经过上述一系列的计算、评估和分析后，由决策人应用有关决策理论和方法，根据自己的经验和判断，从既有利于中标而又能盈利这一基本目标出发，最后决定投标的具体报价。

1. 国际工程投标报价决策的影响因素

影响国际工程投标报价决策的因素主要有成本估算的准确性、期望利润、市场条件、竞争程度、公司的实力与规模。此外，在投标报价决策时，还应考虑风险偏好的影响。

1) 成本估算的准确性

成本估算的准确度如何，直接影响到公司领导层的决策。在估算标价时，需要投标报价班子作出许多定量和定性的评估，这些评估可以依据已有记录的数据、经验、主要的市场条件和大量的其他因素。很明显，不同的估价人员对这些因素的权衡也各不相同。因此，对于特定的一项工程往往会有许多种估价。

标价估算应当实事求是，既不能以压低标价承担风险去投标，也不能对单价层层加码，多留余地，增加“水分”，不仅无望得标，而且劳民伤财、影响声誉。估价人的施工经验十分重要，他们所制订的施工方案、技术措施、设备选型与配套、定额选用、人员及进度安排等，是否符合实际，直接影响标价。另一方面，估价人的责任心也很重要，决不能粗枝大叶发生漏项或计算错误，尤其对基础价格和各类税金的选定和计入，应对照招标文件的有关规定和询价的可靠程度，反复比较。

2) 期望利润

承包商可以事先提出一个预期利润的比率进行计算，它不受工程自身因素的影响。由于当前国际建筑市场竞争激烈，承包商不得不降低预期利润率，有的不惜采用“无利润算标”以求竞争成功。

3) 市场条件

市场条件是一个涵盖了许多内容的主观性用语。从宏观角度来看，市场条件包括下列因素。

(1) 当地的、全国的乃至国际的投资机会。

(2) 竞争者的活动能力。

(3) 在建工程的工程量。

(4) 工程订单。

目前还没有一种普遍接受的方法可以用来定量地确定市场条件对投标价格水平的影响。

4) 竞争程度

竞争程度作为决定性的因素，对一个承包商的投标成功与否显然是一个极为关键的因素。可以通过对竞争对手的“SWOT 分析”来评价竞争程度。“SWOT 分析”代表分析企业优势(strength)、劣势(weakness)、机会(opportunity)和威胁(threats)，其实际上是对企业内外部条件各方面的内容进行归纳和概括，进而分析组织的优劣势、面临的机会和威胁的一种方法。在投标报价前应对参加投标的潜在竞争对手进行调查，在作最后的投标决策时，可以针对已调查的资料进行重点分析，找出几家可能急于想获得此项工程的对手，对他们进行 SWOT 分析。例如，如果某对手公司在当地已有工程正处在施工阶段，它很可能利用现有设备和其他设施为此项新投标的工程服务，从而可降低投标报价，那么我方也应当设法尽可能调人和利用自己的现有旧设备和工器具，不采购或者少采购新的施工机具设备，以便降低施工设备费用与之抗衡，甚至可以采取少摊销机具设备折旧的办法，以减轻对手公司这一优势对我方的压力。另外，还可以挖掘对手公司的弱点。

有时，还可以从工程的难易程度和心理因素方面对竞争对手进行分析，估计对手们的心态，找出真正的潜在对手，而后更有针对性地分析各方的优势和弱点，与之竞争。可见承包商如果在竞争中做到知己知彼，就有可能制订合适的投标策略，发挥自己的优势而取胜。

5) 风险偏好

国际工程事业本身就充满了风险与挑战，各种意外不测事件难以完全避免。为应付工程实施过程中偶然发生的事故而预留一笔风险金(或称不可预见费)是必要的。

另外，在中标后与业主谈判并商签合同过程中，业主可能还会施加压力，要求承包商适当降低价格。有的承包商事先在估价时考虑了一个降价系数，这样，当业主议标压价时，审时度势，可适当让步，也不致有大的影响。

风险金和降价系数究竟取多大才算合适很难测算，需根据招标的具体情况、内外部条件、竞争对手报价水平的估计，以及承包商自身对风险的承受能力与风险偏好，慎重研究后决定，尤其在外部商务环境较差(如各类税收名目繁多、物价飞涨等)，工程本身因资料不多潜伏较大风险，工程规模较大、技术难度较高时，应格外慎重。

2. 国际工程投标报价的策略

投标报价策略是指投标人在投标过程中从企业整体和长远利益出发，结合企业经营目标，并根据企业内部的各种资源和外部环境而进行的一系列谋划和策略。即它是投标人研究如何以最小的代价取得最大的经济效益。投标人在激烈的投标过程中，能否制定适当的投标报价策略是决定其投标成功与否的关键。

虽然国际工程市场上各个公司的最终目标都是盈利，但是由于投标人的经营能力和经营环境的不同，出于不同目的需要，对同一招标项目，可以有不同投标报价目标的选择。

1) 生存策略

投标报价是以克服企业生存危机为目标，为了争取中标可以不考虑种种利益原则。

2) 补偿策略

投标报价是以补偿企业任务不足，以追求边际效益为目标。以亏损为代价的低报价具有很强的竞争力。

3) 开发策略

投标报价是以开拓市场、积累经验，向后续投标项目发展为目标。投标带有开发性，以资金、技术投入为手段，进行技术经验储备，树立新的市场形象，以便争得后续投标的效益。其特点是不着眼一次投标效益，用低报价吸引投标人。

4) 竞争策略

投标报价是以竞争为手段，以低盈利为目标，在精确计算报价成本的基础上，充分估价各个竞争对手的报价目标，以有竞争力的报价达到中标的目的。

5) 盈利策略

投标报价充分发挥自身优势，以实现最佳盈利为目标，投标人对效益无吸引力的项目热情不高，对盈利大的项目充满自信，也不太注重对竞争对手的动机分析和对策研究。

不同投标报价目标的选择是依据一定的条件进行分析后决定的。竞争性投标报价目标是投标人追求的普遍形式。

附录：土木工程投标报价表格

(　　　　　)工程

工程量清单报价表

报价人：　　　　　　　　　　(单位签字盖章)

法定代表人：　　　　　　　　(签字盖章)

编制人员：　　　　　　　　　(签字盖资格章)

编制日期：

编制说明

工程名称：

一、工程量清单报价的编制依据：招标文件、工程量清单、施工图样、《建设工程工程量清单计价规范》(GB 50500—2008) 二、工程质量等级、投标工期：工程质量达到合格标准，投标工期300天 三、本清单报价参照《浙江省建筑工程预算定额》(2010版)及《浙江省建设工程施工取费定额》(2010版)

投 标 总 价

建设单位：(   )

工程名称：(   )

投标总价：(小写：   元)

(大写：   整)

报价人：   (单位盖章)

法定代表人：   (签字盖章)

编制时间：

工程名称：

工程项目总价表1

序 号	单项工程名称	金额/元
1	建筑工程	
2	安装工程	
	合计	

工程名称：

单项工程费用汇总表2

序 号	单位工程名称	金额/元
	合计	

工程名称：

单位工程费用汇总表3

序 号	项 目 名 称	金额/元
1	分部分项工程费合计	
2	措施项目费合计	
3	其他项目费合计	
4	规费	
5	税金	
	合计	

工程名称：

分部分项工程量清单计价表4

序 号	项目编码	项目名称	计量单位	工程数量	金额/元	
					综合单价	合价
		本页小计				
		合计				

工程名称：

措施项目清单计价表5

序 号	项目名称	金额/元
	合计	

工程名称：

其他项目清单计价表6

序 号	项目名称	金额/元
1	招标人部分	
2	投标人部分	
	合计	

工程名称：

零星工作费用表7

序 号	名 称	计量单位	数 量	金额/元	
				综合单价	合 价
1	人工				
	小计				
2	材料				
	小计				
3	机械				
	小计				
	合计				

工程名称：

分部分项工程量清单项目综合单价分析表8

序 号	项目编码	项目名称	工程内容	人工费/元	材料费/元	机械费/元	管理费/元	利润/元	风险费用/元	小计/元

工程名称：

措施项目费分析表9

序 号	项目名称	单 位	数 量	人工费/元	材料费/元	机械费/元	管理费/元	利润/元	风险费用/元	小计/元

工程名称：

主要材料价格表10

序 号	材料编码	材料名称	规格、型号	单 位	单价/元

本 章 小 结

本章主要介绍土木工程招标中的主要程序，包括工程量清单招投标过程概述，招标资格审查与备案，确定招标方式；发布招标公告或投标邀请书，编制、发放资格预审文件，递交资格预审申请书；资格预审、确定合格的投标申请人；编制、发出招标文件；踏勘现场、答疑；编制、送达与签收投标文件；开标、评标、招标投标书面报告及备案，发出中标通知书。介绍了国内、外土木工程投标报价中的主要程序，包括工程量清单投标报价文件的编制；材料询价；企业进行投标的注意事项；投标报价的策略。通过本章学习要了解国际招投标的规则。

习 题

一、单选题

1．投标行为属于(　　)。

A．要约　　B．要约邀请　　C．有效承诺　　D．无效承诺

2．公开招标与邀请招标在招标程序上的主要差异表现为(　　)。

A．是否进行资格预审　　B．是否组织现场考察

C．是否公开开标　　D．是否解答投标单位的质疑

3．在中标通知书发出(　　)内，招标人与中标人应订立书面合同。

A．10日　　B．20日　　C．30日　　D．40日

4．在工程招投标活动中，中标人是由(　　)确定的。

A．评标委员会　　B．建设行政主管部门

C．招标人　　D．合同主管部门

5．依据《工程建设项目招标范围和规模标准规定》，施工单项合同估算价(　　)人民币以上的工程建设项目，必须进行招标。

A．50万元　　B．100万元　　C．200万元　　D．500万元

6．《招标投标法》规定的招标方式是(　　)。

A．公开招标、邀请招标和议标　　B．公开招标和议标

C．邀请招标和议标　　D．公开招标和邀请招标

7．开标应当在招标文件确定的提交投标文件截止时间的(　　)进行。

A．当天公开　　B．当天不公开

C．同一时间公开　　D．同一时间不公开

8．施工合同有多种类型，对地震以后的救灾施工，宜选用(　　)。

A．固定总价合同　　B．可调总价合同

C．单价合同　　D．成本加酬金合同

9．中标通知书、施工图样和工程量清单是建设工程施工合同文件的重要组成部分，单就这三部分而言，如果在施工合同文件中出现不一致时，其优先解释顺序为(　　)。

A．施工图样、工程量清单、中标通知书

B．工程量清单、中标通知书、施工图样

C．中标通知书、施工图样、工程量清单

D．施工图样、中标通知书、工程量清单

10．投标人应当具备(　　)的能力。

A．编制标底　　B．组织评标　　C．承担招标项目　　D．融资

11．同一专业的单位组成联合体投标，按照(　　)单位确定资质等级。

A．资质等级较高的　　B．资质等级较低的

C．联合体主办者的　　D．承担主要任务的

12．对于某些招标文件，当发现该项目工程范围不很明确，条款不够清楚或技术规范要求过于苛刻时，投标人最宜用的投标策略是(　　)。

A．根据招标项目的不同特点采取不同的报价

B．增加建议方案

C．提供可供选择项目的报价

D．多方案报价

13．招标文件中明确的投标准备期应是从开始发放招标文件之日起至投标截止日期，最短不得少于(　　)。

A．10日　　B．20日　　C．30日　　D．40日

14．关于评标，下列说法不正确的是(　　)。

A．评标委员会成员名单一般应于开标前确定，且该名单在中标结果确定前应当保密

B．评标委员会必须由技术、经济方面的专家组成，且其人数为5人以上的奇数

C．评标委员会成员应从事相关专业领域工作满8年并具有高级职称或者同等专业水平

D．评标委员会成员不得与任何投标人进行私人接触

二、判断题

1．采用资格预审的招标一般不再进行资格后审。(　　)

2．项目使用国有资金总投资额在2000万元人民币以上的工程必须进行招标。(　　)

3．根据《招标投标法》和建设部有关规定，工期在12个月以内的工程，必须采用固定价格合同。(　　)

4．根据《招标投标法》和建设部有关规定，要求的工期比工期定额缩短20%以上(含20%)的，应计算赶工措施费。(　　)

5．最迟在投标有效期满后的7日内应退还为中标单位的投标保证金。(　　)

6．乙级招标代理机构只能承担投资额5000万元以下的工程招标代理业务。(　　)

7．根据杭州市建筑市场的总体状况，2000年开始杭州市推行无标底招标。(　　)

8．如果投标文件未按照招标文件的要求予以密封，应当作为废标处理。(　　)

9. 招标人确定中标人的最迟期限是投标有效期截止日前30日。（ ）

10. 低于成本价报价中的成本价是指报价人的成本价。（ ）

11. 询价是估价的基础，因此询价只要了解生产要素如材料、设备等资源的价格就可以。（ ）

三、思考题

1. 土木工程招投标的概念和性质是什么？招投标制度的原则有哪些？
2. 土木工程招标的程序和招标书编制的主要内容是什么？
3. 土木工程投标的程序、策略和技巧有哪些？
4. 如何进行土木工程投标报价的决策和计算？常见的投标报价技巧有哪些？

第9章 相关计算机软件界面简介

教学目标

本章主要讲述如何简单应用相关计算机软件。通过本章学习，应达到以下目标。

(1) 了解鲁班土建软件界面的基本界面。

(2) 了解鲁班造价软件界面的基本界面。

(3) 了解鲁班钢构软件界面的基本界面。

教学要求

知识要点	能力要求	相关知识
软件基本界面	了解软件基本界面	(1) 软件界面 (2) 软件开启、关闭等基本操作

基本概念

软件的基本操作

引例

初次运行鲁班土建软件时，软件会提示请选择与该软件搭配的 AutoCAD 版本，例如图 9-1 的“配置界面”所示，用户可依实际情况选择 AutoCAD 版本，并选择对应的项目，然后单击“确定”按钮即可。

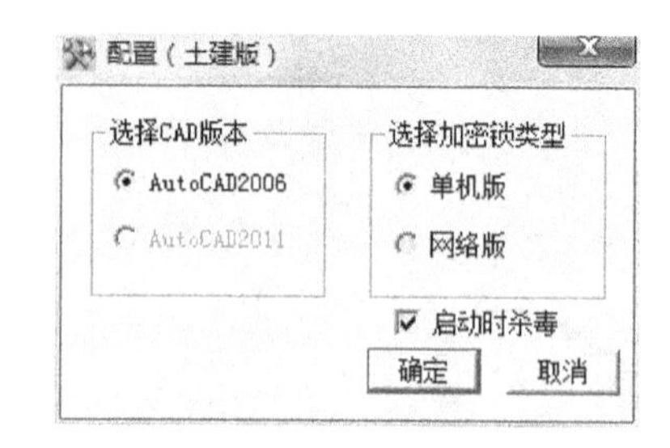

图 9-1 配置界面

9.1 鲁班土建软件简介

1. 欢迎界面

启动鲁班土建软件后可进入到鲁班土建的欢迎界面，如图 9-2 所示。

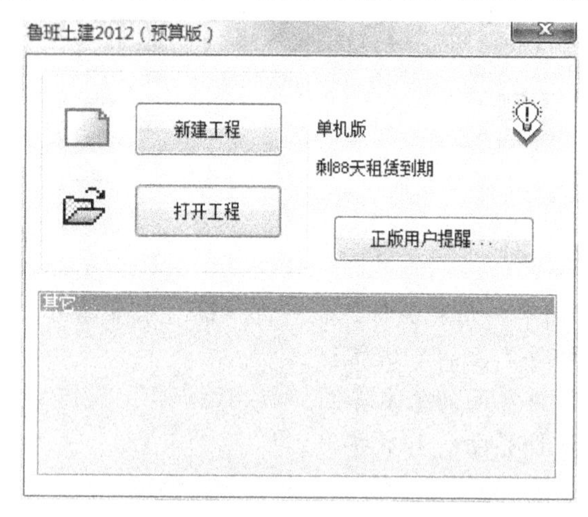

图 9-2 欢迎界面

2. 加密狗

当启动软件后界面的右下角会提示：当前版本为学习版，您需要检查一下加密狗是否已正确连接至 USB 接口。则需检查该软件的加密狗有无正确连接。

3. AutoCAD 版本搭配

初次运行时，软件会提示请选择与该软件搭配的 AutoCAD 版本，如图 9-1 所示，用户可依实际情况选择 AutoCAD 版本，并选择对应的项目，然后单击“确定”按钮即可。

4. 软件打开及用户界面

用户可选择单击对话框中的“新建工程”选项，如图 9-1 所示然后单击右上角的“确定”按钮，最后将出现用户界面，如图 9-3 所示。

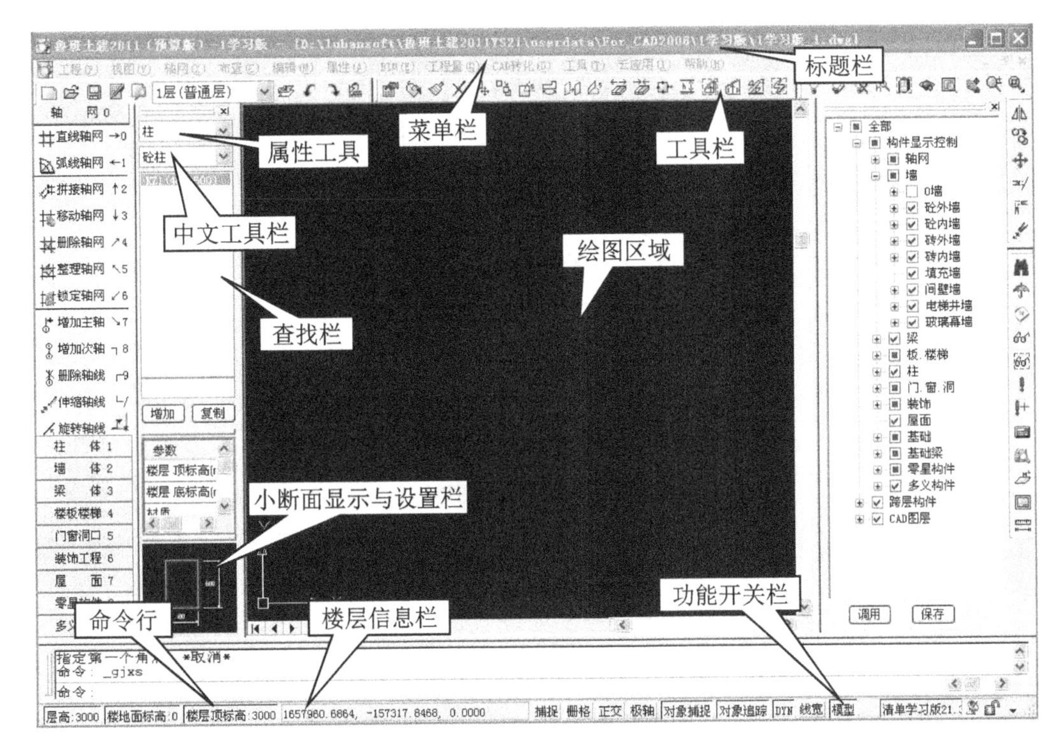

图 9-3　用户界面

界面主要功能简介如下。

(1) 标题栏：可显示本软件的名称、版本号等信息。

(2) 菜单栏：菜单栏包含“工程”、“视图”、“轴网”、“布置”等菜单。

(3) 工具栏：本软件工具栏的图标设计形象而又直观，方便用户操作和记忆。

(4) 属性工具栏：在此界面上可以直接进行复制、增加构件，修改构件的各个属性等操作。

(5) 中文工具栏：该处中文命令与工具栏中图标命令作用一致，且用中文显示出来，更便于用户的操作。

(6) 命令行：位于屏幕下端，包括两部分：一是命令行，用于接收从键盘输入的命令和参数，显示命令运行状态；二是命令输入及执行的历史纪录，记录着曾经执行的命令及其运行情况。

(7) 功能开关栏：在图形绘制或编辑时，功能开关栏显示光标处的三维坐标和代表“捕捉”(SNAP)、“正交”(ORTHO)等功能的开关按钮。按钮凹下去的状态表示该功能开关已打开，正在执行该命令；按钮凸出的状态表示该功能开关已关闭。

5. 软件退出

用户若想退出软件，可选择“工程”下拉菜单中的“退出”命令，如图 9-4 所示，也可以直接单击“关闭窗口”按钮，即可退出。

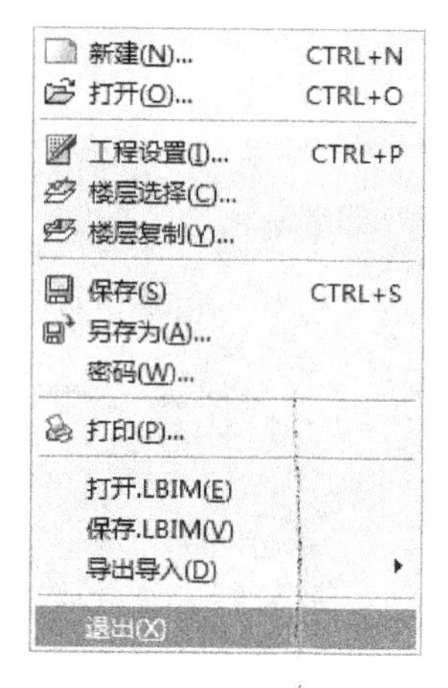

图 9-4 “退出”命令

9.2 鲁班造价软件简介

鲁班造价软件分三部分：程序、定额库和激活文件。其界面分为项目管理界面和预算书界面，其示例分别如图 9-5 和图 9-6 所示。

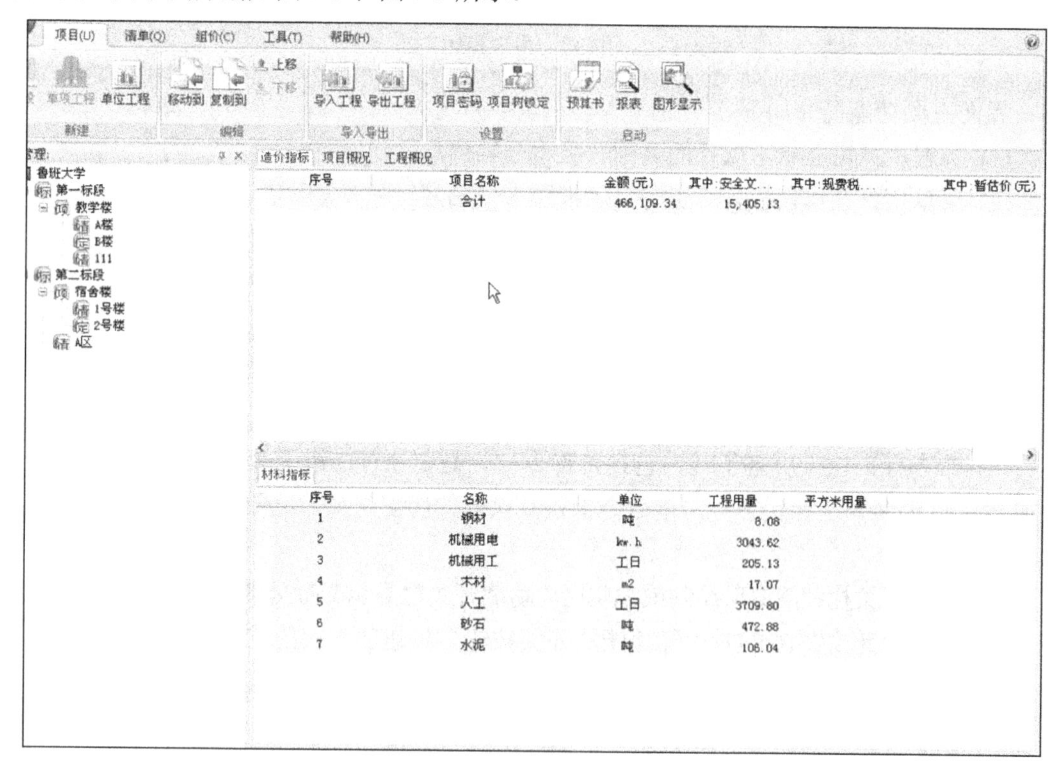

图 9-5 项目管理界面示例

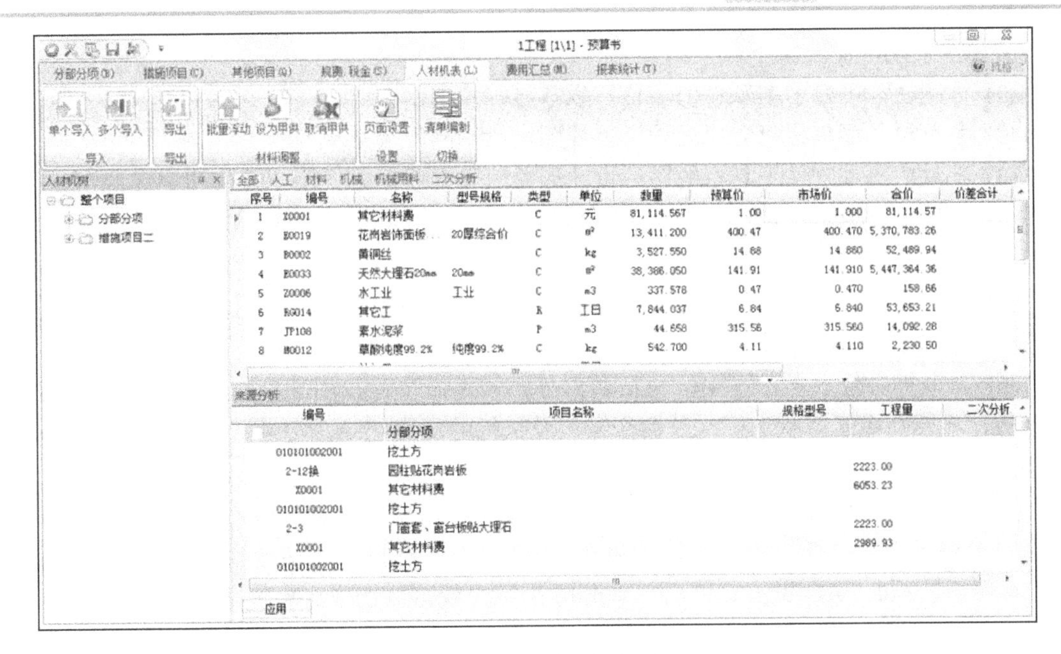

图 9-6 预算书界面示例

9.3 鲁班钢构软件简介

鲁班钢构软件的操作界面如图 9-7 所示。

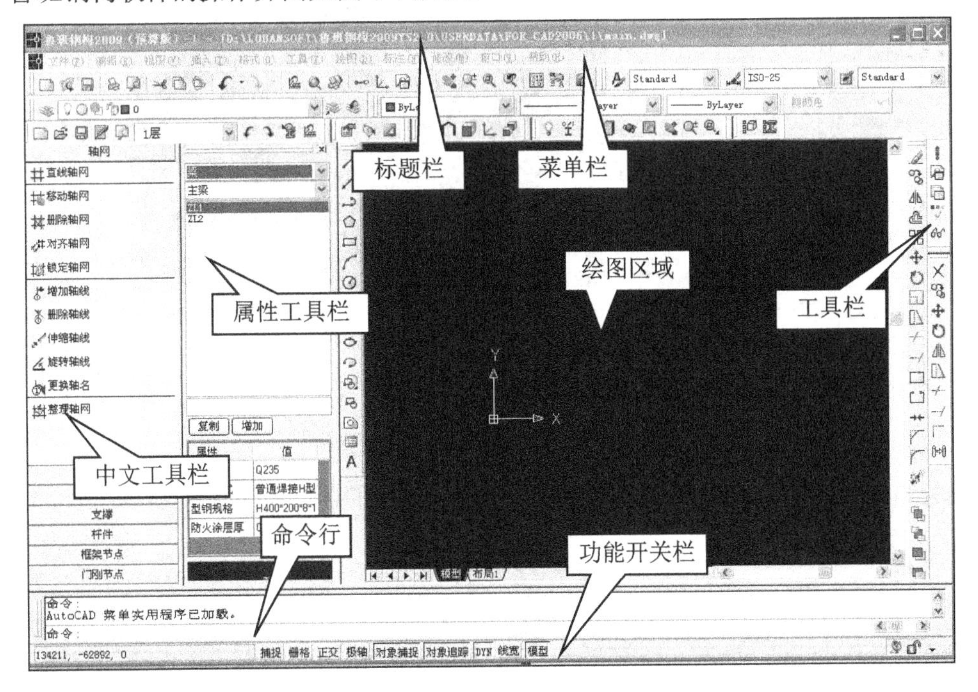

图 9-7 界面示例

界面主要功能简介如下。

(1) 标题栏：可显示本软件的名称、版本号等信息。

(2) 菜单栏：菜单栏包含“工程”、“视图”、“轴网”等菜单。

(3) 工具栏：本软件工具栏的图标设计形象而又直观，方便用户操作和记忆。

(4) 属性工具栏：在此界面上可以直接进行复制、增加构件，修改构件的各个属性等操作。

(5) 中文工具栏：该处中文命令与工具栏中图标命令作用一致，且用中文显示出来，更便于用户的操作。

(6) 命令行：位于屏幕下端，包括两部分：一是命令行，用于接收从键盘输入的命令和参数，显示命令运行状态；二是命令输入及执行的历史纪录，记录着曾经执行的命令及其运行情况。

另外，单击启动鲁班钢构软件后，单击图标，即可切换到 AutoCAD 界面。也可以在鲁班钢构界面的命令行内直接输入 AutoCAD 命令进行操作。切换到 AutoCAD 界面如图 9-8 所示。AutoCAD 设置好以后再单击图标，就可以切换到鲁班钢构的界面。

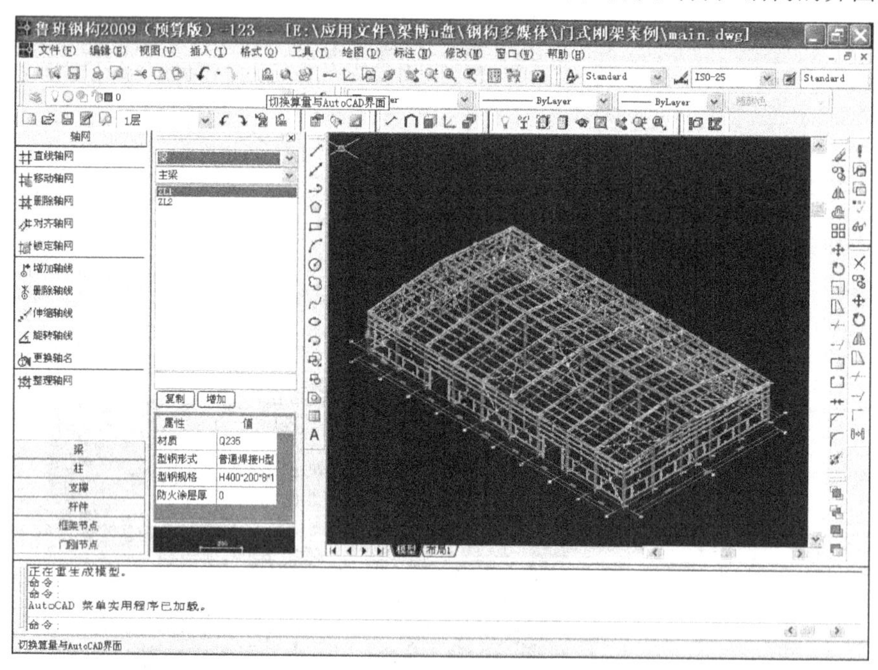

图 9-8 切换到 AutoCAD 界面示例

相关的其他具体 AutoCAD 操作，可参见 AutoCAD 的帮助命令。

本 章 小 结

本章简单介绍了鲁班土建软件、造价软件、钢构软件的基本界面，使学习者对相关计算机软件的基本界面有了一定的了解。

习　　题

1. 运用工程概预算软件的目的和意义是什么？
2. 如何运用软件编制分部分项工程量清单？
3. 如何运用软件编制措施项目清单？
4. 如何运用软件编制其他项目清单？
5. 如何运用软件编制工程造价书？

第10章 课程设计

教学目标

本章课程设计以某小百货楼工程施工图预算为例，介绍了按定额计算规则编制某小百货楼工程量计算书，按定额计价方法编制某小百货楼工程预算书。本章课程设计要求根据图样所给的内容，即施工图预算编制实例，按定额计算规则编制工程量计算书，学会套用定额并编制预算书。

教学要求

知识要点	能力要求	相关知识
施工图预算概念	(1) 熟悉施工图预算的概念 (2) 学会看施工图	(1) 建筑说明 (2) 结构说明 (3) 图示图标
土木工程预算工程量计算	(1) 掌握施工图工程量的计算 (2) 掌握施工图工程量清单的概念	(1) 施工图工程量计算规则 (2) 施工图工程量清单
预算定额价	(1) 掌握预算定额套价方法 (2) 掌握定额价的换算 (3) 掌握预算书的编制内容	(1) 定额价的含义及分析 (2) 预算书的组成

基本概念

施工图；施工图预算；工程量计算规则；施工图工程量清单；计算书；工程造价；预算定额；套价；定额价；市场价

引例

本章以某百货楼为工程图例，按照定额计算法来计算工程量，套用定额价，组成工程总造价，虽然只有二层，建筑面积 81.00m²，但是基本原理和方法与大工程是一样的，正所谓“麻雀虽小，五脏俱全”。后面又配有一套传达室的图样，要求学生在一周内完成该工程的造价，为一次简单的课程设计，目的是培养学生自己动手的能力。学生拿到一套图样从哪里入手呢？例如，分项工程：某砖混结构住宅，有 10 根构造柱，均设在 L 形墙的转角处，断面为 240mm × 240mm，柱高为 3.6m，求其构造柱混凝土浇捣工程量，并套用 2010 版定额求构造柱单价。

解：构造柱混凝土浇捣工程量为

$$(0.24+0.03\times2)\times0.24\times3.60\times10\approx2.60(\text{m}^3)$$

构造柱混凝土套用定额编号 4-8 单价 C=300.30 元/m³

$$V1=300.30\times2.60=780.78(\text{元})$$

构造柱混凝土模板套用定额 4-158，单价 C=367.30 元/m²。

$$V2=36.73\times2.60\times9.79\approx934.93(\text{元})$$

$$\text{构造柱单价}=780.78+934.93=1715.71(\text{元})$$

10.1 施工图预算编制实例

题目：应用定额计价表编制某小百货楼工程施工图预算

1. 编制依据

(1) 某小百货楼工程建筑和结构施工图，如图 10-1～图 10-4 所示。

(2)《浙江省建筑工程预算定额》(2010 版)上、下册。

2. 设计说明和做法

(1) 本小百货楼为混合结构、外廊式两层楼房，室外为单跑悬挑式钢筋混凝土楼梯。楼房南北长 7.24m，东西宽 5.24m，一、二层层高均为 3.00m，平面呈长方形，建筑面积为 83.20m²。

(2) 标高：底层室内设计标高±0.00，相当于绝对标高 15.10m，室内外高差为 0.45m。

(3) 基础：100 厚 C10 混凝土垫层，250 高 C20 钢筋混凝土带形基，M5 水泥砂浆砌一砖厚基础墙，20 厚 1∶2 水泥砂浆掺 5%避水浆墙基防潮层。

(4) 墙身：内外墙均用 MU10 普通黏土砖，M5 混合砂浆砌筑一砖厚墙。

(5) 地面：素土夯实，70 厚碎石夯实垫层，50 厚 C10 混凝土找平层，15 厚 1∶2 水泥砂浆面层，120 高 1∶2 水泥砂浆踢脚线。

(6) 楼面：115 高 C30 预应力钢筋混凝土空心板(型号尺寸见表 10-1)，30 厚 C20 细石混凝土找平层，15 厚 1∶2 水泥砂浆面层；踢脚线做法同地面。

表 10-1 预应力混凝土空心板规格一览表

空心板编号	规格尺寸(长×宽×高)/mm	混凝土用量/(m³/块)	主　筋	钢筋用量/(kg/块)
KB35-52	3480×500×115	0.129	7ϕ5	5.35

续表

空心板编号	规格尺寸(长×宽×高)/mm	混凝土用量/(m³/块)	主　筋	钢筋用量/(kg/块)
KB35-62	3480×600×115	0.154	8φ5	6.38

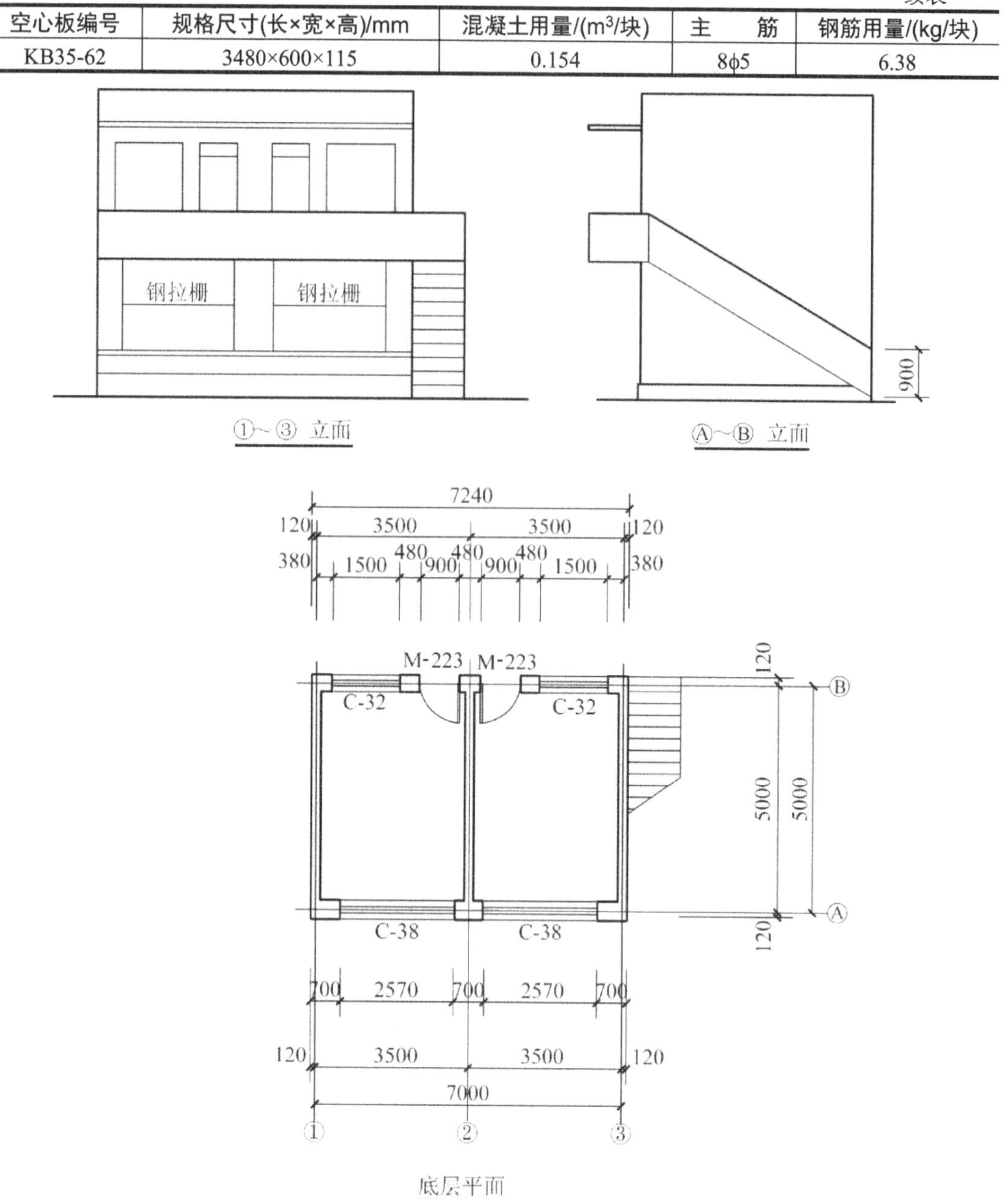

图 10-1　建筑立面和底层平面图

(7) 屋面：115 高 C30 预应力钢筋混凝土空心板，20 厚 1∶3 水泥砂浆找平层，刷冷底子油一遍，二毡三油防水层，撒绿豆砂一层，180 高半砖垫块架空(用 M5 水泥砂浆砌 120×120 砖垫及板底座浆)，30 厚预制 C30 细石钢筋混凝土隔热板(用 1∶3 水泥砂浆嵌缝)。

(8) 外墙抹灰：20 厚 1∶1∶6 混合砂浆打底和面层。

(9) 内墙抹灰：15 厚 1∶3 石灰砂浆底，3 厚纸筋石灰浆面，刷乳胶漆二度。

(10) 平顶抹灰：1∶1∶6 水泥石灰纸筋砂浆底，3 厚纸筋石灰浆面，刷乳胶漆二度。

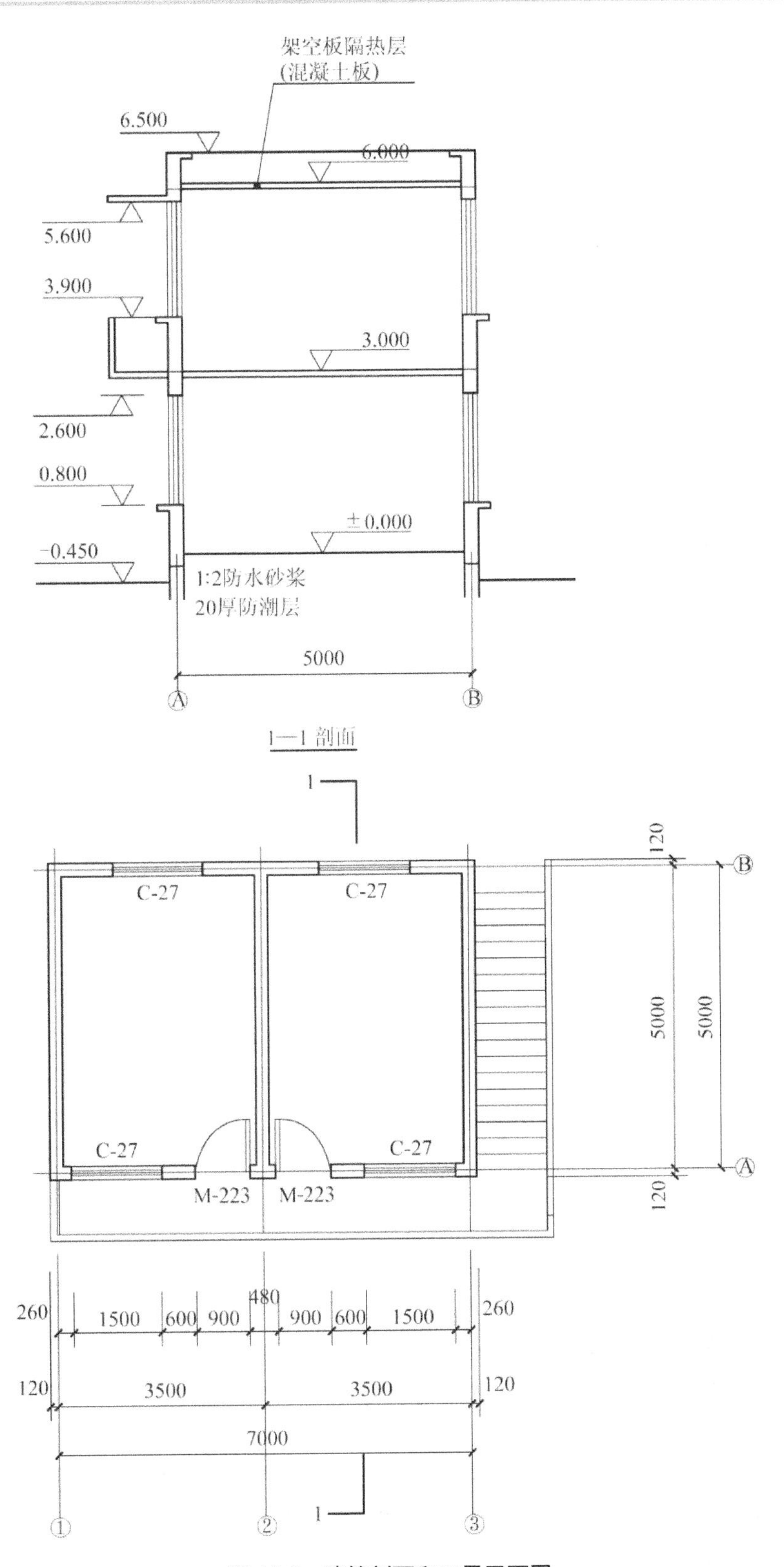

图 10-2 建筑剖面和二层平面图

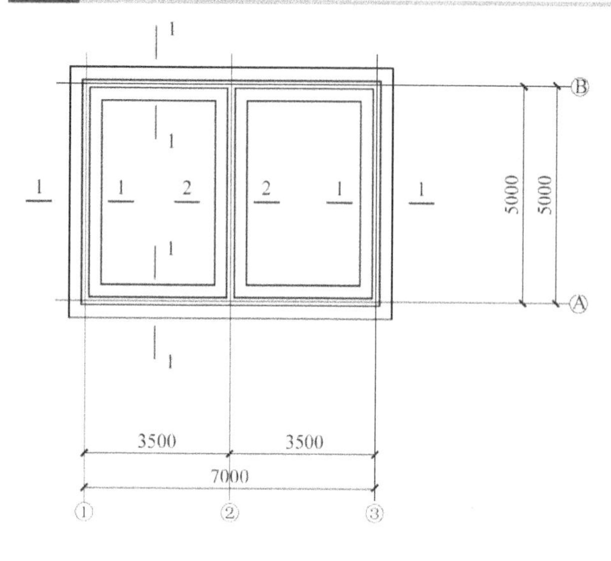

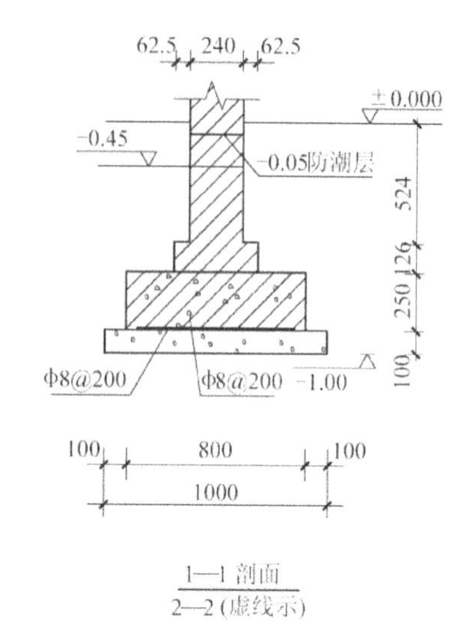

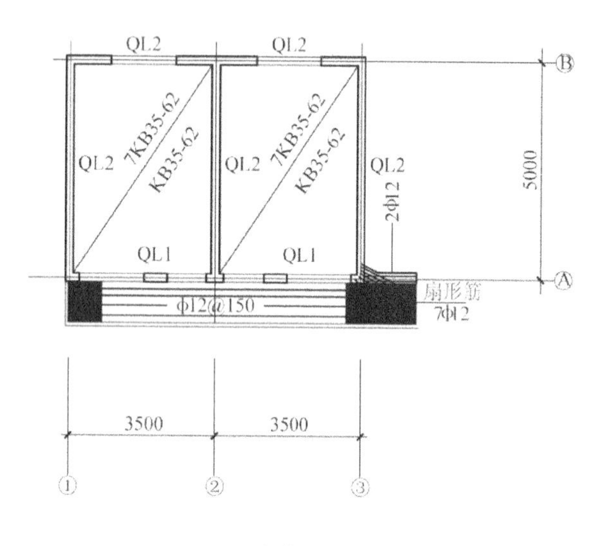

图 10-3 结构平面图和基础平面图

(11) 楼梯：C20 钢筋混凝土预制 L 形悬挑踏步板，20 厚 1∶2.5 水泥砂浆抹面层；底面用 1∶1∶6 水泥纸筋石灰砂浆打底，3 厚纸筋石灰浆抹面，刷石灰水二度；铁栏杆带木扶手(高 900mm)；踢脚线做法同楼地面。

(12) 雨篷、挑廊：70 厚 C20 钢筋混凝土现浇板，20 厚 1∶2.5 水泥砂浆抹板顶面及侧面，底面刷石灰水三度。

(13) 女儿墙：M5 混合砂浆砌一砖厚墙(全高 500mm)，C20 细石钢筋混凝土现浇压顶(断面 300mm×60mm，配主筋 3φ8，分布筋φ6@150)，1∶3 水泥砂浆抹内侧面及压顶面，外侧面抹灰做法同外墙面。

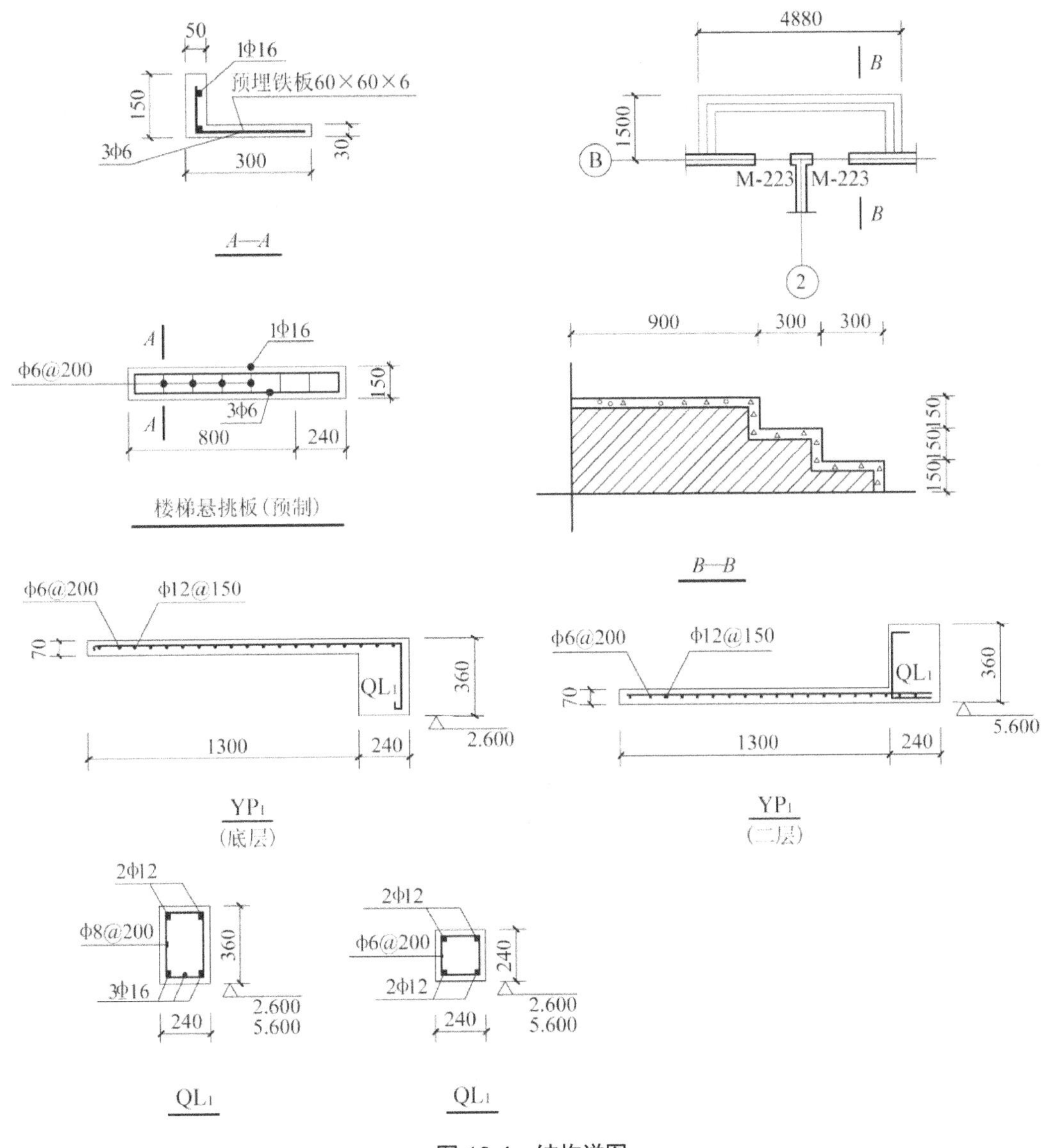

图 10-4 结构详图

(14) 屋面排水：排水坡度为 3%(沿短跨双向排水)，玻璃钢落水管 4 根(断面 60mm×90mm)，玻璃钢落水斗 4 个及玻璃钢弯头落水口 4 个。

(15) 门窗：规格型号见施工图样见表 10-2，做法详见苏 J73—2 图集；底层窗 C-32 加铁栅(横档为 30×4@l50 扁铁，竖条ϕ12@125 钢筋)；门均装普通弹子锁；门窗均做 15mm×40mm 贴脸及窗帘盒，具体做法详见苏 J80571/2A 型。

表 10-2 木门窗规格一览表

门 窗 名 称	编号	规格尺寸(宽×高)/mm	数量/个	备 注
三扇平开有腰窗	C-27	1500×1700	4	腰窗高 500mm
三扇平开有腰窗	C-32	1500×1800	2	腰窗高 500mm

续表

门窗名称	编号	规格尺寸(宽×高)/mm	数量/个	备　注
四扇平开有腰窗	C-38	2570×1800	2	腰窗高 500mm
单扇有腰镶板门	M-223	900×2600	4	腰窗高 500mm

(16) 油漆：木门窗及窗帘盒，门窗贴脸做一底二度奶黄色调和漆；金属面做防锈漆一度，铅油二度；其他木构件均做栗壳色一底二度调和漆。

(17) 散水：60厚C10混凝土垫层，20厚1∶2.5水泥砂浆抹面，宽度500mm贯通。

(18) 台阶：M5水泥砂浆砌砖，20厚1∶2.5水泥砂浆抹面；尺寸见图10-4中B—B大样。

(19) 挑廊栏板：80厚C20细石混凝土现浇板，顶部配主筋2ϕ8通长，双向分布钢筋ϕ4@200，板高900mm，内侧1∶2.5水泥砂浆抹面，外侧干粘石抹面。

(20) 其他：窗台用砖侧砌，挑出外墙面60mm，1∶2.5水泥砂浆抹面。

3. 施工现场情况及施工条件

本工程建设地点在杭州市区内，临城市道路，交通运输便利，施工中所用的主要建筑材料、混凝土构配件和木门窗等，均可直接运进工地。施工中所需的电力、给水也可直接从已有的电路和水网中引用。

施工场地地形平坦，地基土质较好。经地质钻探查明，土层结构为：表层为厚0.70～1.30m的素填土层(夹少量三合土及碎砖不等)，其下为厚1.10～7.80m的亚黏土层和强风化残积层。设计以素土层为持力层，地基容许承载力按$[R]=0.1\text{N/mm}^2$设计。常年地下水位在地面1.50m以下，施工时可考虑为三类干土。

工程使用的木门窗、预应力钢筋混凝土空心板、楼梯踏步板及架空板等预制混凝土构件和楼梯铁栏杆，均在场外加工生产，由汽车运入工地安装，运距为10km。成型钢筋及其他零星预制构配件，均在施工现场制作。现浇混凝土构件均采用工地自拌混凝土浇筑。

本工程为某建设单位住宅区拆迁复建房的配套房。因用房急、工期短，要求在3个月内建成交付使用。为加快复建房的建设速度，缩短工期、确保质量，本配套房工程采用直接委托方式，建立承发包关系。

承包本工程的施工单位为某县属小型建筑公司。根据其施工技术设备条件和工地情况，施工中土方工程采用人工开挖、机夯回填、人力车运土和卷扬机井架垂直运输。

4. 预算编制说明

(1) 本工程预算按包工包料承包方式，三大材由乙方供应等情况编制，只作为编制施工图预算的示例。

(2) 场内土方运输因地槽挖土量较少(仅21m³)，挖出的土就地暂堆积在基槽旁(槽两侧5m范围内)。待墙基完成后再回填土方，故无需场内土方运输。

(3) 本工程预算只计算土建单位工程造价，未包括水电工程、室外工程和其他工程费用。

(4) 本工程模板按“含模量”计算，钢筋按设计图样计算。

(5) 本工程门窗的断面未按定额规定进行换算。

5. 计算工程量

根据本小百货楼单位工程施工图预算中所列的分部分项工程项目，按《浙江省建筑工程预算定额》对有关分项工程进行工程量计算，见本实例“某小百货楼分部分期项工程量清单表”，见表10-3。

6. 编制预算表

当工程量计算完成和预算综合单价确定后，就可按照计价表中各分部分项工程的排列顺序，逐项填写各分部分项工程项目名称、定额编号、分项工程量及其相应的预算单价，然后进行逐项计算，编制预算表，可参照表10-3分部分项工程工程量清单计价表。

7. 计算工程量清单及分部分项工程工程量清单计价表

根据《建设工程工程量清单计价规范》计算出工程量清单，按工程量清单计价方法编制“某小百货楼分部分项工程量清单计价表”，见表10-3。表10-3～表10-7是本案例的计算结果。

表10-3 某小百货楼分部分项工程工程量清单计价表

序号	分部分项工程名称	部位与编号	单位	计 算 式	计算结果
1	建筑面积	—	m^2	按外墙勒脚以上结果的外围水平面积计算	81.28
		底层		7.24×5.24≈37.94(m^2)	—
		二层	—	7.24×5.24≈37.94(m^2)	—
		挑廊	—	0.5×[(7.24+0.80)×1.3+(0.80×0.44)]≈5.40(m^2)	—
		—	—	合计：81.28m^2 (注：室外楼梯不计建筑面积)	—
土方及基础工程					
2	人工挖地槽(深1.5m以内为三类干土)	—	m^3	按实挖体积以立方米计算，人工挖基础最大深度按<3m计	21.25
—		剖面1—1	—	地槽宽度：(考虑混凝土带形基础支模板需要，每边加宽工作面30 cm)	—
—	—	—	—	地槽宽度=地图示宽+两边加宽=0.80+0.30×2 =1.40(m)	—
—	—	—	—	地槽深度：从室外地坪算至槽底的垂直高度	—
—	—	—	—	地槽宽度=槽底标高－室内外高差=1.0−0.45= 0.55(m)	—
—	—	—	—	地槽断面=地槽宽度×地槽深度=1.40×0.55=0.77(m^2)	—
—	②轴上Ⓐ→Ⓑ	—	内墙地槽长度按地槽净长计算	—	
—	—	—	—	5.0−(0.4+0.3)×2=3.60(m)	—
—	—	—	—	内墙地槽体积：地槽断面×地槽长度=0.77×3.60≈2.77(m^3)	—

续表

序号	分部分项工程名称	部位与编号	单位	计　算　式	计算结果
	—	—	—	外墙地槽总长度：(按各外墙地槽中心线长度之和计算)	—
	—	①、③轴上 Ⓐ→Ⓑ	—	5.0×2=10.0(m)	—
	—	Ⓐ、Ⓑ轴上 ①→③	—	7.0×2=14.0(m)	—
	—	—	—	合计：10.0+14.0=24.0(m)	—
	—	—	—	外墙地槽体积：0.77×24.0=18.48(m^3)	—
	—	—	—	地槽(挖土)总体积=内墙地槽体积+外墙地槽体积=2.77+18.48= 21.25(m^3)	—
3	平整场地	—	m^2	按外墙外边线每边各加 2 m 后所围成的水平面积计算	103.86
	—	—	—	(7.24+4.0)×(5.24+4.0)=11.24×9.24 ≈103.86(m^2)	—
4	墙基(地槽)回填土		m^3	按实际回填土方体积以立方米计算	10.97
	—	—	—	室外地坪以上砖基体积=墙基×内外墙总长×室内外高差=0.24×(4.76+24.0)×0.45 ≈ 3.11(m^3)(内墙净长和外墙中线长见序号 10)	—
	—	—	—	墙基回填土体积=地槽挖土-(墙基垫层体积+混凝土基础体积+砖基础体积-室外地坪以上砖基体积)=21.25-(2.80+5.64+4.95-3.11)=10.97 (m^3)（见序号 32,33,10,4）	—
5	室内(地坪)回填土		m^3	按室内主墙间实填土方体积以立方米计算	9.78
	—	—	—	地坪厚=碎石垫层+混凝土找平层+砂浆面层= 0.07+0.05+0.015=0.135(m)	—
	—	—	—	主墙间净面积=底层建筑面积-防潮层面积=37.94-6.90=31.04(m^2)	—
	—	—	—	回填土厚=室内外高差-地坪厚=0.45-0.135 = 0.315(m)	—
	—	—	—	回填土体积=31.04×0.315≈9.78 (m^3)	—
	—	—	—	(底层建筑面积及防潮层面积，见序号 1 及序号 11)	—
6	室内(地坪)原土打底夯	—	m^2	按室内主墙间净面积以平方米计算，为 31.04m^2 (主墙间净面积见序号 5)	31.04
7	人力车运余土(外运)	—	m^3	挖土体积　回填土体积 余土体积=21.25-(10.97+9.78)=0.50 (m^3)	0.5
				砌 筑 工 程	
8	M5 混合砂浆砌一砖内墙	—	m^3	按实砌墙体体积以立方米计算	6.07
	(混水)	②轴上 Ⓐ→Ⓑ	—	内墙净长：4.76 m；墙基：0.24 m	—
	—	—	—	墙净高=(3.0-0.24-0.12)×2=5.28(m)	—

续表

序号	分部分项工程名称	部位与编号	单位	计 算 式	计算结果
	—	—	—	内墙找坡高度=(1/2×5.0)×3%=0.075(m)	—
	—	—	—	内墙体积=(墙长×墙高+山尖部分面积)×墙基 = (4.76×5.28+1/2×4.76×0.075)×0.24 ≈ 6.07(m³)	—
9	M5 混合砂浆砌一砖外墙	—	m³	按实砌墙体体积以立方米计算	25.69
	(包括女儿墙)混水	—	—	墙长：24.0 m(按外墙中心线长度计算，见序号 10)	—
	—	—	—	墙高：自±0.00 算至女儿墙压顶底面	—
	—	—	—	墙高=压顶标高−压顶高度= 6.50−0.06 =6.44(m)；墙厚 0.24 m	—
	—	—	—	应扣除部分，包括：以下(1)和(2)部分	—
	—	—	—	(1) 外墙圈梁过梁体积=全部−内墙部分=3.74−0.55=3.19(m³)(全部圈过梁及内墙圈梁体积见序号 24)	—
	—	—	—	(2) 门窗洞口面积=15.60+9.26+9.36 =34.22(m²)(门窗面积见序号 76～78)	—
	—	—	—	外墙体积=(墙长×墙高−门窗洞口面积)×墙厚= (24×6.44−34.22)×0.24−3.19≈25.69(m³)	—
10	M5 水泥砂浆砌砖基础		m³	按砖基图示尺寸以立方米计算	4.95
	—	—	—	砖基高=基底标高−(垫层高+混凝土基础高)=1.0−(0.10+0.25)=0.65(m)	—
	—	—	—	砖基宽=0.24(m)(顶面宽度)	—
	—	—	—	大放脚高=0.126(m)，大放脚宽=0.0625(m)	—
	—	—	—	砖基断面=(砖基宽×砖基高)+砖基础大放脚断面积 =(0.24×0.65)+(0.126×0.0625)×2 ≈ 0.156+ 0.016=0.172(m²)	—
	—	②轴上 Ⓐ→Ⓑ	—	内墙基净长=内墙中长−外墙厚=5.0−(0.12×2)= 4.76(m)	—
	—	—	—	内墙基体积=砖基断面×内墙基净长=0.172×4.76≈0.82(m³)	—
	—	①、③轴上 Ⓐ→Ⓑ	—	外墙基总长=等于外墙中心线总长为 24.0m	—
	—	Ⓐ、Ⓑ轴上 ①→③	—	外墙基体积=砖基断面×外墙基总长=0.172×24.0≈4.13(m³)	—
	—	—	—	砖基总体积=内墙基+外墙基=0.82+4.13 =4.95(m³)	—
11	墙基防潮层(1:2 防水砂浆)	—	m²	按砖基础顶面积以平方米计算	6.90
	—	—		面体=(外墙中长+内墙净长)×墙厚(24.0+4.76)×0.24≈6.90(m²)	—

续表

序号	分部分项工程名称	部位与编号	单位	计 算 式	计算结果
12	M5水泥砂浆砌砖台阶	—	m^2	按投影面积计算	7.32
—	—	—		面积=4. 88×1.5=7.32(m^2)	—
13	M5水泥砂浆砌架空板砌砖垫	—			—
	(小型砌体)	—	m^3	按实砌体体积以立方米计算	0.43
	—	—	—	体积=每个砖砌体积×个数=(0.12×0.12×0.18)×(15×11)≈0.0026×165≈0.43(m^3)	—
				钢 筋 工 程	
注：按不同混凝土构件钢筋规格，不分品种，分别计算钢筋用量，钢筋工程量可按“计算用量”计算。					
	(一) 设计用量法	—	t	钢筋工程量=钢筋设计展开长度×钢筋理论质量	—
14	1) 现浇构件钢筋(普通钢筋)	—	kg	按图示尺寸以质量计算(见后面“钢筋汇总表”计算)	—
	(1) 带形基础	—	—	① 主筋：ϕ8@200	—
	—	—	—	数量=带形基础长度÷主筋间距+1=(7.0÷0.2+ 1)×2+(5.0÷0.2+1)×3=150(根)	Ⅰ级钢质量=107.7 kg
	—	—	—	每根主筋长度=(带基宽度-保护层厚度)+弯钩长度=(0.80-0.025×2)+12.5×0.008 ≈0.85(m)	—
	—	—	—	质量=每根长度×数量×单位长度质量=0.85×150×0.395≈50.4(kg)	—
	—	—	—	② 分布筋：ϕ 8@200	—
	—	—	—	数量=带形基础宽度÷分布筋间距+1=0.80÷0.20+1=5(根)	—
	—	—	—	每根分布筋长度(平均)=24+5=29(m)(内外墙中长)	—
	—	—	—	质量=29×5×0.395≈57.3(kg)	—
	—	—	—	合计质量=50.4+57.3=107.7(kg)	—
15	(2) 圈过梁(共二道)	QL1	kg	① 主筋：2ϕ12+3ϕ16	Ⅰ级钢=274.2 kg
	—	—	—	2ϕ12主筋：(数量2根)	—
	—	Ⓐ轴上①→③	—	每根长度：7.24m (按外墙边长简化计算，未扣保护层，也未加弯钩)	Ⅱ级钢=68.6 kg
	—	—	—	质量=7.24×2×0.888≈12.9(kg)	—
	—	—	—	3ϕ16主筋：(数量3根)	—
	—	—	—	每根长度：7.24m(计算长度同上)	—
	—	—	—	质量=7.24×3×1.58≈34.3(kg)	—
	—	—	—	② 箍筋：ϕ 8@200	—
	—	—	—	数量=圈梁长÷箍筋间距+1=(7.24÷0.20)+1≈37(根)	—

续表

序号	分部分项工程名称	部位与编号	单位	计 算 式	计算结果
	—	—	—	每根长度≈圈梁断面周长(近似算法)=(0.24+ 0.36)×2=1.20(m)	—
	—	—	—	质量=1.20×37×0.395≈17.5(kg)	—
	—	—	—	QL1 合计质量=12.9+34.3+17.5=64.7(kg)	—
	—	QL2	—	① 主筋：4ϕ12	—
	—	—	—	每根长=(5.0+0.24)×3+(7.0+0.24)=22.96(m)	—
	—	—	—	质量=22.96×4×0.888≈81.6(kg)	—
	—	—	—	② 箍筋：ϕ6@200	—
	—	—	—	数量=(5.24÷0.20+1)×3+(7.24÷0.20+1)≈27×3+ 37=118(根)	—
	—	—	—	每根长度≈圈梁断面周长=(0.24+0.24)×2=0.96(m)	—
	—	—	—	质量=118×0.96×0.222≈25.1(kg)	—
	—	—	—	QL2 合计质量=81.6+25.1=106.7(kg)	—
	—	—	—	圈梁钢筋总质量=(QL1+QL2)×2=(64.7+106.7) ×2=342.8(kg)	—
16	(3) 雨篷(YP2)	—	kg	① 主筋：ϕ12@150	Ⅰ级钢=108.1 kg
	—	—	—	雨篷长度=7.0+0.24=7.24(m)	—
	—	—	—	数量=(7.24÷0.15)+1≈49(根)	—
	—	—	—	每根长=外伸长+锚固长+两端弯钩长+保护层厚度=1.49+0.31+0.19+0.05×4=2.19(m)	—
	—	—	—	质量=49×2.19×0.888≈95.3(kg)	—
	—	—	—	② 分布筋：ϕ6@200	—
	—	—	—	数量=1.30÷0.20+1≈8(根)	—
	—	—	—	每根长=7.24−0.05=7.19(m)	—
	—	—	—	质量=8×7.19×0.222≈12.8(kg)	—
	—	—	—	合计总质量=95.3+12.8=108.1(kg)	—
	—	—	—		
17	(4) 挑廊(阳台)YP1		kg	① 主筋：ϕ12@150	Ⅰ级钢=120.7 kg
	—	—	—	数量=8.04÷0.15+1≈55(根)	—
	—	—	—	每根长度=1.49+0.31+0.05×2=1.9(m)	—
	—	—	—	质量=55×1.90×0.888≈92.8(kg)	—
	—	—	—	② 梯口加筋：2ϕ12	—
	—	—	—	长度=0.80×2=1.60(m)	—
	—	—	—	质量=1.6×2×0.888≈2.8(kg)	—
	—	—	—	③ 分布筋=ϕ6@200	—
	—	—	—	质量=(8.04−0.05)×8×0.222≈14.2(kg)	—
	—	—	—	④ 扇形筋：7ϕ12	—
	—	—	—	长度=(主筋+加筋) ÷2=(1.9+1.6)÷ 2=1.75(m)	—

续表

序号	分部分项工程名称	部位与编号	单位	计 算 式	计算结果
	—	—	—	质量=7×1.75×0.888≈10.9(kg)	—
	—	—	—	合计总质量=92.8+2.8+14.2+10.9=120.7(kg)	—
18	(5) 挑廊栏板	—	kg	① 主筋：2ϕ8(顶部扶手处)	Ⅰ级钢=21.9kg
	(详见苏 J8055 图集)	—	—	栏板长度：10.97 m(见序号 27)	—
	—	—	—	质量=2×10.97×0.395≈8.7(kg)	—
	—	—	—	② 双向分布筋：ϕ4@200	—
	—	—	—	竖向长 1.20m，水平长 10.97m	—
	—	—	—	竖向筋数量=10.97÷0.20+1≈56(根)	—
	—	—	—	水平筋数量=0.9÷0.20+1≈6(根)	—
	—	—	—	质量=(56×1.2+6×10.97)×0.099≈13.2(kg)	—
	—	—	—	合计质量=8.7+13.2=21.9(kg)	—
19	(6) 女儿墙压顶	—	kg	① 主筋：3ϕ8	Ⅰ级钢=37.0kg
	—	—	—	主筋长=压顶长=23.76 m(见序号 28)	—
	—	—	—	质量=3×23.76×0.395≈28.2(kg)	—
	—	—	—	② 架立筋：ϕ6@150	—
	—	—	—	每根长= 0.30−0.025×2=0.25(m)	—
	—	—	—	数量=23.76÷0.15≈158(根)	—
	—	—	—	质量=158×0.25×0.222≈8.8(kg)	—
	—	—	—	合计质量：28.2+8.8=37.0(kg)	—
20	2) 工厂预制构件钢筋	—	kg	按图示尺寸以质量计算	Ⅰ级钢=24.32 kg
	(1) L 形楼梯踏步板	—	—	板数量：19 块(见序号 29)	Ⅱ级钢=36.67 kg
	—	—	—	踏步板：长 1.04 m；宽 0.30 m；高 0.15 m	—
	①钢筋	*A*—*A* 剖面	—	①主筋：1ϕ16+3ϕ6	—
	—	1ϕ16	—	长度=(板长−保护层厚)+12.5*d*=(1.04−0.01×2)+12.5×0.016=1.22(m)	—
	—	—	—	质量=1×1.22×1.58≈1.93(kg)	—
	—	3ϕ6	—	长度=1.02+12.5×0.006≈1.10(m)	—
	—	—	—	质量=3×1.10×0.222≈0.73(kg)	—
	—	—	—	②架立筋：ϕ6@200	—
	—	—	—	长度=(0.15−0.02)+(0.30−0.02)=0.41(m)	—
	—	—	—	数量=1.04÷0.20+1≈6(根)	—
	—	—	—	质量=6×0.41×0.222≈0.55(kg)	—
	—	—	—	合计总重=(1.93+0.73+0.55)×19≈61(kg)	—
21	②预埋铁件	—	—	预埋件规格：60 mm×60 mm×6 mm	3.2kg
	—	—	—	质量=每块面积×数量×单位面积质量(另计 6 铁脚)=0.06×0.06×19×47.10≈3.2(kg)	—

续表

序号	分部分项工程名称	部位与编号	单位	计算式	计算结果
	(2) 混凝土架空板钢筋	—	—	架空板数量117块(见序号22)，配筋为双向4ϕ4	Ⅰ级钢=52.12 kg
	—	—	—	每根筋长度=0.49−0.02=0.47(m)	—
	—	—	—	合计质量=0.47×4×2×0.099×140≈52.12(kg)	—
22	预应力钢筋	—	kg	按图示尺寸以质量计算	普钢=49.64 kg
	预应力空心板(先张法)	普通钢筋	—	KB35-52板：1.35×4 =5.40(kg)	预应力钢筋=150.4 kg
	先张法中的预应力和非预应力筋合并计算套预应力筋定额	—	—	KB35-62板：1.58×28=44.24(kg)	—
	—	—	—	合计质量=5.40+44.24=49.64(kg)	—
	—	预应力钢筋	—	KB35-52板：4.0×4=16.0(kg)	—
	—	—	—	KB35-62板：4.80×28=134.40(kg)	—
	—	—	—	合计质量=16.0+134.40=150.4(kg)	—
	—	—	—	普通钢筋＋预应力钢筋=49.64+150.4≈199.68(kg)	—

注：现浇构件钢筋搭接量应按钢筋规格，配置情况和搭接长度规定计算。这里为节省篇幅，直接给出用量

钢筋、铁杆用量汇总

类别	构件	用量		合计	计算结果
现浇混凝土构件	带形基础	Ⅰ级=107.7(kg)	14.8	Ⅰ级钢=669.6(kg)	—
	圈过梁	Ⅰ级=274.2(kg)			
		Ⅱ级=68.6(kg)			
	雨篷板	Ⅰ级=108.1(kg)			
	挑廊板	Ⅰ级=120.7(kg)		Ⅱ级钢=68.6(kg)	—
	栏板	Ⅰ级=21.9(kg)			
	压顶	Ⅰ级=37.0(kg)			
工厂预制构件	踏步板	Ⅰ级=24.32(kg)	铁件3.2 kg	铁件=3.2kg	—
		Ⅱ级=36.67(kg)		Ⅰ级钢=76.44(kg)	—
	架空板	Ⅰ级=52.12(kg)		Ⅱ级钢=36.67(kg)	
预应力筋	空心板	200 kg		普钢Ⅰ级钢=49.64(kg) 预应力Ⅰ级钢=150.4(kg)	—

混凝土工程

序号	分部分项工程名称	部位与编号	单位	计算式	计算结果
23	现浇C20钢筋混凝土过梁		m^3	按断面乘长度以立方米计算	1.74
	—	Ⓐ轴QL_1 ①→③	—	过梁断面=宽×高=0.24×0.36≈0.086(m^2)	—
	—	—	—	过梁长度=门窗宽度+0.50m(加宽)	—
	—	二层C-27窗	—	过梁长度=(1.50+0.50)×2=4.00(m)	—
	—	一层C-38窗	—	过梁长度=(2.57+0.50)×2=6.14(m)	—
	—	二层M-223门	—	过梁长度=(0.90+0.50)×2=2.80(m)	—
	—		—	合计长度=4.0+6.14+2.80=12.94(m)	—

续表

序号	分部分项工程名称	部位与编号	单位	计 算 式	计算结果
	—		—	QL_1 过梁体积=过梁断面×过梁长度=0.086×12.94≈1.11(m^3)	—
	—	Ⓑ轴 QL_2 ①→③	—	过梁断面=0.24×0.24=宽×高≈0.058(m^2)	—
	—	二层 C-27 窗	—	过梁长度=(1.50+0.50)×2=4.0(m)	—
	—	二层 C-32 窗	—	过梁长度=(1.50+0.50)×2=4.0(m)	—
		一层 M-223 门	—	过梁长度=(0.90+0.50)×2=2.80(m)	—
	—	—	—	合计长度=4.0+4.0+2.80=10.80(m)	—
	—	—	—	QL_2 过梁体积=0.058×10.80≈0.63(m^3)	—
	—	—	—	过梁总体积=QL_1×QL_2=1.11+0.63=1.74(m^3)	—
24	现浇 C20 钢筋混凝土圈梁	—	m^3	按圈过梁总体积减去过梁体积计算	2.00
	—	QL_1		圈过梁断面=0.086(m^2) (见序号 21 计算)	—
	—	Ⓐ轴上 ①→③	—	圈过梁长：7.24(m)	—
	—	—	—	QL_1 总体积：圈过梁断面×圈过梁长=0.086×7.24≈0.62(m^3)	—
	—	QL_2	—	圈过梁断面=0.058(m^2)(见序号 23 计算)	—
	—	①、②、③轴Ⓐ→Ⓑ	—	内外墙圈梁净长=(内墙中长−墙厚×2) ×根数 =(5.0−0.12×2)×3=14.28(m)	—
	—	Ⓑ轴上 ①→③	—	7.24 m	—
	—	—	—	合计长：14.28+7.24=21.52(m)	—
	—	—	—	QL2 总体积=0.058×21.52≈1.25(m^3)	—
	—	—	—	圈过梁总体积=(QL_1+QL_2)×2=(0.62+1.25)×2=3.74(m^3)	—
	—	—	—	圈梁体积=圈过梁体积−过梁体积=3.74−1.74 =2.0(m^3) (过梁体积见序号 23)	—
25	现浇 C20 钢筋混凝土雨篷(顶层)	—	m^2	按伸出墙外体积计算	6.59
	—	—	—	水平投影面积=7.24×1.3×0.7≈6.59(m^2)	—
26	现浇 C20 钢筋混凝土挑廊(阳台)	—	m^3	按伸出墙外体积计算	7.65
	—	—	—	水平面积=长度×面积+楼梯口现浇部分体积=〔(7+0.24+0.8×1.30+(0.80×0.44)〕×0.7≈7.65(m^3) 其中：楼梯口现浇部分长度=楼梯水平投影长度−③轴外墙外边线长度=5.24−4.80=0.44(m)	—
27	现浇 C20 钢筋混凝土挑廊栏板	—	m^3	按图示尺寸以立方米计算	0.79
	—	—	—	栏板厚：0.08 m 栏板高：0.90 m	—

续表

序号	分部分项工程名称	部位与编号	单位	计 算 式	计算结果
	—	—	—	栏板外包长=(7.24+0.80+1.30+1.54)+0.25=10.88+0.25=11.13(m)	—
	—	—	—	栏板中心线长=11.13−0.08×2=10.97(m)	—
	—	—	—	栏板体积=长×高×厚=10.97×0.90×0.08≈0.79(m^3)	—
28	现浇C20钢筋混凝土压顶(女儿墙上)	—	m^3	按图示尺寸以立方米计算	0.43
	—	—	—	压顶断面=宽×高=0.30×0.06=0.018(m^2) 压顶中心线长=女儿墙中心线−4×(压顶宽−女儿墙厚)(见图示)=24−4×(0.30−0.24)=23.76(m)（女儿墙中心线长=外墙中心线长，见序号33) 压顶体积=压顶断面×压顶中心线长=0.018×23.76≈0.43(m^3)	—
29	预制C20钢筋混凝土L形楼梯踏步板	—	m^3	按图示尺寸以立方米计算	0.30
	—	—	—	踏步板宽 0.25 m；厚 0.03 m；长 1.04 m	—
	—	—	—	竖直部分高度：0.15 m；厚度：0.05 m	—
	—	—	—	楼梯水平投影长度=0.30+0.25×18=4.80(m)	—
	—	—	—	踏步板块数：楼梯水平投影长度÷踏步板宽度−1=4.8÷0.25−1≈18(块) [或(楼层高度÷踏步板高度)−1=(3.0÷0.15)−1=19(块)]	—
	—	—	—	每块板断面积=竖直部分+水平部分=(0.15×0.05)+(0.25×0.03)=0.015(m^2)	—
	—	—	—	每块板体积=断面×长=0.015×1.04≈0.016(m^3)	—
	—	—	—	全部踏步板体积=每块体积×块数=0.016×19≈0.30(m^3)	—
30	预制C20钢筋混凝土屋面架空板	—	m^3	按图示尺寸以立方米计算	1.01
	—	—	—	屋面纵向长=纵女儿墙中长−女儿墙厚=7.0−0.24=6.76(m)	—
	—	—	—		—
	—	—	—	纵向架板块数=长÷板宽=6.76÷0.50=13.52≈14(块)	—
	—	—	—	屋面横向长=横女儿墙中长−女儿墙厚=5.0−0.24=4.76(m)	—
	—	—	—	横向架板块数=长÷板宽=4.76÷0.5=9.52≈10(块)	—

续表

序号	分部分项工程名称	部位与编号	单位	计　算　式	计算结果
	—	—	—	屋面架空板总块数=14×10=140(块)	—
	—	—	—	每块板体积=长×宽×厚=0.49×0.49×0.03≈0.0072(m^3)	—
	—	—	—	架空板总体积=0.0072×140=1.008(m^3)	—
31	预制C30预应力钢筋混凝土空心板	—	m^3	按扣除空腹后的实体积计算空心板实体可查苏G8007图集得到	4.82
	—	KB35-52	—	0.129×4≈0.52(m^3)	—
	—	KB35-2	—	0.154×28≈4.30(m^3)	—
	—	—	—	合计体积：4.82 m^3	—
32	C10混凝土基础垫层	—	m^3	按垫层图示尺寸以立方米计算	2.80
	—	1—1剖面	—	垫层断面=垫层宽度×垫层厚度=1.0×0.10=0.10(m^3)	—
	—	②轴上Ⓐ→Ⓑ	—	内墙基垫层净长度=内墙中长−垫层宽度=5.0−(0.50×2)=4.0(m)	—
	—	—	—	内墙基垫层体积=垫层断面×垫层净长度=0.10×4.0=0.40(m^3)	—
	—	①、③轴上Ⓐ→Ⓑ	—	外墙基垫层总长度	—
	—	Ⓐ、Ⓑ轴上①→③	—	等于外墙地槽中心线总长度为24 m	—
	—	—	—	外墙基垫层体积=垫层断面×垫层长度=0.10×24.0=2.40(m^3)	—
	—	—	—	垫层总体积=内墙基垫层体积+外墙基垫层体积=0.40+2.40=2.80(m^3)	—
33	现浇C20钢筋混凝土带形基础(高/宽<4)	—	m^3	按混凝土基础图示尺寸以立方米计算(有梁式)	5.64
	—	—	—	基础断面=基础宽×基础高=0.80×0.25=0.20(m^2)	—
	—	②轴上Ⓐ→Ⓑ	—	内墙基净长=内墙中长−基础宽=5.0−(0.4×2)= 4.20(m)	—
	—		—	内墙基体积=基础断面×内墙基净长= 0.20×4.20=0.84(m^3)	—
	—	①、③轴上Ⓐ→Ⓑ	—	外墙基总长：等于外墙地槽中心才、线总长为24m	—
	—	—	—	外墙基体积=基础断面×外墙基总长= 0.20×24.0=4.80(m^3)	—
	—	—	—	混凝土带基总体积=内墙基+外墙基= 0.84+4.80=5.64(m^3)	—

续表

序号	分部分项工程名称	部位与编号	单位	计算式	计算结果
			模板工程		
34	圈过梁模板	QL_1 QL_2	m^2	7.28×8.04≈58.53(m^2)	58.53
35	雨篷模板	—	m^2	6.59×11.2≈73.81(m^2)	73.81
36	现浇C20钢筋混凝土挑廊(阳台)模板	—	m^2	7.56×11.2≈84.67(m^2)	84.67
37	现浇C20钢筋混凝土挑廊栏板	—	m^2	19.09×0.79≈15.08(m^2)	15.08
38	现浇C20钢筋混凝土压顶(女儿墙上)模板	—	m^2	25.25×0.43≈10.86(m^2)	10.86
39	带形基础模板	—	m^2	5.64×1.23≈6.94(m^2)	6.94
40	带形基础垫层模板	—	m^2	2.8×1.94≈5.43(m^2)	5.43
			安装运输工程		
41	预应力空心板运输	—	m^3	空心板制作体积(见序号 31)×(1+运输损耗率)=4.82×1.008≈4.86(m^3)	4.86
42	架空板、楼梯板运输	—	m^3	踏步板架空板体积(见序号 30)×(1+运输损耗率)=(0.31+1.01)×1.008≈1.33(m^3)	1.33
43	预应力空心板安装	—	m^3	空心板制作体积(见序号 31)×(1+安装损耗率)=4.82×1.010=4.8682(m^3)	4.8682
44	预制楼梯板安装	—	m^3	踏步板制作体积×(1+安装损耗率)=0.31×1.010≈0.313(m^3)	0.313
45	预制架空板安装	—	m^2	按架空板体积×系数=1.01×1.01≈1.02(m^3)	1.02
46	铁窗栅制安	底层C-32窗	kg	按窗栅图示尺寸以质量计算(见序号 85) (注：考虑亮子部分也装地栅较为安全)	30.08
47	铁栏杆制作		kg	按图示尺寸质量(不计焊条质量)计算	40.34
	—	立杆 1ϕ 25 管	—	质量=每根长度×根数×单位长质量=0.90×1× 2.42≈2.18(kg)	—
	—	立杆 18ϕ14	—	质量=0.90×18×1.21≈19.60(kg)	—
	—	斜杆 19ϕ12	—	质量=19×1.10×0.888≈18.56(kg)	—
48	铁栏杆与铁窗栅运输	—	kg	同铁栏杆与铁窗栅的制作质量(见序号 46～47)30.08+40.34=76.4(kg)	76.4
49	铁栏杆安装	—	kg	(见序号 47 计算式)	40.34
	合计	—	—	合计质量=2.18+19.60+18.56=40.34(kg)	
			屋、平、立面防水及保温隔热工程		
50	女儿墙泛水卷材附加层	—	m^2	(24.0−4×0.24)×(0.5+0.25)=17.28(m^2)	17.28

续表

序号	分部分项工程名称	部位与编号	单位	计　算　式	计算结果
51	屋面二毡三油防水层	—	m^2	同屋面水泥砂浆找平层面积，以平方米计算(见序号55)	37.94
52	屋面玻璃钢落水管(60×90)	—	m	按檐口至室外地坪高度以延长米计算	25.80
		—		每根落水管长度=屋面标高+室内外高差=6.00+ 0.45=6.45(m)	—
		—		共计长度=6.45×4=25.80(m)	—
53	屋面玻璃钢落水斗	—	个	4	4
54	女儿墙玻璃钢弯头落水口	—	个	4	4
55	屋面水泥砂浆找平层	—	m^2	按实面积以平方米计算	37.94
		—	—	找平层面积=屋面净面积+女儿墙泛水弯起面积	—
		—	—	屋面净面积=底层建筑面积-女儿墙中长×墙厚=37.94-24.0×0.24=32.18(m^2)	—
		—	—	泛水弯起部分面积=女儿墙内侧周长×弯起高度=(24.0-4×0.24)×0.25≈5.76(m^2)	—
		—	—	合计面积=32.18+5.76=37.94(m^2)	—
				楼地面工程	
56	地面碎石垫层	—	m^3	按主墙间净面积乘厚度以立方米计算	2.17
	—	—		地面主墙间净面积：31.04 m^2 (见序号5)	—
	—	—		垫层体积=31.04×0.07≈2.17(m^3)	—
57	底面C10混凝土垫层	—	m^3	按主墙间净面积乘厚度以立方米计算	1.55
	—	—		垫层体积=31.04×0.05≈1.55(m^3)	—
58	楼地面1∶2水泥砂浆面层	—	m^2	主墙间净面积×2层=31.04×2=62.08(m^2)	62.08
59	楼面C20混凝土找平层	—	m^2	按主墙间净面积以平方米计算	31.04
	(厚30 mm)	—	—	找平层面积=主墙间净面积=31.04(m^2)	—
60	水泥砂浆踢脚线(高120 mm)	内墙	m	按内墙面净长度以延长米计算	71.40
	—	①、②、③轴	—	墙面净长=(5-0.24)×4=19.04(m)	—
	—	Ⓐ、Ⓑ轴	—	墙面净长=(3.50-0.240)×4=13.04(m)	—
	—	—	—	内墙合计=(19.04+13.04)×2=64.16(m)	—
	—	外廊	—	水平长=7.24(m)	—
	—	—	—	合计长度=64.16+7.24=71.4(m)	—
61	楼梯水泥砂浆抹面	—	m^2	按楼梯水平投影面积计算	3.84

续表

序号	分部分项工程名称	部位与编号	单位	计　算　式	计算结果
62	砖砌台阶(水泥砂浆抹面)	—	m^2	按台阶水平投影面积计算	4.95
—	—	—	—	水平面积=4.88×1.50=7.32(m^2)	—
63	混凝土散水	—	m^2	按散水实际面积计算	11.83
—	—	—	—	散水宽度：0.50 m	—
—	—	—	—	散水中线长度(忽略楼梯所占长度)-台阶宽度=(外墙墙面周长+4×散水宽度)-台阶宽度=(24.96+4×0.50)-3.30=23.66(m)	—
—	—	—	—	(外墙墙面周长见序号 89)	—
—	—	—	—	散水面积=散水中线长度×散水宽度=23.66×0.50=11.83(m^2)	—
64	60 厚 C10 混凝土散水垫层	—	m^3	11.83×0.06≈0.71(m^3)	0.71
65	楼梯扶手下托木制作安装	—	m	按木扶手长度以延长米计算 勾=3.45m，股=5m，玄=6.07m	6.07
				墙柱面工程	
66	石灰砂浆粉内墙面		m^2	按内墙面净面积以平方米计算	150.33
—	—	—	—	内墙面毛面积=楼地面踢脚线长度×楼层净高=踢脚线长×(层高-板厚)=64.08×(3.0-0.12)≈184.55(m^2) (踢脚线长度见序号 60)	—
—	—	—	—	内墙面净面积=毛面积-门窗面积=184.55-34.22 =150.33(m^2) (门窗见序号 75～76)	—
67	水泥砂浆粉外墙勒脚(高 500)	—	m^2	按外墙勒脚净面积以平方米计算	11.17
—	—	—	—	勒脚毛面积=外墙外周长×高=24.96×0.50=12.48(m^2)	—
—	—	—	—	应扣除面积包括：	—
—	—	—	—	M-223 门洞面积=宽×勒脚高×数量=0.90×0.05×2=0.09(m^2)	—
—	—	—	—	台阶侧面积=台阶平均长度×高度=2.70×0.45≈1.22(m^2)	—
—	—	—	—	勒脚净面积=勒脚毛面积-门洞部分面积台阶侧面积=12.48-0.09-1.22=11.17(m^2)	—
68	水泥砂浆粉女儿墙内侧	—	m^2	按抹灰内侧投影面积乘以系数 1.3 计算	14.98
—	—	—	—	抹灰面积=23.04×0.5×1.3≈14.98 (m^2)	—
69	混合砂浆粉外墙面	—	m^2	按外墙面净面积以平方米计算	126.86
—	—	—	—	外墙面高=女儿墙顶标高+室内外高差-勒脚高=6.50+0.45-0.50=6.45(m)	—

续表

序号	分部分项工程名称	部位与编号	单位	计　算　式	计算结果
	—	—	—	外墙面毛面积=周长×高=24.96×6.45≈160.99(m^2)	—
	—	—	—	应扣除门窗面积：34.22m^2(见序号75～76)但其中在勒脚内部份面积为0.09m^2(见序号67)即应扣：34.22−0.09=34.13(m^2)	—
	—	—	—	外墙面净面积=毛面积−应扣= 160.99−34.13=126.86(m^2)	—
70	水泥砂浆粉雨篷及挑廊	—	m^2	按水平投影面积以平方米计算(上、下表面)	40.44
	—	—	—	(9.41+10.81)×2=40.44(m^2) (水平投影面积见序号25～26)	—
71	1∶2.5水泥砂浆粉挑廊栏板内侧及扶手		m^2	按(栏板内侧面积×1.1系数)计算	10.45
	栏板内侧	—	—	栏板内侧高0.90m；扶手顶宽0.08(m)	—
	—	—	—	栏板内侧长度= 10.88−4×0.08 =10.56(m)	—
	—	—	—	栏板内侧面积=内侧长×高=10.56×0.9≈9.50(m^2)	—
72	挑廊栏板外侧干粘石	—	m^2	外侧面积=(外侧面长+栏板端部宽)×(栏板高度+挑廊板厚)=(10.88+0.08)×(0.90+0.07)≈ 10.63(m^2) (栏板外侧面长见序号27之计算)	10.63
天 棚 工 程					
73	石灰砂浆抹面层(包括楼梯底面)	—	m^2	按图示尺寸以平方米计算	67.84
	—	—	—	室内平顶面积=楼地面面积=62.08(m^2) (见序号58)	—
	—	—	—	楼梯底面面积=楼梯水平投影面积×系数=3.84×1.50=5.76(m^2) (楼梯水平投影面积见序号61)	—
	—	—	—	合计面积=62.08+5.76=67.84(m^2)	—
74	预制板底水泥砂浆勾缝		m^2	[(3.50−0.24)×(5.0−0.24)]×4≈62.07(m^2)	62.07
门 窗 工 程					
75	三扇平开有腰玻璃窗制安		m^2	按窗洞口面积以平方米计算	24.86
	(详见苏J73—2图集)	C-27窗	—	面积=窗宽×窗高×数量=1.50×1.70×4=10.20(m^2)	—
	—	C-32窗	—	面积=1.50×1.80×2=5.40(m^2)	—
	—	—	—	合计面积=10.20+5.40=15.60(m^2)	—

续表

序号	分部分项工程名称	部位与编号	单位	计　算　式	计算结果
	普通有腰多扇木窗五金配件	C-27 窗 C-32 窗	樘	按樘数计算：4+2+2=8(樘)	—
	四扇平开有腰玻璃窗制作和安装	C-38 窗	m^2	面积=2.57×1.80×2≈9.26(m^2)	
76	单扇有腰镶板门制作和安装	—	m^2	按门洞口面积以平方米计算	9.36
	有腰单扇镶板门五金配件	M-223 门	樘	按樘数计算：4 樘	4
		M-223 门	—	面积＝门宽×门高×数量=0.90×2.60×4=9.36(m^2)	—
77	窗排木板	(底层 C-38)	m^2	排木板面积：9.26m^2(见序号 75)	9.26
78	门锁	—	把	4 把	4
79	楼梯铁栏杆带木扶手	—	m	按木扶手长度以延长米计算	5.75
	—	—	—	长度=楼梯水平长度×1.15 系数=5.0×1.15=5.75(m)	—
80	窗帘盒木棍	—	m	按每樘门、窗宽度每边加 15 cm 以延长米计算	16.54
	—	C-27 窗	—	长度＝每樘窗帘盒长度×数量=(1.50+0.15×2× 4=7.20(m)	—
	—	C-38 窗	—	长度=(2.57+0.15×2)×2=5.74(m)	—
	—	C-32 窗	—	长度=(1.50+0.15×2)×2=3.60(m)	—
	—	—	—	合计长度=7.20+5.74+3.60=16.54(m)	—
81	窗帘盒	—	m^2	16.54×0.15≈2.48(m^2)	2.48
82	门窗贴脸	—	m	窗按外围，门按侧边与顶面之和的长度以延长米计算	80.68
	—	C-27 窗	—	(1.50+1.70)×2× 4=25.60(m)	—
	—	C-32 窗	—	(1.50+1.80)×2×2=13.20(m)	—
	—	C-38 窗	—	(2.57+1.80)×2×2=17.48(m)	—
	—	M-223 门	—	(0.90 +2.60×2)×4=24.4(m)	—
	—	—	—	合计长：25.60+13.20+17.48+24.40=80.68(m)	—
			油漆、涂料、裱糊工程		
83	单层有腰木门油漆		m^2	按门单面面积×系数以平方米计算：9.36×1.1≈10.30(m^2)	10.30
84	单层玻璃木窗油漆		m^2	按窗单面面积乘系数以平方米计算	43.38
	—	—	—	C-27，C-32，C-38 排木窗油漆面积=15.60+9.26+9.26×2.00=43.38(m^2)	—
85	楼梯木扶手、窗帘盒油漆	—	m	按图示长度乘系数以“延长米”计算	—
	—	木扶手	m	木扶手长度见序号 79 为 5.75×2.60=14.95(m)	14.95

续表

序号	分部分项工程名称	部位与编号	单位	计算式	计算结果
	—	窗帘盒	m^2	窗帘盒×1.1=2.48×1.1≈2.73(m^2)	2.73
86	楼梯铁栏杆及铁窗栅油漆	—	kg	按图示尺寸质量乘系数计算	120.42
	—	铁栏杆	—	图样(设计)质量：40.34 kg(见序号 47)	—
	—	铁窗栅(C-32)	—	①横档： 30×4 扁钢，间距 450 总长度=1.50(每道长)×2 道=3.0(m) 质量=3.0×0.94(kg/m)=2.82(kg)	—
	—	—	—	②竖条：ϕ12 钢筋，间距 125 总长度=1.80×11 根=19.80(m) 质量=19.80×0.617≈12.22(kg)	—
	—	—	—	合计质量=(2.82+12.22)×2=30.08(kg)	—
	—	—	—	油漆总质量=(40.34+30.08)×1.71=120.42(kg)	—
87	平顶及内墙面刷乳胶漆	—	m^2	按实刷面积以平方米计算	218.17
	—	—	—	刷涂料面积=平顶+内墙=76.84+150.33=218.17(m^2) (平顶及内墙面抹灰面积见序号 73 及 66)	—
88	雨篷、挑廊及楼梯	—	m^2	按实刷面积以平方米计算	19.91
	底面刷石灰水二度	—	—	刷浆面积=14.15+5.76=19.91(m^2) (雨篷、挑廊及楼梯底面积见序号 25，26，73)	—
				脚手架工程	
89	外墙砌筑脚手架(双排外架子)	—	m^2	按外墙外边线长度×外墙高度以平方米计算	209.89
	—	—	—	外墙外边线长度=(5.24+7.24)×2=24.96(m)	—
	—	—	—	另加挑廊一个侧面的宽度：1.30(m)	—
	—	—	—	外墙外边线总长度=24.96+1.30=26.26(m)	—
	—	—	—	外墙高度：自室外设计地坪至女儿墙顶面的高度	—
	—	—	—	砌筑脚手架高度=室内外高差+女儿墙顶高=0.45+6.50=6.95(m)	—
	—	—	—	外墙砌筑脚手架面积=26.26×6.95×1.15≈209.89(m^2)	—
90	内墙砌筑脚手架	—	m^2	按内墙净长×内墙净高以平方米计算	29.84
	(里架子)	—	—	内墙净长=5.00−0.24=4.76(m)	—
	—	—	—	内墙净高=(层高−楼梯厚−找平层)×2=(3.00−0.115−0.02)×2 =5.73(m)	—

续表

序号	分部分项工程名称	部位与编号	单位	计 算 式	计算结果
	—	—	—	内墙砌筑脚手架面积=4.76×5.70×1.1≈29.84(m²)	—
91	外墙抹灰脚手架(外侧)	—	—	已包括在砌筑脚手架内，不得另行计算	—
92	外墙内侧及内墙和天棚抹灰脚手架	—	m²	按天棚、楼梯底面和内墙抹灰面积之和计算 67.80+184.55=252.35(m²)	252.35
93	砌砖基础脚手架	—	—	因基础深<2m，底宽<3m，故不另计算	—
建筑工程垂直运输					
94	电动卷扬机施工		m²	5.24×7.24×2≈75.88(m²)	75.88

表 10-4 某小百货楼分部分项工程定额预算表

序号	定 额 编 号	分项工程名称	单位	工程量	单价/元	合价/元
1		建筑面积	m²	81.28		
土方及基础工程						
2	1-2	人工挖地槽(深 3m 以内三类干土)	m³	21.25	27.15	576.94
3	1-15	平整场地	m²	103.86	1.72	178.64
4	1-18	墙基(地槽)回填土	m³	10.97	5.80	63.63
5	1-18	室内(地坪)回填土	m³	9.78	5.80	56.72
6	1-16	室内(地坪)原土打底夯	m²	31.04	0.37	11.48
7		人力车运余土(外运)	m³	0.50		
	合计	877.41				
砌 筑 工 程						
8	3-45H	M5 混合砂浆砌一砖内墙	m³	6.07	292.74	1776.93
9	3-45H	M5 混合砂浆砌一砖外墙	m³	25.69	292.74	7520.49
10	3-15H	M5 水泥砂浆砌砖基础	m³	4.95	273.12	1351.94
11	7-38	墙基防潮层(1∶2 防水砂浆)	m²	6.90	10.28	70.93
12	9-65H	M5 水泥砂浆砌砖台阶	m²	4.95	140.09	693.45
13	3-54	M5 水泥砂浆砌架空板砌砖垫	m³	0.43	312.44	134.35
	合计	11548.09				
钢 筋 工 程						
14	4-416	(1)带形基础现浇构件圆钢	t	0.108	4475	483.30
15	4-416	(2)圈过梁现浇构件圆钢	t	0.274	4475	1226.15
	4-417	(2)圈过梁现浇构件螺纹钢	t	0.068	4219	286.89
16	4-416	(3)雨篷 YP_2 现浇构件圆钢	t	0.108	4475	483.30
17	4-416	(4)挑廊(阳台)YP_1 现浇构件圆钢	t	0.121	4475	541.48
18	4-416	(5)挑廊栏板现浇构件圆钢	t	0.022	4475	98.45
19	4-416	(6)女儿墙压顶现浇构件圆钢	t	0.037	4475	165.58

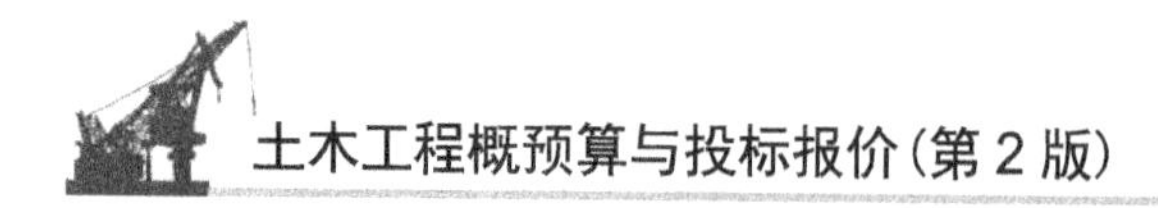

续表

序号	定 额 编 号	分项工程名称	单位	工程量	单价/元	合价/元
20	4-418	工厂预制构件钢筋 L 形楼梯踏步板圆钢 混凝土架空板圆钢	t	0.076	4453	338.43
	4-419	(1)L 形楼梯踏步板螺纹钢	t	0.037	4259	157.58
21	4-433	预埋铁件	t	0.003	7519	22.56
22	4-425	空心板预应力钢筋	t	0.200	5078	1015.60
	合计					4819.32
		混凝土工程				
23	4-12	现浇 C20 钢筋混凝土过梁	m^3	1.74	300.60	523.04
24	4-12	现浇 C20 钢筋混凝土圈梁	m^3	2.00	300.60	601.20
25	4-24	现浇 C20 钢筋混凝土雨篷(顶层)	m^2	6.59	277.00	1825.43
26	4-25	现浇 C20 钢筋混凝土挑廊(阳台)	m^2	7.56	271.60	2053.30
27	4-26	现浇 C20 钢筋混凝土挑廊栏板	m^3	0.79	333.60	263.54
28	4-28	现浇 C20 钢筋混凝土压顶	m^3	0.43	345.20	148.44
29	4-296	预制 C20 钢筋混凝土 L 形楼梯踏步板	m^3	0.31	400.60	124.19
30	4-282	预制 C20 钢筋混凝土屋面架空板	m^3	1.01	470.30	475.00
31	4-311	预制 C30 预应力钢筋混凝土空心板	m^3	4.82	354.60	1709.17
32	4-1	C10 混凝土基础垫层	m^3	2.80	227.2	636.16
33	4-3	现浇 C20 钢筋混凝土带形基础(高/宽<4)	m^3	5.64	237.1	1337.24
	合计					9696.71
		模 板 工 程				
34	4-170	圈过梁模板	m^2	58.53	22.22	1300.31
35	4-193	雨篷模板	m^2	23.81	52.20	1242.88
36	4-193	现浇 C20 钢筋混凝土挑廊(阳台)模板	m^2	10.8	37.2	4419.77
37	4-194	现浇 C20 钢筋混凝土挑廊栏板	m^2	15.08	21.75	327.99
38	4-199	现浇 C20 钢筋混凝土压顶(女儿墙上)模板	m^2	10.86	36.18	392.92
39	4-137	带形基础模板	m^2	6.94	20.21	140.26
40	4-355	预制 C20 钢筋混凝土屋面架空板	m^2	11.31	70.6	798.49
41	4-386	预制 C30 预应力钢筋混凝土空心板模板	m^2	41.26	77.9	3214.15
42	4-371	预制 C20 钢筋混凝土 L 形楼梯踏步板	m^3	3.47	184.6	640.56
43	4-135	垫层混凝土模板	m^2	5.43	23.32	126.63
	合计					12603.96
		安装运输工程				
44	4-448+4-449	预应力空心板运输	m^3	4.86	95.5	464.13
45	4-450+4-451	架空板、楼梯板运输	m^3	1.33	96	127.68
46	4-480	预应力空心板安装	m^3	5.43	150.8	818.84
	4-483	预应力空心板安装	m^3	5.43	28.9	156.93

续表

序号	定 额 编 号	分项工程名称	单位	工程量	单价/元	合价/元
47	4-484	预制楼梯板安装	m^3	0.31	195.3	60.94
48	4-482	预制架空板安装	m^2	1.02	145.7	148.61
	合计					1777.13
金属结构工程						
49	6-68	铁窗栅型钢制作	t	0.006	5392	32.35
	6-70	铁窗栅圆钢制作	t	0.024	5353	128.47
50	6-110	铁栏杆圆管安装	t	0.002	500	1
	6-110	铁栏杆钢筋安装	t	0.028	500	14
51	6-108	铁栏杆安装	t	0.030	447	13.41
52	6-80+6-81	金属构件运输二类	t	0.090	42.7	3.84
	合计					193.07
屋、平、立面防水及保温隔热工程						
53	7-44	女儿墙泛水卷材附加层	m^2	17.28	29.18	504.23
54	7-43	屋面二毡三油防水层	m^2	37.94	27.33	1036.9
55	7-33H	屋面玻璃钢落水管(60×90)	m	25.80	45.8	1181.64
56	7-34H	屋面玻璃钢落水斗	个	4	27.4	109.6
57	补	女儿墙玻璃钢弯头落水口	个	4	22	88
58	10-1	屋面水泥砂浆找平层	m^2	39.07	7.81	296.31
	合计					2153.68
楼地面工程						
59	3-9	地面碎石垫层	m^3	2.17	109.2	236.96
60	4-1	底面 C10 混凝土垫层	m^3	1.55	227.2	352.16
61	10-3	楼地面 1∶2 水泥砂浆面层	m^2	62.08	9.99	620.18
62	10-7	楼面 C20 混凝土找平层	m^2	31.04	12.07	374.65
63	10-61	水泥砂浆踢脚线	m^2	8.57	18.99	162.74
64	10-76	楼梯水泥砂浆抹面	m^2	3.84	47.83	183.67
65	10-123H	砖砌台阶(1∶2.5 水泥砂浆抹面)	m^2	4.95	20.47	101.33
66	10-127	混凝土散水 1∶2.5 水泥砂浆抹面	m^2	11.83	28.14	332.90
67	4-1	60 厚 C10 混凝土散水垫层	m^3	0.71	227.2	161.31
68	10-101+10-116	楼梯扶手下托木制安	m	6.07	257.8	2560.33
	合计					5086.20
墙柱面工程						
69	11-1	石灰砂浆粉内墙面	m^2	150.33	12.49	1877.61
70	11-2	水泥砂浆粉外墙勒脚(高 500)	m^2	11.17	12.02	134.26
71	11-2	水泥砂浆粉女儿墙内侧	m^2	14.98	12.02	180.06
72	11-3	混合砂浆粉外墙面	m^2	126.86	12.82	1626.35
73	11-29	水泥砂浆粉雨篷及挑廊	m^2	40.44	46.50	1880.46
74	11-2	1∶2.5 水泥砂浆粉栏板内侧及扶手	m^2	10.45	12.02	125.61
75	11-4	挑廊栏板外侧干粘石	m^2	10.63	42.42	450.93
	合计					6275.29
天 棚 工 程						
76	12-4	石灰砂浆抹面层	m^2	67.84	12.97	493.88
	合计					493.88

续表

序号	定额编号	分项工程名称	单位	工程量	单价/元	合价/元
门窗工程						
77	13-90	三扇平开有腰玻璃窗制作安装	m^2	24.86	116.79	2903.40
78	13-90	四扇平开有腰玻璃窗制作安装	m^2	9.26	116.79	1081.48
79	13-2	单扇有腰镶板门制作安装	m^2	9.36	122.44	1146.04
80	13-143	门锁	把	4	68.1	630.61
81	13-134	窗帘盒	m^2	2.48	86.86	215.41
82	13-139	窗帘木棍	m	2.48	35.03	86.87
83	15-73	门窗贴脸	m	80.68	24.88	2007.32
	合计					8071.13
油漆、涂料、裱糊工程						
84	14-17	单层有腰木门油漆	m^2	10.30	19.67	202.60
85	14-36	单层玻璃木窗油漆	m^2	43.38	14.18	615.13
86	14-54	楼梯木扶手油漆	m	14.95	4.44	66.38
87	14-91	窗帘盒油漆	m	2.73	12.74	34.78
88	14-138	楼梯铁栏杆底漆	kg	68.98	0.123	8.48
89	14-139	楼梯铁栏杆面漆	kg	68.98	0.201	13.86
90	14-119	铁窗栅油漆底漆	kg	24.85	5.83	144.88
91	14-120	铁窗栅油漆面漆	kg	24.85	9.52	236.57
92	14-155	平顶及内墙面刷乳胶漆	m^2	218.17	12.65	2759.85
93	14-172+ 14-173	雨篷、挑廊及楼梯	m^2	19.91	1.01	20.11
	合计					4102.64
脚手架工程						
94	16-29	外墙砌筑脚手架	m^2	209.89	7.60	1595.16
95	16-38	内墙砌筑脚手架	m^2	29.84	1.42	42.37
96	16-40	天棚抹灰脚手架	m^2	81.28	6.03	490.12
	合计					2127.65
建筑工程垂直运输						
97	17-4	电动卷扬机施工	m^2	75.88	10.90	827.09
合计						70653.65

表10-5 某小百货楼工程总造价组成

序号	费用名称		计算公式	费用/元	备注
一	直接工程费		分部分项工程预算计价表汇总	70653.65	70653.65
1	其中	人工费		17170.69	
2		机械费		1521.03	
二	施工技术措施费		技术措施工程预算计价表汇总	600.00	600.00
3	其中	人工费		120.00	
4		机械费		110.00	
三	施工组织措施费		5+6+7+8+9+10+11	2166.53	2166.53
5	环境保护费		(1+2+3+4)×0.15%	28.38	
6	文明施工费		(1+2+3+4)×1.95%	368.97	

续表

序号	费用名称	计算公式	费用/元	备注
7	安全施工费	(1+2+3+4)×0.55%	104.07	
8	临时设施费	(1+2+3+4)×4.8%	908.24	
9	缩短工期增加费	(1+2+3+4)×2.85%	539.27	
10	材料二次搬运费	(1+2+3+4)×1.1%	208.14	
11	已完工程保护费	(1+2+3+4)×0.05%	9.46	
四	综合费用	12+13	8041.73	
12	企业管理费	(1+2+3+4)×25.5%	4825.04	8041.73
13	利润	(1+2+3+4)×17%	3216.69	
五	规费	(1+2+3+4)×4.39%+[（一）+（二）+（三）+（四）]×0.2%	993.59	993.59
六	税金	[（一）+（二）+（三）+（四）+（五）]×3.513%		2896.66
七	工程造价	[（一）+（二）+（三）+（四）+（五）+（六）]		85352.16

表 10-6　某小百货楼工程分部分项工程量清单

序号	项目编码	分项工程名称	单位	工程量	备注
1	—	建筑面积	m^2	81.28	
		土方及基础工程			
2	010101003001	人工挖地槽(深 3m 以内三类干土)	m^3	21.25	
3	010101001001	平整场地	m^2	103.86	
4	010103001001	墙基(地槽)回填土	m^3	10.97	
5	010103001002	室内(地坪)回填土	m^3	9.78	
6	010101001003	室内(地坪)原土打底夯	m^2	31.04	
7	—	人力车运余土(外运)	m^3	0.50	
		砌筑工程			
8	010302001001	M5 混合砂浆砌一砖内墙	m^3	6.07	
9	010302001002	M5 混合砂浆砌一砖外墙	m^3	25.69	
10	010301001001	M5 水泥砂浆砌砖基础	m^3	4.95	
11	010703003001	墙基防潮层(1∶2 防水砂浆)	m^2	6.90	
12	010302006001	M5 水泥砂浆砌砖台阶	m^2	4.95	
13	010302006002	M5 水泥砂浆砌架空板砌砖垫	m^3	0.43	
		钢筋工程			
14	010416001001	(1)带形基础现浇构件圆钢	t	0.108	
15	010416001002	(2)圈过梁现浇构件圆钢	t	0.274	
16	010416001003	(3)圈过梁现浇构件螺纹钢	t	0.068	
17	010416001004	(4)雨篷(YP_2)现浇构件圆钢	t	0.108	
18	010416001005	(5)挑廊(阳台)YP_1现浇构件圆钢	t	0.121	
19	010416001006	(6)挑廊栏板现浇构件圆钢	t	0.022	

续表

序号	项目编码	分项工程名称	单位	工程量	备注
20	010416001007	(7)女儿墙压顶现浇构件圆钢	t	0.037	
21	010416002001	工厂预制构件钢筋 L形楼梯踏步板圆钢 混凝土架空板圆钢	t	0.076	
22	010416002002	(1)L形楼梯踏步板螺纹钢	t	0.037	
23	010417002001	预埋铁件	t	0.030	
24	010416005001	空心板预应力钢筋	t	0.200	
		混凝土工程			
25	010403005001	现浇C20钢筋混凝土过梁	m^3	1.74	
26	010403004001	现浇C20钢筋混凝土圈梁	m^3	2.00	
27	010405008001	现浇C20钢筋混凝土雨篷(顶层)	m^2	6.59	
28	010405008002	现浇C20钢筋混凝土挑廊(阳台)	m^2	7.56	
29	010405006001	现浇C20钢筋混凝土挑廊栏板	m^3	0.79	
30	010407001001	现浇C20钢筋混凝土压顶	m^3	0.43	
31	010413001001	预制C20钢筋混凝土L形楼梯踏步板	m^3	0.31	
32	010412001001	预制C20钢筋混凝土屋面架空板	m^3	1.01	
33	010412002001	预制C30预应力钢筋混凝土空心板	m^3	4.82	
34	010401001001	C10混凝土基础垫层	m^3	2.80	
35	010401001002	现浇C20钢筋混凝土带形基础(高/宽<4)	m^3	5.64	
		金属结构工程			
36	010606012001	铁窗栅型钢制安	t	0.006	
37	010606012002	铁窗栅圆钢制安	t	0.024	
38	010606009001	铁栏杆圆管制作	t	0.002	
39	010606012003	铁栏杆钢筋制作	t	0.028	
40	010606009002	铁栏杆安装	t	0.030	
		屋、平、立面防水及保温隔热工程			
41	010702001002	女儿墙泛水卷材附加层	m^2	17.28	
42	010702001001	屋面二毡三油防水层	m^2	37.94	
43	010702004001	屋面玻璃钢落水管(60×90)	m	25.80	
44	010702004002	屋面玻璃钢落水斗	个	4	
45	010702004003	女儿墙玻璃钢弯头落水口	个	4	
46	010702001003	屋面水泥砂浆找平层	m^2	37.94	
		楼地面工程			
47	010401001004	地面碎石垫层	m^3	2.17	
48	010401001003	底面C10混凝土垫层	m^3	1.55	
49	020101001001	楼地面1∶2水泥砂浆面层	m^2	62.08	
50	020101001002	楼面C20混凝土找平层	m^2	31.04	

续表

序号	项 目 编 码	分项工程名称	单 位	工 程 量	备 注
51	020105001001	水泥砂浆踢脚线	m^2	8.57	
52	020106003001	楼梯水泥砂浆抹面	m^2	3.84	
53	020108003001	砖砌台阶(1：2.5 水泥砂浆抹面)	m^2	4.95	
54	020109004001	混凝土散水 1：2.5 水泥砂浆抹面	m^2	11.83	
55	010407002001	60 厚 C10 混凝土散水垫层	m^3	0.71	
56	020107002001	楼梯扶手下托木制安	m	6.07	
		墙柱面工程			
57	020201001001	石灰砂浆粉内墙面	m^2	150.33	
58	020201001002	水泥砂浆粉外墙勒脚(高 500)	m^2	11.17	
59	020201001003	水泥砂浆粉女儿墙内侧	m^2	14.98	
60	020201001004	混合砂浆粉外墙面	m^2	126.86	
61	020201001005	水泥砂浆粉窗台	m^2	5.67	
62	020201001006	水泥砂浆粉女儿墙压顶	m^2	9.98	
63	020201001007	水泥砂浆粉雨篷及挑廊	m^2	40.42	
64	020201001008	1：2.5 水泥砂浆粉栏板内侧及扶手	m^2	10.45	
65	020201002001	挑廊栏板外侧干粘石	m^2	10.63	
		天 棚 工 程			
66	020301001001	石灰砂浆抹面层	m^2	67.84	
67	020301001002	预制板底水泥砂浆勾缝	m^2	62.07	
		门 窗 工 程			
68	020405001001	三扇平开有腰玻璃窗制安	m^2	24.84	
69	020405001002	四扇平开有腰玻璃窗制安	m^2	9.26	
70	020401001001	单扇有腰镶板门制安	m^2	9.36	
71	020406010001	门锁	把	4	
72	020408001001	窗帘盒	m^2	2.48	
73	020408004002	窗帘木棍	m	16.54	
74	020407004001	门窗贴脸	m	80.68	
		油漆、涂料、裱糊工程			
75	020501001001	单层有腰木门油漆	m^2	10.30	
76	020502001001	单层玻璃木窗油漆	m^2	43.38	
77	020503001001	楼梯木扶手油漆	m	14.95	
78	020503002001	窗帘盒油漆	m^2	2.73	
79	020505001001	楼梯铁栏杆底漆	t	0.010	
80	020505001002	楼梯铁栏杆面漆	t	0.010	
81	020505001003	铁窗栅油漆底漆	t	0.010	
82	020505001004	铁窗栅油漆面漆	t	0.010	
83	020507001001	平顶及内墙面刷乳胶漆	m^2	218.17	
84	020507002001	雨篷、挑廊及楼梯	m^2	19.91	

10.2 课程设计内容

题目：编制某传达室工程(土建)施工图预算书

要求：用定额方法和工程量清单计算方法计算所给图样工程量，用定额计价进行报价，用清单计价进行报价。

1\. 编制依据

(1) 传达室设计图样(建筑和结构)一套二张，如图10-5～图10-7所示。

(2) 现行地方建筑与装饰工程计价表。

(3) 当地现行有关取费文件。

2\. 设计说明

(1) 图样尺寸除高程以米计外，其余均以毫米为单位。

(2) 基础用MU10普通黏土砖，M5水泥砂浆砌筑。

(3) 墙基防潮层用20厚1∶2水泥砂浆(加5%避水浆)铺设。

(4) 砖墙用MUl0普通黏土砖、M2.5混合砂浆砌筑，其中半砖墙沿墙高度每隔1m用2ϕ6通长钢筋加固。

(5) 门窗过梁采用M5水泥砂浆砌筑的钢筋砖过梁，其钢筋为GL-2配4ϕ6，GL-3配3ϕ6，GL-4配2ϕ6，各过梁两端钢筋弯钩，伸入墙内为250mm。

(6) 圈梁QL现浇，搁板YB现场预制，其用料均为C20混凝土，钢筋级别HRB 335。

(7) 屋面预应力空心板详见图集(1998浙G1～G3图集)，本工程所用预应力混凝土空心板规格见表10-7，其中KB 35-01采用KB 36-01板配筋，仅将板长由3580改为3480即可。

表10-7 预应力混凝土空心板规格一览表

空心板编号	规格尺寸(长×宽×高)/mm	混凝土用量/(m^3/块)	主　　筋	钢筋用量/(kg/块)
KB35-01	3480×1000×115	0.222	12ϕ¹5	8.43
KB35-81	3480×800×115	0.178	12ϕ¹5	8.43
KB35-01	3980×1000×115	0.253	15ϕ¹5	11.02
KB35-81	3980×800×115	0.202	15ϕ¹5	11.02

(8) 屋面泛水以③轴线为准，其坡度为i=2%。

(9) 室内地坪。素土夯实，70厚清水碎砖垫层，80厚C10混凝土随捣随抹光(加浆)，传达室地坪加5%红粉。门廊做红缸砖地面。

(10) 室内均做120高1∶2.5水泥砂浆踢脚线，厕所和厨房洗涤池处均做1200高1∶2.5水泥砂浆墙裙。

(11) 内粉刷。墙面用15厚石灰石屑浆底，3厚纸筋石灰面，刷106涂料。平顶用12厚1∶3纸筋石灰砂浆底，3厚纸筋石灰面，刷106涂料。

(12) 外粉刷。外墙面用绿豆砂水刷石，15厚1∶3水泥砂浆底，10厚1∶2水泥砂浆面(水洗石子，加10%棕绿色玻璃屑)。屋檐用白水泥斩假石，15厚1∶3水泥砂浆底，10

厚 1∶2 水泥白石屑面(分格嵌条宽 20)。

(13) 木门窗油漆颜色用窗及外门，外侧用栗壳色，内侧用乳黄色，内门全部用栗壳色。其规格型号见表 10-8。

表 10-8 木门窗规格一览表

门 窗 名 称	编 号	规格尺寸(宽×高)/mm	数量/个	备 注
无腰单扇窗	C-1	600×600	1	
有腰多扇窗	C-21	1100×1500	4	
有腰多扇窗	C-22	1500×1500	1	
有腰多扇窗	C-22′	1500×2000	1	气窗高 500mm
无腰多扇窗	C-1′	400×650	4	翻窗
有腰单扇门	M-1	1000×2900	1	纤维板门
有腰多扇门	M-1′	2400×2000	1	
有腰单扇门	M-412	900×2500	1	纤维板门
有腰单扇门	M-312	900×2600	1	纤维板门
无腰多扇门	M-401	800×2400	3	纤维板门
无腰单扇门	M-417	900×2100	3	纤维板门

(14) 屋面排水用φ100PVC 落水管，PVC 方形落水斗，铸铁落水口。

(15) 屋面架空隔热板规格为 495×495×30，C20 细石混凝土预制板，配φ4@150 双向钢筋网，板周四角下部用 M5 水泥砂浆砌 120×120 三皮砖高砖垫层架空。

(16) 室外检查井采用 M5 水泥砂浆砌一砖厚方形(600×600×1500)检查井一座。

(17) 室外化粪池采用砖砌 2 号化粪池一座。

(18) 室外污水管采用φ100 钢筋混凝土圆管与室内排水管相接，总长度为 10 m。

(19) 外门(M-1 及 M-312)、卧室外门及储藏室内门，均装普通弹子锁。全部外窗(翻窗除外)均加设铁窗栅，制作方法是：用一根 30×4 扁钢横档 4 道(开孔)，φ12@150 钢筋铁栅穿入焊牢。

3. 施工条件

(1) 本传达室建在市区内某地，建设场地平坦，周围有已建房屋多幢。交通运输较为方便，工地旁有市内主要交通道路通过，施工中所用的主要建筑材料与构件均可经该城市道路直接运进工地。施工中所需的电力和给水，也可从附近已有的电路和水网中引出。

(2) 多孔板、架空板及木门窗，由场外混凝土预制构件厂和木材加工厂制作，由汽车运入工地进行安装，运输距离均为 5km。其他零星混凝土预制构件均在现场预制。

(3) 本工程由某县级集体建筑公司承包施工(包工包料)。根据该公司的技术力量和实际情况，施工中拟采用人力挖土，机夯填土，人力车运土，井架吊运材料和构件。工程余土采用人力车运输至场外 3km 处弃土。

4. 编制要求

(1) 要求用定额方法计算所给施工图工程量清单。

(2) 要求用定额计价法进行计价。

(3) 要求用定额计价法进行组价，并计算出含税总造价。

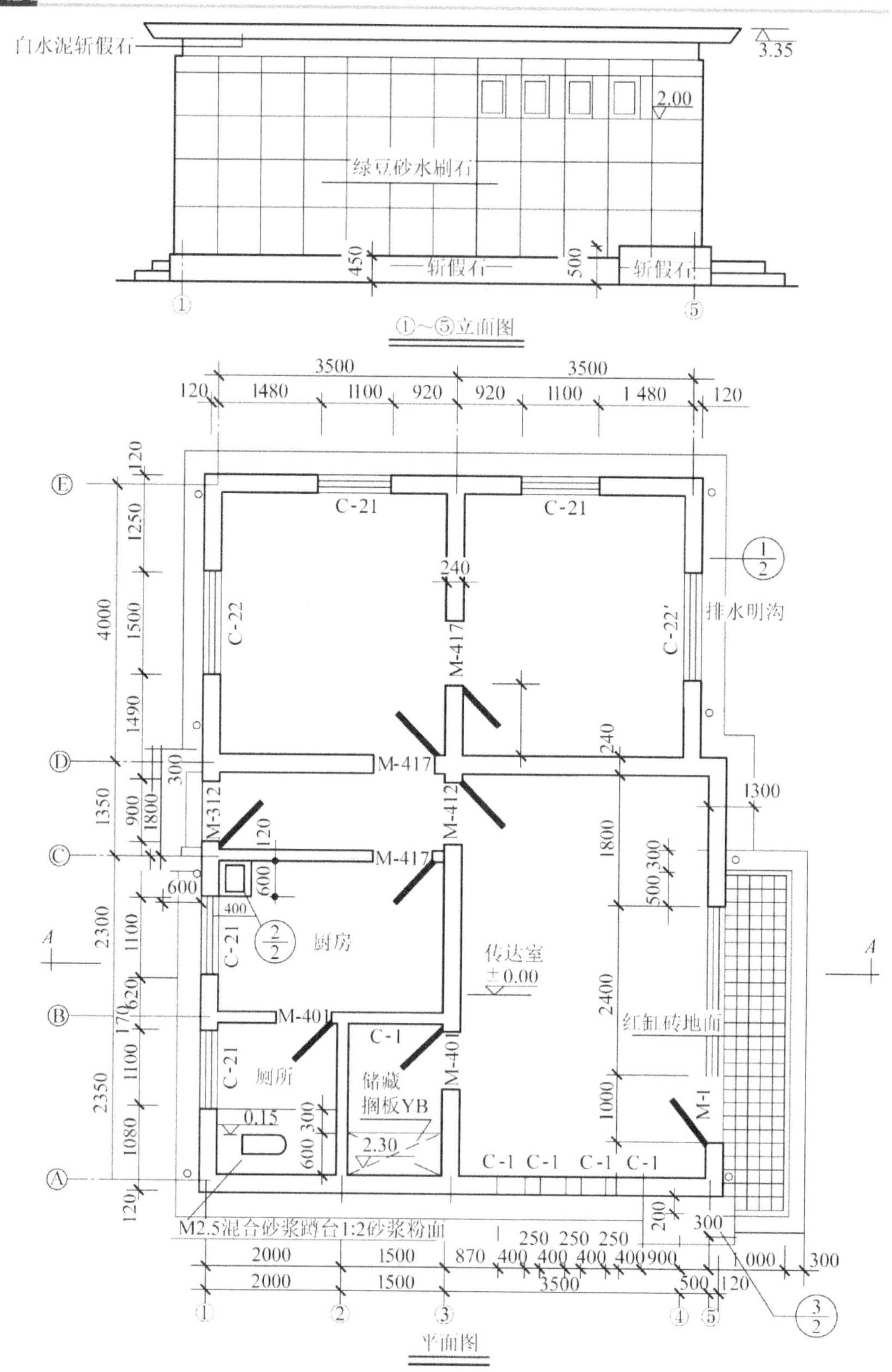

图 10-5　建筑立面图和平面图

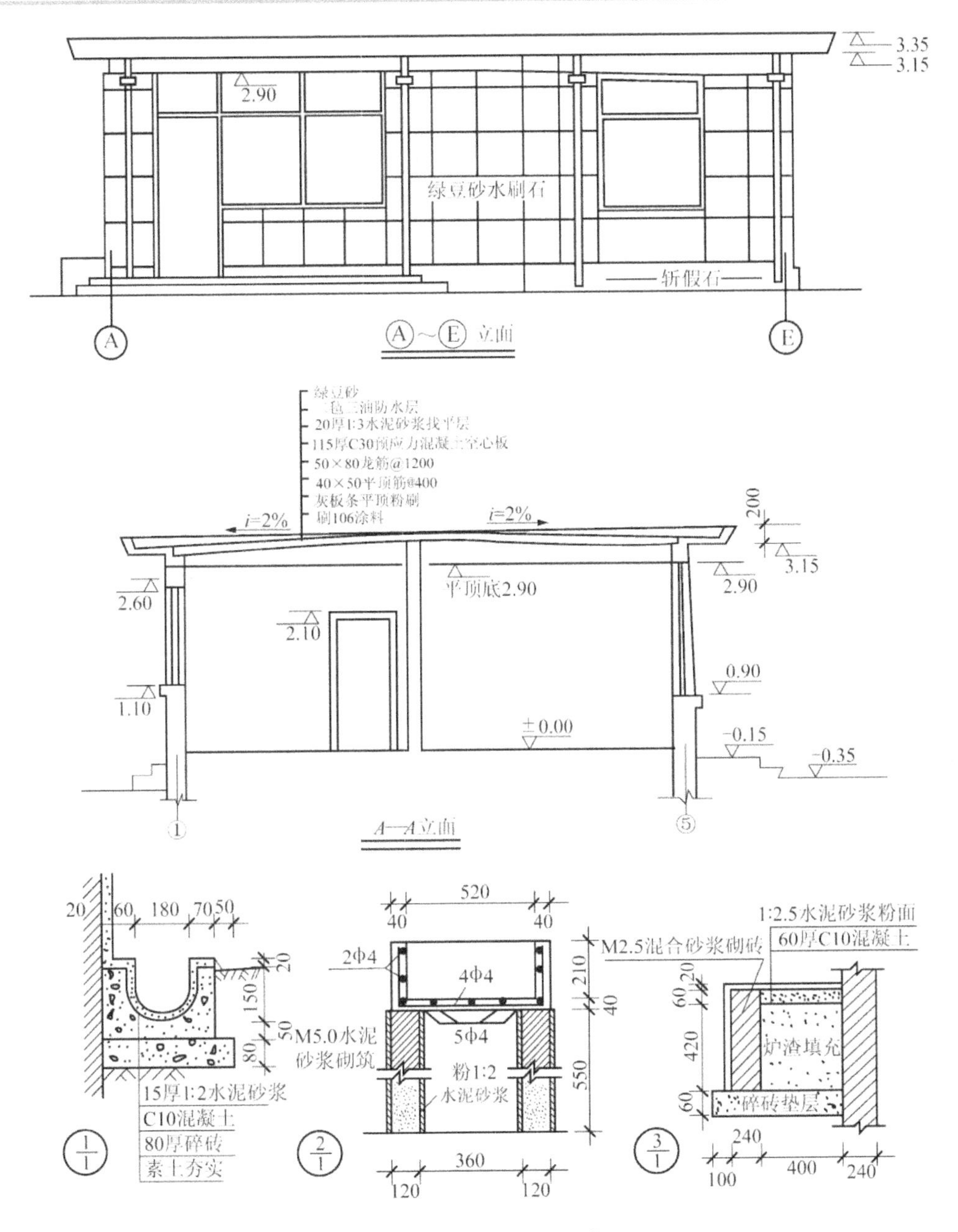

图10-6 建筑立面图和详图

(4) 要求用工程量清单计价法计算所给施工图工程量的清单。

(5) 要求用工程量清单计价法进行计价。

(6) 要求用工程量清单计价法进行组价，并计算出含税总造价。

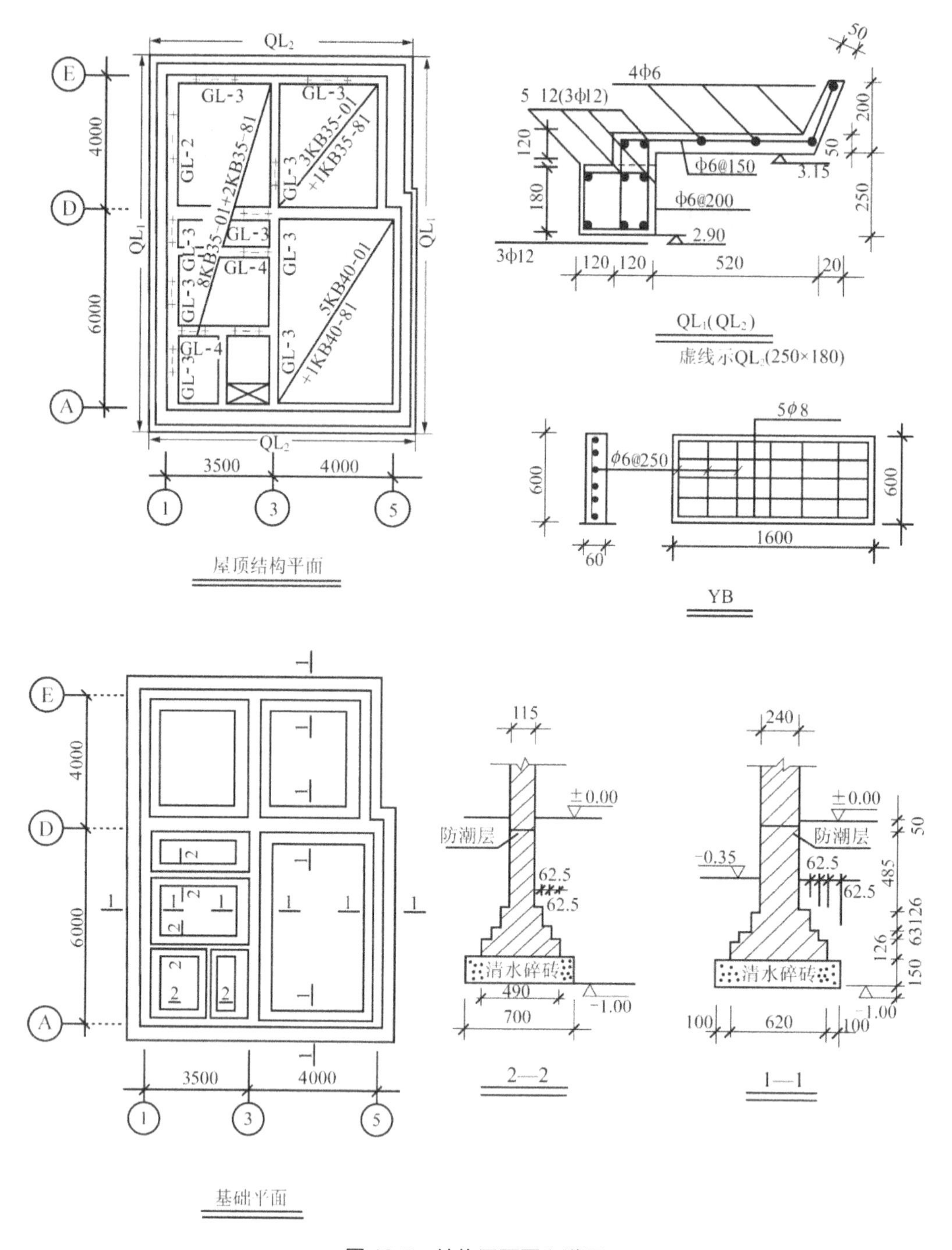

图10-7 结构平面图和详图

本章小结

本章课程设计以某小百货楼工程施工图预算为例，介绍了按定额计算规则编制《某小百货楼工程量计算书》，按定额计价方法编制《某小百货楼工程预算书》，还编制《某小百货楼工程总造价的组价》及《某小百货楼工程的工程量清单》。本章课程设计要求根据《某传达室工程(土建)施工图》图样所给的内容，按定额计算规则编制工程量计算书，学会套用定额并编制预算书，及该工程的总造价预算书。本章课程设计的目的在于培养学生的动手能力，独立思维能力，尽快把所学的理论知识与社会实践相结合。

参 考 文 献

[1] 浙江省建设工程造价管理总站. 浙江省建筑工程预算定额(2010 版)[M]. 北京：中国计划出版社，2010.

[2] 浙江省建设工程造价管理总站. 浙江省建筑工程施工取费定额(2010 版)[M]. 北京：中国计划出版社，2010.

[3] 全国造价工程师执业资格考试培训教材编审委员会. 工程造价管理基础理论与相关法规[M]. 北京：中国计划出版社，2011.

[4] 全国造价工程师执业资格考试培训教材编审委员会. 工程造价计价与控制[M]. 北京：中国计划出版社，2011.

[5] 迟晓明. 袖珍建筑工程造价计算手册[M]. 北京：中国建筑工业出版社，2003.

[6] 袁建新，等. 建筑工程定额与预算[M]. 北京：中国建筑工业出版社，1993.

[7] 北京广联达软件技术有限公司. 广联达工程造价软件系列教程[M]. 北京：中国建材工业出版社，2005.

[8] 钱昆润. 建筑工程定额与预算[M]. 南京：东南大学出版社，2006.

[9] 王秀册. 建筑工程定额与预算[M]. 北京：清华大学出版社，2006.

[10] 唐明怡. 建筑工程定额与预算[M]. 北京：中国水利水电出版社，2006.

[11] 武育秦. 建筑工程定额与预算[M]. 重庆：重庆大学出版社，1997.

[12] 苗曙光. 土建工程量计算实战技法[M]. 北京：中国电力出版社，2007.

[13] 陈正. 工程招投标与合同管理[M]. 南京：东南大学出版社，2005.

[14] 刘伊生. 建筑工程招投标与合同管理[M]. 北京：机械工业出版社，2007.